マーシャリング（機種／ボーイング 787）

PUSH BACK 業務と HEADSET OPERATOR 業務（コックピットコミュニケーション業務）

航空機の
グランドハンドリング

Aircraft Ground Handling

公益社団法人　日本航空技術協会

航空機の
グランドハンドリング
Aircraft Ground Handling

Contents

第9章 ヘリコプタ／小型飛行機のグランドハンドリング………… 124

第10章 安全管理 …… 134

第11章 品質管理 …… 152

実際の運用にあたっては、関係する最新の情報を確認して下さい。

発刊のことば

今日、航空機は日常生活に密接に溶け込んでいます。利用する人々は、巨大な航空機が高速で長距離を短時間に飛んで目的地に着くことを、ごく普通のことと感じています。しかし、それは直接目に触れる航空機だけでなく、それを運航するための緻密で膨大なシステムが背後にあるからです。お客様の目に触れないところで、地道に黙々と努力する縁の下の力持ちが存在するからです。空港のグランドハンドリングはそのひとつであり、航空機運航システムを下支えする重要な基盤であります。

航空機が離発着する際には、燃料の搭載をはじめとして機内の清掃など様々な地上準備作業が必要です。この業務を体系化し総称したものがグランドハンドリングであり、この業務なしに航空機の運航は考えられません。しかも近年は航空機は高速化、大型化そしてハイテク化し、また乗客に対するサービスも多様化したために、グランドハンドリングは効率化、機械化、複雑化の道をたどっています。

航空機の安全運航を第一に、定時性、快適性など航空機運航の基本要件を満たすために、グランドハンドリングには質の高い作業が要求され、この業務に従事するには関連知識に精通し、その技能の習得が不可欠であります。また、皆さんも空港にこられてご存知のように、特殊機材が行き交う混雑したスポットで働くには身の安全も守らなければなりません。

航空機の点検や修理とは別に、このグランドハンドリング業務を専門に行う企業が設立され、そこで多くの人々がこの業務に従事しており、またこれらの企業や業務を目指している学生も多くおります。

そこで、社団法人日本航空技術協会は、このグランドハンドリング業務を勉強し、その概要を理解して頂くことを目的に、多くのグランドハンドリング専門家のご協力を得て、このたび図書「航空機のグランドハンドリング」を刊行する運びとなりました。おそらく、この種の図書としてはわが国では初めてのものと理解しておりますが、航空機の運航に欠かせないグランドハンドリングに関する図書を世に送り出すことは私ども当協会の責務であり、必ずや航空界でお役にたつものと確信致しております。

今後も発展し続ける航空運送事業のためにも、グランドハンドリング業務の重要性がますます認識され、かつ発展することを期待したいと思います。

最後になりますが、本書の執筆にあたられた方々、および資料を提供いただいた方々には、心より厚く御礼申し上げます。

平成１２年３月１５日

社団法人　日本航空技術協会

会長　　　青木　英雄

第１章　グランドハンドリングの概要

1-1　グランドハンドリングの歴史と意義

グランドハンドリング作業は、航空機の到着から出発までの間に行われる各種の地上支援作業のことである。その歴史は航空機の発明とともに始まり、航空輸送の発展とともに進化してきた。

航空機の運航は安全性、定時性、快適性、社会性をもって行われなければならず、そのため

○安全性については、航空機や航空機地上支援器材（以下、GSE という／ GSE : Ground Support Equipment）の操作に必要な教育訓練や資格管理、貨物、郵便物、手荷物の取り扱いや搭載重量の管理、重心位置の管理をする。

○定時性については、決められた時間内で決められた作業を確実に実施する。

○快適性については、機内の良い環境を保つため清掃などを行う。

○社会性については、保安対策や排ガス・騒音対策など、地域社会や環境へ配慮する。

など、多くの対策や対応が求められるものとなっている。

第 2 次世界大戦後、禁止されていた日本の航空輸送業務が解禁され、まず初めに航空会社が誕生し、続いてその整備を行う航空整備会社が設立されて、整備作業と空港での地上支援を行うこと

となった。

その後、整備作業と空港での地上支援作業という質の違う業務を同一組織下に置くことに問題があること、また予想される旅客数や貨物量の増加に対する地上支援部門の強化を図る必要があったことから、グランドハンドリング専門の会社が設立された。その後も航空輸送における地上支援の重要性が認識され、次々とグランドハンドリング会社が生まれ今日に至っている。

航空機の高性能化、大型化に伴い、グランドハンドリング作業は、従来の気力・体力重視から航空機に対する基本知識や正確な操作・手順が要求される作業に変わってきた。また高価な航空機を効率良く活用するために、地上停留時間の短縮が要求されたり、大型化による重量増のため、従来は人力で作業していたものが広く動力化・自動化されていった。それはまた航空機のシステムについてもいえることである。

貨物室への搭載は、以前はバラ積みであったが、現在の大型機では一部を除いてコンテナ搭載になった。また、客室のトイレットは、プロペラ機時代は汚水タンクをその都度機外に運び出していたものだが、ジェット旅客機では循環式タンクとなり、機体に設けられた接続口にホースをつないで、ラバトリー・カーのタンクに各トイレット・タンクに溜まった汚水を排出できるようになり、最近ではバキューム式集中タンク方式のトイレット・システムが一般的である。

このように、GSEやグランドハンドリング作業に関連する航空機のシステムが動力化・自動化されたことにより作業者は事前にそのシステムや取り扱い手順を正確に理解していなければならない。

また、航空輸送の発展に伴う空港の混雑、航空機の大型化によるGSEの大型化や増加、作業人員数の増加によって作業環境は年々慌ただしくなっており、事前の作業計画の共有はもちろんのこと、他作業に配慮しながらの作業も不可欠である。すなわち、作業に従事する人の安全、運航の安全、航空機やGSEの損傷防止を常に念頭においた作業が要求される。

グランドハンドリングは、航空輸送の対象である旅客や貨物、郵便物、手荷物に対して常に最前線に位置し、航空会社の整備部門、航務部門等との連携プレーのもと、「安全性」、「定時性」、「快適性」、「社会性」を担う航空輸送にとって欠くことのできない存在である。

1-2　グランドハンドリングとは

航空機の運航にはいろいろな準備や作業が必要である。

飛行前点検のような整備作業の分野は別として、航空機燃料の搭載、貨物室内への貨物や郵便物、手荷物の積み込みなど、大きな航空機になるほど、いろいろな準備や作業が必要となり、時間もかかる。しかも、定期便に使われる航空機では、到着してから出発するまでの限られた時間内に、貨物、郵便物、手荷物の取り降ろしや積み込み、旅客が航空機から降りたあとの機内の掃除もしなければならない。これらの地上（エプロンなど）での作業を総称して「グランドハンドリング」といっている。

ただしグランドハンドリングという言葉の定義は曖昧であり、「航空機の到着から出発のために必要な地上作業」を指し、その範囲は「整備作業の一部も含むし、旅客が搭乗するまでの旅客管理業務も含む」という考え方もある。また、「グランドハンドリング会社が行っている業務がグランドハンドリングである」と考える人もいる。

一方、国際航空運送協会（IATA：International Air Transport Association）(※1) では、他の航空会社やグランドハンドリング会社へグランドハンドリング業務を委託する場合の標準的な契約内容（Standard Ground Handling Agreement）を作成しており、自社の Airport Handling Manual に掲載している。

本書では、グランドハンドリングの範囲を定義することは考えてないが、航空機の到着から出発までに必要な作業を主体とし、その準備作業や出発後に行う作業や後工程作業を含め、これら作業に必要な関連情報で構成することにした（ただし、航空機の点検・修理作業および旅客が搭乗するまでの旅客管理作業は除く）。

（※）IATA は、航空輸送の安全推進や必要事項の決定、航空会社間の連帯、航空運賃の設定や発券・運用ルールの決定などを主な業務としており、世界中で約 300 の航空会社が加盟している。一方、国連のいち専門機関であり、航空安全、航空保安、航空運送、出入国円滑化、環境問題などに取り組む国際民間航空機関 ICAO（International Civil Aviation Organization）には世界中で約 200 の国や地域が加盟しており、IATA と ICAO では加盟単位が航空会社と国というように異なるため、誤解しないこと。

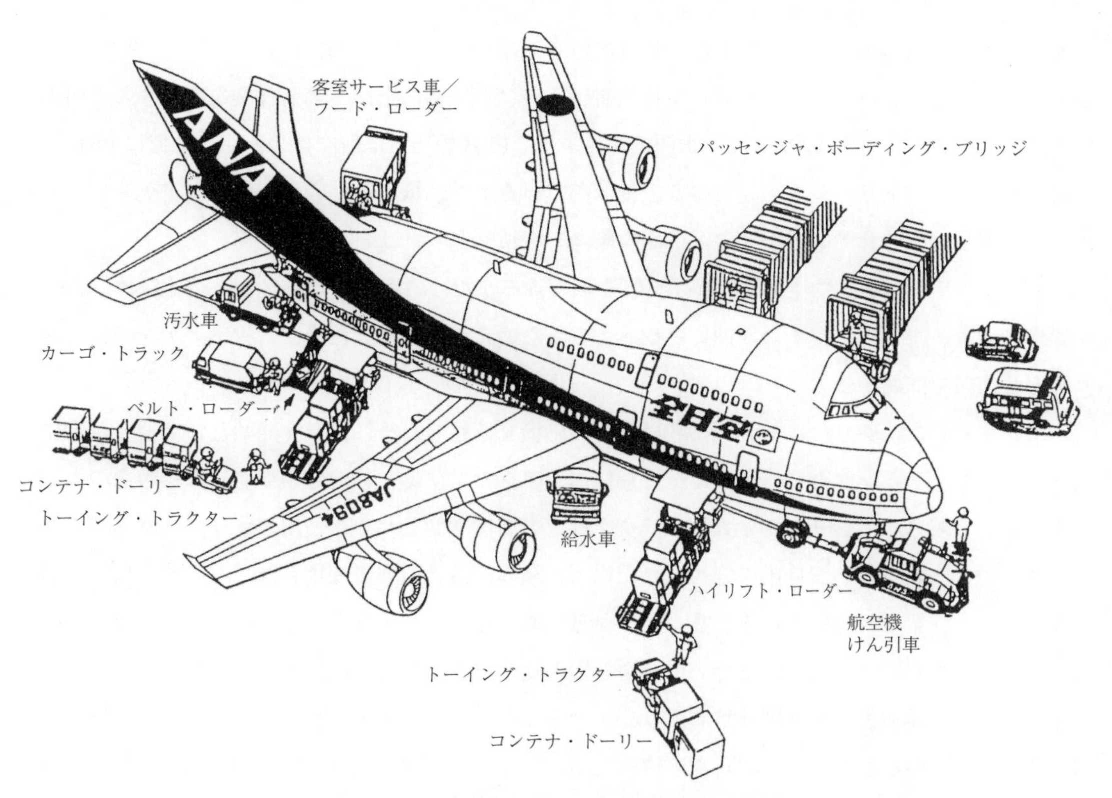

図 1-1　出発準備中のグランドハンドリング地上支援機材

1-3　グランドハンドリング作業

グランドハンドリング作業の概要を、東京国際空港（羽田）を例に説明する。

羽田空港の旅客ターミナルビルの展望デッキから見ていて、ボーイング777が到着し、駐機場（以下、スポットという）に定刻に到着したとする。

到着前から、スポットでは到着便担当者(※)が航空機の進入を妨げない場所で待機している。使用するGSEも同様である。

（※）整備士や到着旅客を案内する旅客担当者、航空機を停止位置に導く担当者（以下、マーシャラーという）、パッセンジャー・ボーディング・ブリッジ（以下、PBBという）を操作する担当者、貨物、郵便物、手荷物の取り降ろし担当者、取り降ろした貨物、郵便物、手荷物を貨物上屋や郵便上屋、手荷物ソーティング返却ベルト（以下、クレームベルトという）へ搬送する搬送担当者、キャビン・クリーニング担当者などを指す。

航空機がスポットに近づいてくると、まずマーシャラーが、パイロットに送るシグナルがはっきりとわかるようにマーシャリング・パドルを両手に持ち、パイロットに対し駐機位置を知らせる。スポット後方では、ウォッチマン（翼端監視員やウイング・ウォーカーとも呼ばれる）が車両や器材といった地上の障害物が航空機のスポットへの進入を妨げたり、接触したりしないよう監視しており、マーシャラーに合図を送っている。マーシャラーはパイロットに対しマーシャリングにて航空機をスポットの停止位置まで誘導し、航空機は停止する。

航空機のすべてのエンジンが停止し、航空機のノーズ・ギアに車両止め（以下、チョークという）がセットされると、待機していた各作業担当者は一斉に航空機に近づき到着作業を開始する。PBB担当者もこのタイミングでPBB装着操作を開始する。PBB担当者は航空機の適切な位置にPBBを装着した後、エントリー・ドア周囲の安全確認を行った上で、機内にいるキャビン・アテンダントと相互に安全確認のサインを送り合い、その後エントリー・ドアは開く。

各貨物室ドアには、貨物や郵便物、手荷物を取り降ろすための専用のGSEが装着されるが、GSEの操作者はカーゴ・ドアやその周囲に傷やへこみがないことを確認した後、貨物室ドアを開き、取り降ろし作業を開始する。

一方、キャビン・クリーニング担当者は旅客の降機を確認した後に作業を開始し、清掃とともに次便に向けセッティングも行っていく。また機内へアクセスするための他のドアには複数台の大型トラックが装着されており、ある大型トラックは、事前に準備された次便用のサービス物品（ブランケットや機内誌など）を機内の定められた場所へ積み込み、前便で使用された不必要な搭載物品を取り降ろす作業を行なっている。またケータリング・サービスを行う大型トラックは、機内で提供されたミールやドリンクといった、いわゆる機内食を中心に客室内の搭降載作業を行っている。

そのほか、機体後方下部に装着される飲料水サービス・カー（以下、ウォーター・カー）は機体内に装備されている水タンクに飲料水を積み込み、トイレット・サービス・カー（以下、ラバトリー・カー）は機体の汚水タンクから汚水を抜き取る。また、翼の下には航空機燃料補給用の車両（以下、フューエラーという）が入ってきて機体の燃料補給口に給油ホースをつなぎ、次の運航のために必要な燃料の補給を行う。

取り降ろし作業完了後、続く出発に向け貨物や郵便物、手荷物が貨物室内に搭載され始め、出発時間が近づく頃には航空機のノーズ・ランディング・ギアには航空機牽引車が装着され、いよいよ出発準備が整っていく。

これら多くの種類の作業は、一見バラバラに行われているように見えるが、実は生産効率性を考え、策定された標準作業行程に従っており、全員が次便の定時出発に向け気持ちをひとつにして作業を行っている。

次便の旅客が搭乗し、すべての地上作業が終了すると、PBB を含め、機体に装着されていた GSE や器材は航空機牽引車（以下、トーイング・トラクター）を除きすべて離脱される。スポットまわりがすべてクリアになったところで、次の目的空港に向けての出発である。トーイング・トラクターのオペレーターは、ウォッチマンの合図のもとトーイング・トラクターで衝撃等により搭乗旅客に不安を抱かせることのないようにゆっくりと機体を押し出していく（以下プッシュ・バックという）。所定のところまで機体を押し出した後、トーイング・トラクターを離脱させ、航空機が自走を開始したところで、航空機を見送る。

到着から出発までの標準時間は 1 時間足らずで（**表1-1**）、到着時間が遅れれば更に短時間での離発着作業がもとめられることになる。

表 1-1　到着から出発までの標準的なグランドタイム 50 分のパターン

航空機到着 ▼　50分前　40分前　30分前　20分前　10分前　航空機出発 ▼

動線の主体	標準工程
旅客	旅客降機 / 旅客搭乗
機内清掃および備品搭載作業者	機内清掃および備品搭載
飲食物の取り卸し・搭載作業者	飲食物取り卸しおよび搭載
手荷物・貨物取り卸し・搭載作業者	手荷物・貨物取り卸しおよび搭載
燃料補給作業者	燃料補給
トイレサービス作業者	トイレサービス
飲料水搭載作業者	飲料水搭載
整備員	飛行間点検整備作業および確認
運航乗務員	飛行前点検
客室乗務員	飛行前点検
地上作業統括	コーディネーション作業

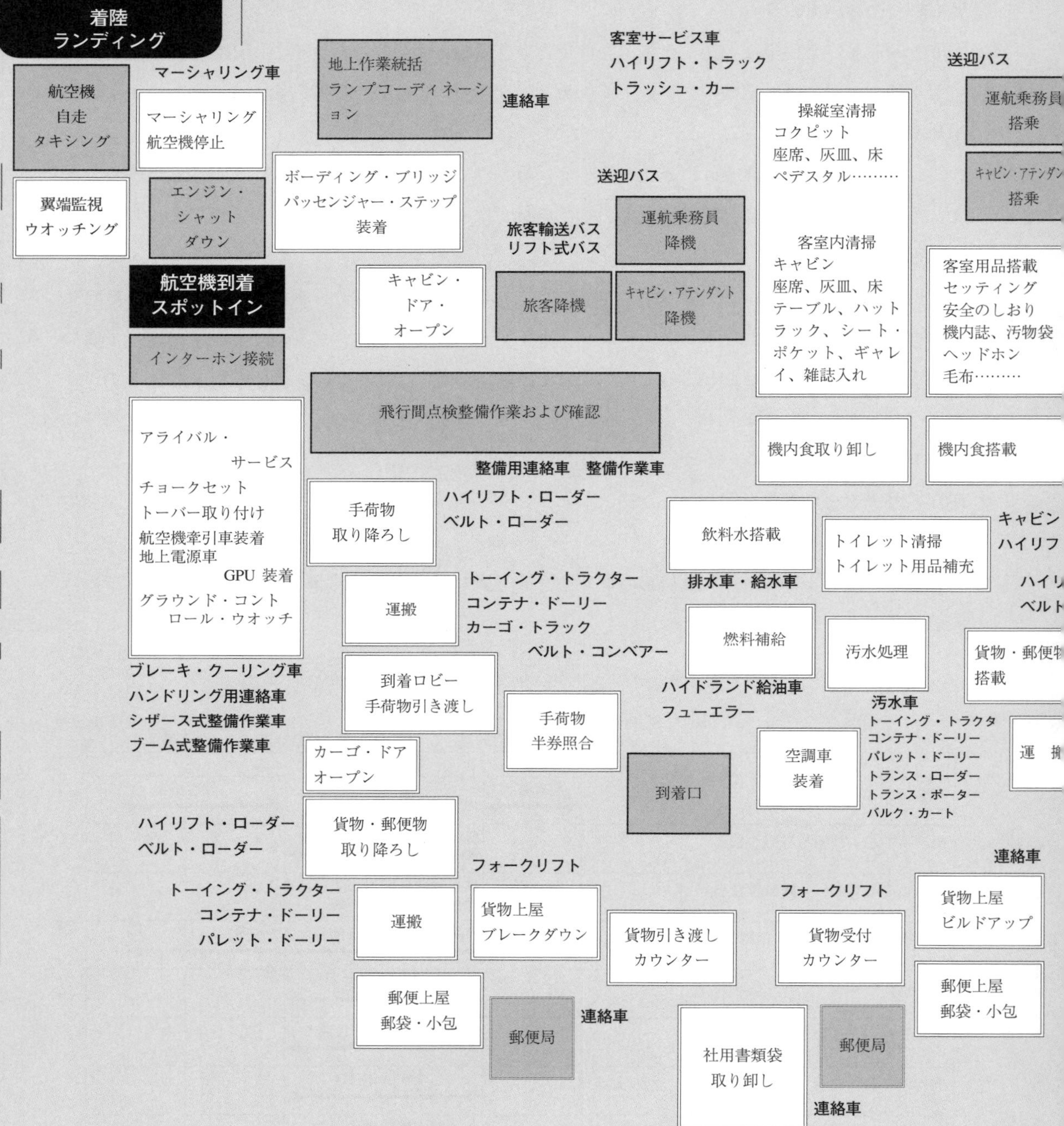

図 1-2　羽田空港における「折り返し便」の到着から出発までの グランドハンドリング

航空機
自走
タキシング

連絡車

翼端監視
ウオッチング

インターホン
取り外し

運航乗務員
飛行前点検

旅客輸送バス
リフト式バス

ボーディング・ブリッジ
パッセンジャー・ステップ
離脱

エンジン・
スタート

デパーチャ・サービス
前輪チョーク取り外し
トーバー取り外し
航空機牽引車離脱
グラウンド・コントロール・ウオッチ
センダー業務

客室乗務員
飛行前点検

旅客搭乗

旅客搭乗
完了確認

キャビンドア・
クローズ

全作業
完了確認

航空機出発
スポット・アウト

ード・ローダー
ータリング車

セキュリティ・
チェック
警察
ガードマン

飛行前点検

全車両機材
離脱確認

インターホン・
ウオッチ

プッシュバック
航空機押し出し

ブレーキ・オン

搭載結果
メッセージ発信

連絡車

ナービス・カー
トラック

空調車離脱

トーバー
航空機牽引車
装着確認
地上電源車
GPU 離脱
チョーク取り外し
グラウンド・コントロール・ウオッチ
エア・スターター ASU

・ローダー
ーダー

手荷物
搭載

ハイリフト・ローダー
ベルト・ローダー

ウエイト&バランス
マニフェスト作成

運搬

トーイング・トラクター
コンテナ・ドーリー
カーゴ・トラック
バルク・カート

連絡車

カーゴ・ドア
クローズ

除雪氷および防氷
(必要時のみ)

航空機を誘導するマーシャラー

搭載指示書
ロード・プラン作成

ベルト・コンベア

搭乗手続
チェック・イン

ウエイト&
バランス
業務

手荷物
行先別
仕分け
ソーティング

出発ロビー

DOCUMENT
および
SPECIAL
ITEM 渡し

連絡車

凡例

本書で取り扱う
グランドハンドリング

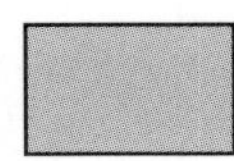

整備・
ランプ・コーディネーター

1-4　ランプにおける航空機地上支援器材（GSE）の標準配置

このように空港での航空機の発着作業は、多くの作業の組み合わせでひとつの流れを形成している。そこで、**図1-1** に代表的な出発準備中の 747 型機における GSE 配置、および**図1-2** に羽田空港における「折り返し便」の到着から出発までのグランドハンドリングを示す。

1-5　グランドハンドリング作業の資格要件

グランドハンドリング業務に従事するには、各社の社内規程で定められる教育訓練を受講し、受講後、資格取得のために試験を受けたり、技量を維持するために定期的に訓練を受けることが求められる。

各章においては必要に応じ、その資格要件の事例を記載した。

（以下、余白）

第2章　ランプ・イン／アウト（誘導）作業

2-1　概　要

誘導作業がほかのグランドハンドリング業務と大きく異なる点は、航空機の移動が伴うということである。誘導作業は、おおむね、

○マーシャリング　　　　○トーイング（航空機牽引）

○プッシュバック　　　　○ブレーキマン（トーイング時の航空機ブレーキ操作者）

○ウォッチマン（翼端監視員）

作業に分かれている。この章では、それぞれについて仕事の内容、要領、訓練、あるいは資格など、概略を説明する。

図2-1　マーシャリング風景とパドル

2-2　マーシャリング（Marshalling）

2-2-1　一般

マーシャリングとは、通称マーシャラーと呼ばれる航空機の地上誘導担当者が、航空機のスポット進入間際から、マーシャリング・パドル（夜間マーシャリング・ライト）を使ってパイロットに手信号（以下、シグナル）を送り、所定の停止位置に航空機を正確かつ安全に停止するように導くことをいう（**図2-1**）。

航空機の大型化により地上における死角が増し、パイロットのみで航空機と障害物との安全距離や停止位置を正確に判断することが難しいため、地上誘導担当者の支援がさらに必要となった。

マーシャリングのポイントは、航空機がスポットへ進入する間際から停止するまでの数分間に、航空機周囲の安全監視にも注意しつつ、航空機の速度を考慮した上で的確なタイミングで適切なシグナルをパイロットに送り、安全かつ正確に航空機を停止位置まで誘導することである。

このような業務を確実に実施するには、シグナルだけでなく、空港の規則や航空機の特徴等にも精通している必要があり、社内の資格制度で技術管理を行っている。

資格取得には、座学（航空機の特徴と構造、シグナルの方法と注意事項、関連規定、安全等）の受講と実技（シグナルの意味と使い方と動作、車両による模擬基礎訓練、実機訓練）の訓練後、技能評定（実技試験）に合格しなければならない。

VDGS

なお、マーシャリングはマーシャラーがパイロットにシグナルを送ることで行われるが、一部の空港のスポットでは、Visual Docking Guidance System（以下、VDGSという）(※1) と呼ばれるシステムが、航空機前方の電光掲示板を介してマーシャラーに代わってパイロットに指示を出す運用も導入されている。

（※1）VDGS…赤外線レーザーにて航空機を捕捉､外形やノーズまでの距離･高さなどを自動計測し、航空機の機種を識別する。識別終了後、電光掲示板（LED表示）を通じて左右方向、停止位置までの距離、停止等を指示するシステム。

2-2-2　マーシャラー（Marshaller）の心得

a．責任

航空機のタキシング（地上走行）中の安全に対する最終責任は、航空機を操縦しているパイロットにあるが、パイロットにシグナルを送り、航空機の動向を指示することから、マーシャリングに対する責任は免れない。よって、安全監視作業を含む地上誘導全体の作業責任はマーシャラーにある。

なお、運航中の航空機の安全に関する最終責任はキャプテンにある。状況によっては航空機がマーシャラーのシグナルに反し、一時停止、または経路変更等の行動を行うことがあり、この場合の安全についての責任はキャプテンが負わねばならない。しかし、このような場合も、マーシャラーはその後の航空機の動きを監視し、必要な支援をしなければならない。

b．危険への認識

航空機の大型化に伴い死角部分も広範囲となった。また運航便数の増加に伴い空港内は過密化し、あらゆる場所にGSEや器材が存在しているため、パイロットのみで翼端等の正確な安全確認をし、停止位置に正確に停止させることは困難であり、マーシャラーの必要性は高まっている。

航空機の周辺には、エンジン始動中、ブラスト（排気）、インテーク（吸入）等による高い危険性を持つハザード・エリア（危険区域）があり、他への影響を十分に認識することが必要である。

c．行動

マーシャラーは、パイロットに指示が正確に伝わるよう「基準どおりのシグナル、方法」で、明確かつ、適宜・適切にシグナルを発しなければならない。

また、マーシャリングは、旅客、見学者、出迎え等の人々からも見ることができるため、マーシャラーは空港で働く社員の姿として注目され、航空会社のイメージとして強い印象を与える。従って、航空機の運航にかかわる作業に従事する者としての自覚を持ち、身だしなみを整え、節度ある動作で作業を実施することが重要である。

2-2-3　安全知識

マーシャリングは、種々の危険要因がある環境下での作業であり、この作業を全うするためには、危険についての判断が適切かつ的確にできるよう、知識を十分修得しておくことが重要である。

a．航空機の最優先

空港内ランプエリアにおいて、交通の優先順位は、航空機（タキシングおよびトーイング中の航空機）が最優先であり、他の車両や器材など航空機の走行を妨げてはならない。その理由は、地上での航空機は、大きさや形状のため機敏な動きができず、視界が悪いことと、多量の可燃性物資を積んでいる、高価である、等のためである。

マーシャラーは、常にこのことを念頭におき、航空機の走行を最優先にマーシャリングを行わなければならない。そのため、必要と判断されるときは、ためらわずに航空機を停止させ、安全を確保する必要がある。また、航空機の運航にかかわるものは航空機がスポットに出入りする場合、付近の車両の交通規制をすることを義務づけられている。

b．航空機からの視界

コクピットからの視界には、死角が多くあり、機体の前方や下方・後方の視界は非常に悪く、安全確認等に著しく支障をきたすことから、マーシャラーの役割は重要となっている。

ボーイング787を例に操縦席から見える視界範囲は、次のようになっている（**図2-2**）。

(1)　操縦姿勢では、左右の翼端は確認できない。

(2)　操縦席からは、前方15m以上離れなければ、地上の障害物は確認できない。

(3)　機長席から右側は、前方12m以上離れなければ、地上の障害物は確認できない。

(4)　実験によると、操縦席から見て翼端とその付近にある障害物の間隔（クリアランス）を目測した場合、3m前後の視認誤差が認められたという。すなわち、狭隘（きょうあい）な場所では、航空機が安全に

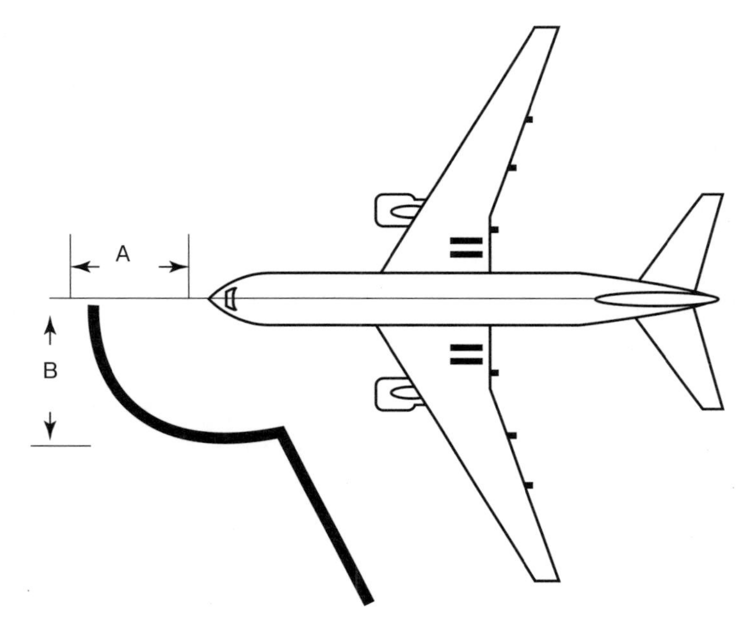

機種	A （パイロットからの死角の距離）	B （パイロットの目の位置からの距離）
747-8	25m	22m
777	15m	10m
787	15m	12m
767	12m	12m
737-800	12m	7m
A350	15m	15m

図2-2　航空機の死角

通過できるかどうか、パイロットのみでは判断できない。

(5) 副操縦席からの視覚は、機長席と対称的になる。従って、マーシャラーによる誘導がない場合、地上走行中の航空機の前方 40m 以内には、車両、障害物などがあってはならない。

c．クリアランス（航空機と障害物との間隔）

空港内における安全対策のひとつとして、エプロンの形状も各空港のルールで定められており、下図（**図2-3**）で示すようにタキシング（地上走行）中の航空機と建物のクリアランスや、スポットに駐機している航空機間のクリアランスについても明確な基準が存在する。

空港によっては、航空機のスポット・インに必要な安全範囲（ERA : Equipment Restraint Area）を表示しているところもあるが、航空機の旋回状況によってはクリアランスは変わるので、あくまで目安としてとらえ、安全範囲を確認する必要がある。

■ボーイング 777 の場合

航空機と航空機のクリアランス

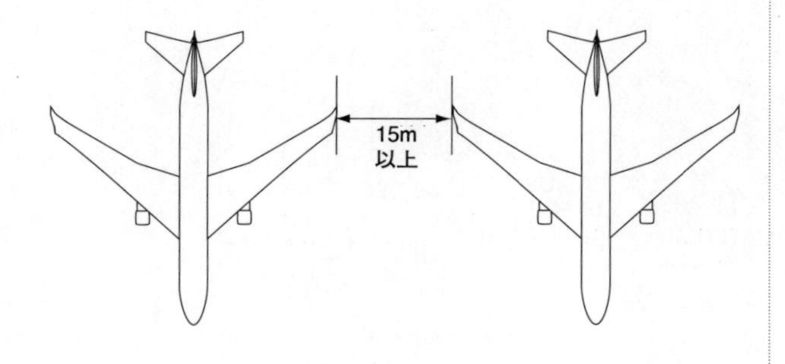

航空機と建物とのクリアランス

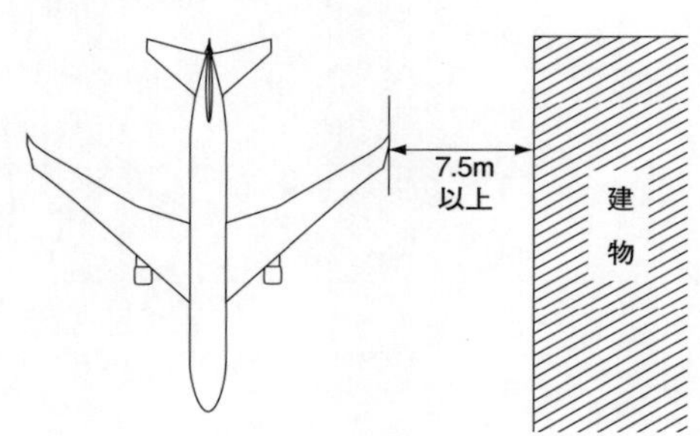

航空機旋回時のクリアランス

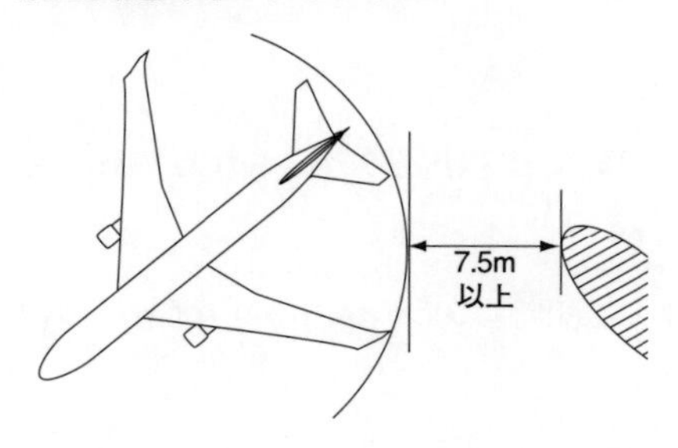

図 2-3

ｄ．エンジンへの注意

航空機が地上でエンジンを作動している間は、ブラスト（排気）やインテーク（吸気）による危険区域（**図2-4**）がある。マーシャリングを実施するにあたっては、この危険区域を十分認識し、周囲の作業者や車両・器材の配置状況に細心の注意を払って実施することが必要である。

⑴　ブラスト（排気）の危険

ジェット機のエンジン・ブラストの影響には温度と風速がある。通常は風速の方が問題とされ、風速 25m/s のブラストであれば、台風なみであり、予期しないときに不意をつかれると危険性は大である。

例：ボーイング 777-200（Engine Minimum Idle Forward Thrust）

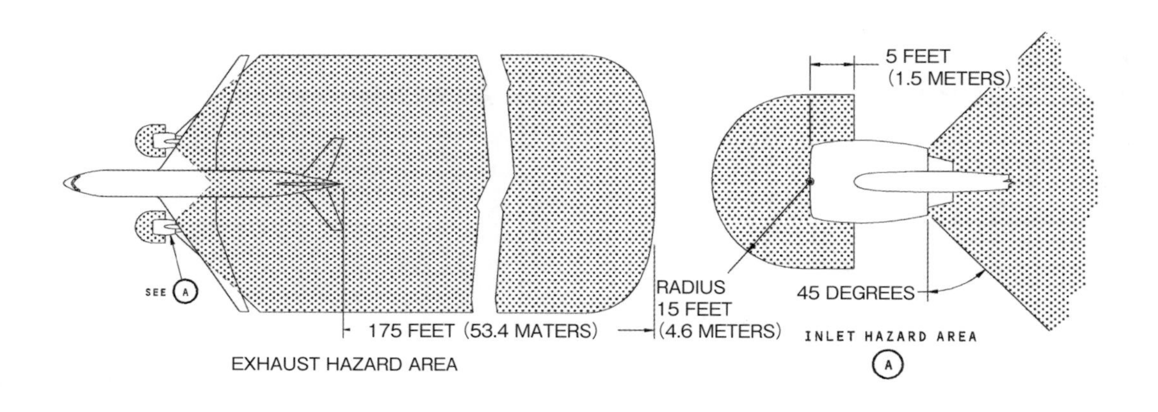

図 2-4

⑵　インテーク（吸気）側の危険

エンジンのブラストと同様に、ジェット・エンジンの前方、すなわち空気の吸入される側も大変危険である。

平均的な大きさの人が、エンジン入り口付近で受ける力は、離陸時エンジン入り口の直前では約 460kg、アイドル時でも約 140kg ほどに達する。

また、小さなエンジンだからといって、気を緩めることは禁物である。小さいエンジンは空気流量こそ小さいが、その吸引力は大きいエンジンに劣らない。

作業中に帽子などを飛ばされたりして、エンジン入り口付近に近づけいていった場合、極めて危険である。身の回りや周囲に、吸い込まれるおそれのあるものがないか、まず確認してから作業にのぞむ心構えと、危険区域の十分な認識を持たねばならない。

ターボプロップ機の場合：

航空機が地上でエンジンを作動している間は、ブラスト（排気）やインテーク（吸気）による危険区域がある。マーシャリングにあたっては、この危険区域を十分認識し、周囲の作業者や車両・機器の配置状況に細心の注意を払って実施することが必要である。

※詳細は、「11-6 不安全事象（例）」を参照

回転体の危険エリアに絶対に入らない！

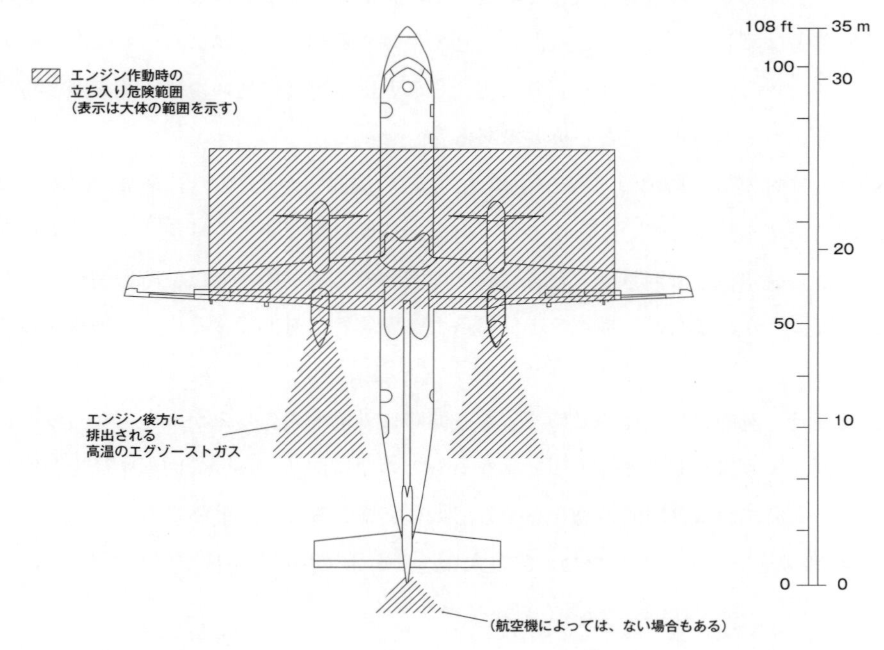

⑴　ブラスト（排気）の危険

ターボプロップ機のエンジン・ブラストの影響には温度と風速がある。通常は風速の方が問題とされ、風速25m/sのブラストであれば、台風なみであり、予期しないときに不意をつかれると危険性は大である。

⑵　インテーク（吸気）側の危険

ブラストと同様にターボプロップ・エンジンおよびプロペラの前方、すなわち空気の吸入される側も大変危険である。合わせてプロペラの回転に巻き込まれぬよう細心の注意も必要である。

また、小さなエンジンだからといって気を緩めることは禁物である。小さいエンジンは空気流量こそ小さいが、その吸引力は大きいエンジンに劣らない。

作業中に帽子などを飛ばされたりしてエンジン付近に近づいていった場合、極めて危険である。身の回りや周囲に吸い込まれる恐れのあるものがないか、まず確認してから作業にのぞむ心構えと、危険区域の十分な認識をもたねばならない。

e．主翼または尾翼の膨らみ（旋回時）

※詳細は、「11-6 不安全事象（例）」を参照

Towing 時は適正な監視員と適正な指示が重要！

航空機が地上で旋回する場合、大型機では30m以上にもなる大きな翼が空間を移動するが、空間に浮いている物体を人間の視覚で捉える場合、その距離の目測はよほど熟練した者でなければ正確に判断することは難しい。まして、空間を高速で移動する物と障害物に対する安全距離の判読となると、瞬間的なものとなることから正確に捉えることは不可能に近いため、注意点と特徴を十分認識し、注意を払って実施することが重要である。

・航空機の速度に対する主翼端の速度の倍率は、前輪の旋回角が45°の時に最高の倍率となり、この角度を境に倍率を減少していく。このように翼端速度は少なくとも機速よりも速くなることは明白なことから航空機を旋回させるとき（特に障害物のある場所）では、障害物を十分な安全距離に排除して置くか、または、機速を十分に落とし緊急時に対処できるように配慮することが必要である。

・航空機の旋回時、翼端の速度は急激に速くなり同時に外側への膨らみが大きくなることと、尾翼は主翼端と同じように旋回角度によって異なるもののほぼ同じくらいの回転半径を要することから、旋回時の主翼端および尾翼の動きを十分認識し実施することが重要である。

（過去、この現象を忘れて作業したため、重大な過失を発生させた事例がいくつもある）

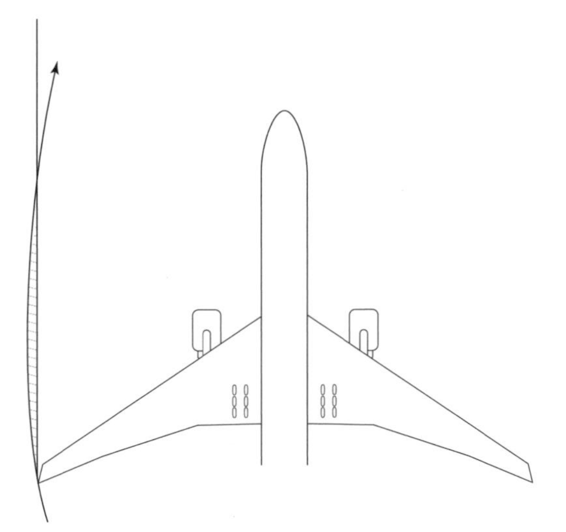

ボーイング 777-300 ………… 1.69m
ボーイング 777-200 ………… 1.54m
ボーイング 767-300 ………… 1.5m
（ウィングレット）
ボーイング 767-300 ………… 1.02m
ボーイング 737-800 ………… 0.9m

図 2-5　航空機を最大角度で旋回させた場合の主翼または尾翼の膨らみ（最大値）

⑴　尾翼の動き

航空機の旋回時、尾翼は、主翼端と同じように旋回角度によって異なるものの、ほぼ同じくらいの回転半径を要することから、動きを十分認識し、行動しなければならない（**表2-1**）。

表 2-1　旋回角度による翼端と尾部の動き

	B777-300	B787-8	B767-300	B737-800	A350-900	備考
角度	70°	70°	65°	78°	72°	旋回時の中心点よりの旋回半径
翼端	43.3m	42.5m	35.4m	22.1m	47m	
尾部	43.3m	35.2m	33.5m	22.4m	40m	

2-2-4　地上誘導信号（シグナル）

マーシャリングに使用する地上誘導信号（以下、シグナル）は、決められたシグナルの種類と方法で実施しなければならない。マーシャラーは、状況を適宜適切に判断しながら、パイロットがどのように航空機を地上走行すればよいかを伝える。マーシャリングに使われるシグナルは、世界のどの空港へ行っても同じでないと混乱が生じるのでICAO（国際民間航空機関）で規程されたものを使用するのが原則である。次に、マーシャラーに必要なシグナルを示す。

マーシャリングのシグナルは航空会社によって異なる場合があるが、**図2-6** に示す信号はICAO方式のものである。

［航空機誘導作業］

⑴　有資格者で承認された者が誘導作業を行う事。

⑵　誘導員は、航空機の到着出発で、正確に、はっきりと、標準合図を使用しなければならない。

⑶　合図は橙色の蛍光着色の指示棒、パドル、又は、グローブを使用しなければならない。夜間又は視界不良時は発光指示棒を使用しなければならない。

ここへ

両腕を水平前方に伸ばしパドルを上向きに保持した状態から、両腕を伸ばしたまま真っ直ぐ垂直上方に上げ、使用スポットを示す。

真っ直ぐ直進

両腕を身体に対して90°の水平方向に伸ばした状態で、パドル面を前に向けて持ち、肘を中心に胸から頭の高さの範囲で上下するよう、両腕を肘のところで曲げ伸ばしする。

図 2-6

徐行

両腕をまっすぐ伸ばして水平位置より 45° 下げた状態で、パドルの面を前に向けて持ち、肘から腰の範囲で腕を曲げ伸ばしする。

右旋回

左腕は身体に対して 90° の水平方向に伸ばしたまま、右腕は“真っ直ぐ前進”と同様に、ひじを曲げて上下方向に振る。右腕の動かす速度で回転率を示す。

左旋回

右腕は身体に対して 90° の水平方向に伸ばしたまま、左腕は“真っ直ぐ前進”と同様に、ひじを曲げて上下方向に振る。左腕の動かす速度で回転率を示す。

標準停止

停止線の約5m手前にきたら、パドルの面を前方に向けて腕を真横に伸ばす。停止線に近づくにつれて腕を上に上げていき、停止線に達したらパドルを交差させる。

急停止

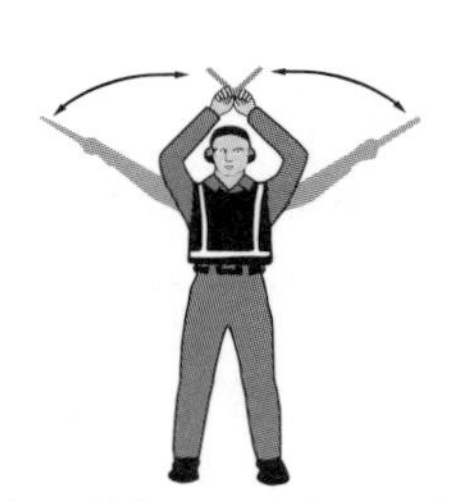

伸ばした両腕を、頭上にてパドルの面が交差するよう素早く左右に振る。

待機

両腕をまっすぐに伸ばして、水平位置より 45° 下げ、手のひらを前方へ向け、機体が Clear となるまでその姿勢を維持する。

引き渡し

両腕を垂直上方に伸ばした後、次の誘導者または Taxi Area の方向を示すように、両腕を身体の外側に向けて伸ばす。

機体ディスパッチ（誘導終了）

右手で敬礼の仕草をしながら、機体がTaxiingを開始するまで運航乗務員とのアイコンタクトを維持しつつ、機体をDispatchする。

火災発生

右手を肩からひざにかけて８の字状に回し、左手で火災の発生個所を指し示す。

ブレーキ・セット（ブレーキを掛ける）

右手を開いたままちょうど肩の上の高さに上げ、運航乗務員とアイコンタクトがあることを確認後、手を閉じて握り拳を作る。

（注１）：夜間は右手の動作をライトで照らす。
（注２）：運航乗務員からBrake Set完了の合図を受けるまで、そのままの姿勢を維持する。

ブレーキ・リリース（ブレーキを外す）

右手を閉じ握り拳のままちょうど肩の上の高さに上げ、運航乗務員とアイコンタクトがあることを確認後、右手を開く。

（注１）：夜間は右手の動作をライトで照らす。
（注２）：運航乗務員からBrake Release完了の合図を受けるまで、そのままの姿勢を維持する。

チョック挿入（チョック取り付け）

両腕を頭上に一杯に伸ばし、両腕を内側に向けて突き合わせるように、パドル同士が接触するまで動かす。

チョック・オフ（チョック取り外し）

両腕を頭上に一杯に伸ばし、パドルを外側に向けて突き出すように動かす。

（注）：Parking BrakeがSetされている事を確認後、Chockを取り外す。

エンジン始動（発動機始動）

左腕を頭の高さに上げ始動させたいエンジンを示しながら、右手先もしくは右手の指示棒を頭の高さに上げて手で円を描くようにまわす。

エンジン停止（発動機停止）

右腕を肩の高さで身体の前方に伸ばし、右手を首の前で左肩から右肩にかけて水平に動かし、スライス動作をする。必要により、左手は停止させたい発動機を指差す。

グランド・パワー接続

左手を水平に開いて頭上一杯に伸ばしたまま、右手の指先を左の手のひらに接触するまで上向きに動かし、Tの字状の形にする。夜間はマーシャリング・ライトを用いて、同様にTの字状の形を作る。

グランド・パワー取り外し

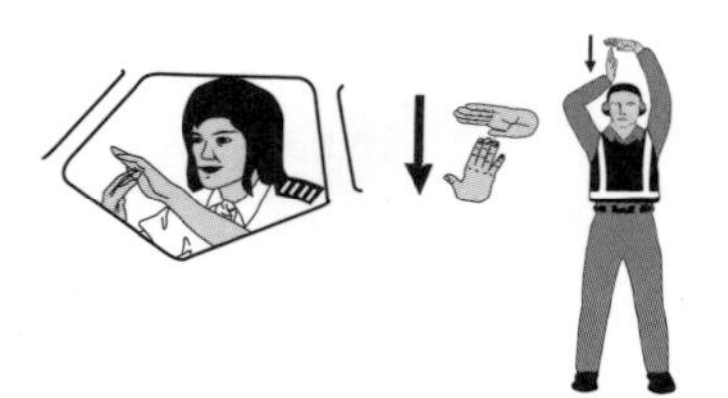

左手を水平に開いて頭上一杯に伸ばしたまま、右手の指先を左の手のひらに接触させてTの字状の形を作った後、右手を左手から離す。夜間はマーシャリング・ライトを用いて、同様にTの字状の形から動かす。

了解／オール・クリア

右腕を頭の高さに上げ、指示棒を上方に向けるか、親指を立ててOKの合図をする。左腕は下方に伸ばして、体につける。

インターホン

両腕を真横に伸ばしそして掌で両耳を被う。

機体操作禁止

左腕は下向きに伸ばし体につけたまま、右腕を頭上に伸ばし、手を閉めて握り拳にするか、パドルを水平にする。

通過よし／翼端監視

右手を頭上に上げ、左手は体につけたまま下向きに伸ばし、そのまま体から離したり、つけたりする方向に振る。

(注)：パドルを持つ場合は、パドルの面を前方に向ける。

エンジン出力下げよ

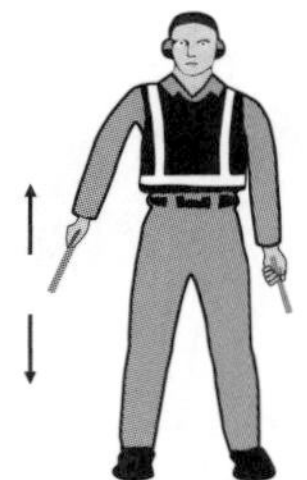

左右どちらかの腕で目的のエンジンを指し、反対の腕を下向きにしてからパドルを上下方向に振る。

了解せず（不承知）

左腕は下方に伸ばし体につけたまま、右腕を肩に対して90°水平にし、パドルを下方に向けるか、親指を下方に立てて、OKの合図の逆を示す。

2-2-5　資格要件

マーシャリングに従事するために、各社社内規程の中に訓練要件や資格要件が定められている。

2-3　トーイング（Towing）

2-3-1　一般

トーイング（航空機牽引）とは、航空機とトーイング・トラクターをトーバーでつなぎ、航空機を指定場所（ターミナル・スポットやパーキング・スポットなど）へ移動することである。また、トーバーレス・トラクター（トーバーを使用しないトーイング・トラクター）により航空機をトーイングする方法もある。

トーイングは、トーイングマンと管制官との交信が欠かせない。具体的には、トーイングマンがトーイング・トラクターの車載無線器（所定の周波数とコールサイン）により、管制官（コントロール・タワー）にリクエスト（◯◯スポットから◯◯スポット）をする。このリクエストにより、管制官がトーイング経路の指示を出し、トーイングマンは、指示された経路に従いトーイングを開始する。

この指示されたトーイング経路を間違えると、地上は大混乱に陥る。従って、交信は非常に重要な内容になる。また交信の方法は、簡潔明瞭に、語尾にコールサインを付与し、管制官の指示を必ず繰り返し声に出し、呼び出しがあった場合は、速やかに応答しなければならない。

なお、無線器の操作については、第三級陸上特殊無線技士（無線従事者免許証）が必要な空港もある。

2-3-2　操作

トーイングは、航空機とトーイング・トラクターをトーバー（**図2-7**）でつなぐため、接点が「航空機とトーバーの連結部」と「トーイング・トラクターとトーバーの連結部」の2カ所になることから、トーバーレス・トラクターと比べ、ステアリング操作には細心の注意が必要となる。

図2-7　トーバー

a．通常トーイング

航空機の翼端が空間移動する際、障害物との接触の危険性や、航空機の死角とクリアランスを的確に判断し、目標場所への方向づけ、角度の維持、戻しなどを、ランプの傾斜状況を判断しながら、正確に操作しなければならない。

なお、航空機のトーイングを開始する前の主な準備作業としては、

(1)　トーイング・レバーをトーイング・ポジションにセットし、ステアリング・ロック・アウト・ピン（ステアリング・バイパス・ピン）を取り付ける（**図2-7-1**）。これは、トーイング・レバーをトーイング・ポジションに保持するためであり、ステアリング・システムへのハイドロリック・プレッシャーはロック・アウトされ、機種により決まった角度まで旋回することができる。

(2)　全てのランディング・ギアについて、グラウンド・ロック・ピン（ダウンロック・ピン）が取付けられていることを確認する（航空会社によって取付が不要となる場合もあるため、各社規程に従うこと）。

(3)　全てのパネル、ドアのクローズ等、航空機の360度を確認する（サークル・チェック）。

b．ハンガー・イン／アウト

※詳細は、「11-6 不安全事象（例）」を参照

機体の型式と停止位置表示の確認が重要

このほか、航空機の整備にはハンガー（格納庫）でなければできない場合もあり、トーイングによるハンガーへの出し入れが必要となる。ハンガーには、整備用の設備が設置されており、場合によっては複数の監視者を必要とする。また、床面は必ずしも平坦ではなく傾斜しており、直進していてもどちらかへ傾く場合があり、航空機を数センチの狂いもなく正確に出し入れするには、かなりの熟練を要する。

2-3-3　コンパス・スイング・トーイング

コンパス・スイング・トーイングとは、航空機に装備されているコンパス（航空機の機首方向の磁方位を知らせる計器）の精度を調整するために行うトーイングである。空港内の指定された場所で、航空機が正確な円を描くように、軌道からずれることなく走行させたり、方位0°～360°まで細かく指定される度数上に停止させたりする。

767、777 : TOWING　LEVER を NORMAL　POSITION から TOWING　POSITION にし、
TOWING　LEVER　LOCK　PIN を INSTALL して LEVER を HOLD する。

787 : TOWING　DISCONNECT　LEVER を NORMAL　POSITION から TOWING　POSITION にし、TOWING　LEVER　LOCK　PIN を INSTALL して LEVER を HOLD する。

737-800 : TOWING　LEVER を NORMAL　POSITION から TOWING　POSITION にし、
TOWING　LEVER　LOCK　PIN を INSTALL して LEVER を HOLD する。

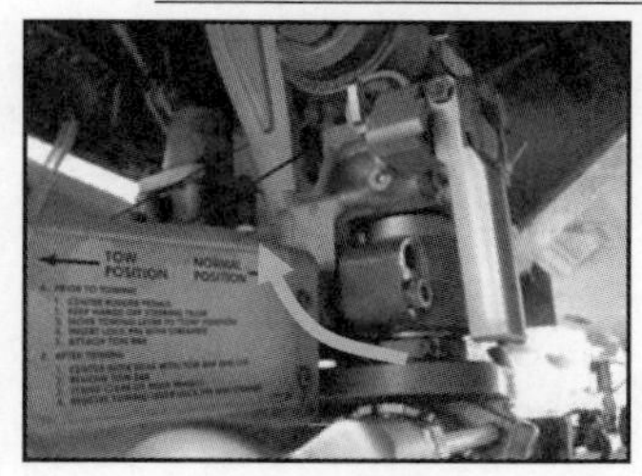

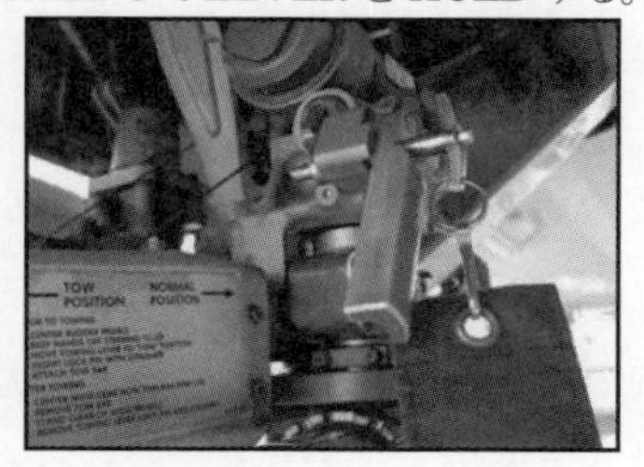

A350：**TOWING SWITCH** を TOWING POSITION にし、**STEERING DISCONNECT PIN** を INSTALL する。NWS DISCONNECT GREEN INDICATOR LIGHT の点灯確認をする。

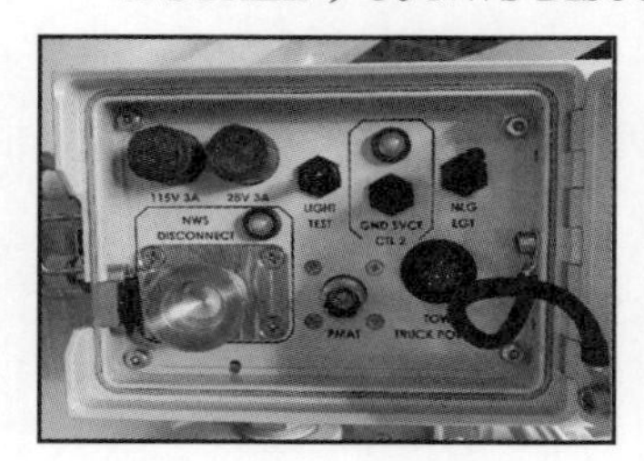

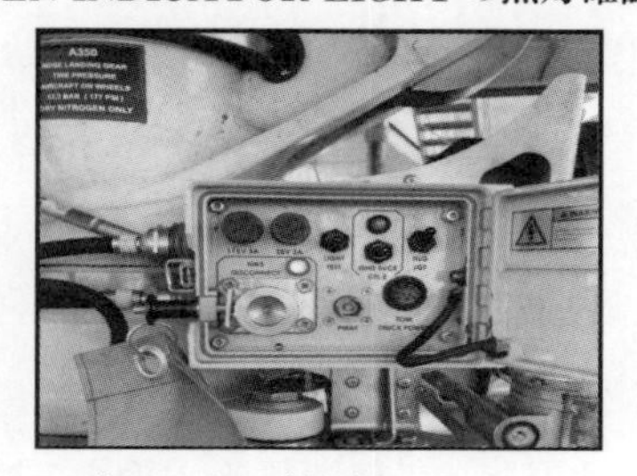

図 2-7-1　ステアリング・ロック・アウト・ピン　挿入例

2-3-4　アンダー・ベリー・トーイング

アンダー・ベリー・トーイングとは、トーイング・トラクターを航空機の胴体下面に入れ、トーバーを航空機の後方側よりノーズ・ランディング・ギアに装着し、機体を前進、後退させる作業で、トーイングのなかでは、最も難しいとされている。

図 2-8　プッシュ・バック作業

特に、後退させる場合、機体後方を正面とする姿勢に位置し、トーイング・トラクターを操作するため、トーイング・トラクターと航空機の接続部分が背面のはるか後方となる。そのため目標場所への設定角度の確認ができず、かつトーイングマンの意志が航空機に伝わる際、わずかに遅れることから、トーイング・トラクターの方向づけ、角度の維持、戻しなどを正確に行うには非常に難しく、熟練を要する。

2-3-5　資格要件

トーイングに従事するには、トーイング・トラクター操作のみならず、空港の規則や航空機の特徴などに精通している必要があり、各社で定められた資格制度で技能の管理をしている。

トーイングの資格取得の要件として、公的運転免許（大型運転免許もしくは大型特殊運転免許、牽引免許）に加え、第三級特殊無線技師などの無線資格が必要な空港もある。ただし、現在では国土交通省によるグランドハンドリング要員の柔軟な配置を可能とする規制緩和を受け、各社で定める制限区域内車両技量訓練を修了することにより、必要な公的運転免許を所持していなくても資格取得の要件に代えることができる。

資格取得には、座学〔「航空機の特徴と構造」、「油圧」、「電気」、「着陸装置などの知識」、「関連規定」、「安全」など〕と、実技〔「車両によるトーバーの前押し、後押し、S 字・L 字、直進」、「ダミーによる模擬基礎訓練」、「実技基礎訓練」、「安全」など〕の訓練の他、VR（Virtual Reality）を用いる訓練も設定している会社がある。

訓練の後、3 カ月ほどの熟練訓練（実機による実施要領の慣熟訓練）を経て、技能評価を受け、合格しなければならない。

2-3-6　プッシュ・バック（Push Back）

プッシュ・バックとは、出発時の航空機をスポット後方のタキシング可能な場所まで、トーイング・トラクターで航空機を押し出してやる作業で、トーイングの一部である（**図2-8**）。

プッシュ・バックは出発機に対する作業であるため、旅客が搭乗しているだけでなく、航空燃料や手荷物、貨物などが航空機に搭載されており、プッシュ・バック中は航空機のエンジンが始動されることもある。

そのため、大型機の場合はトーイング時よりも100トン以上航空機が重くなることもあり、場合によってはエンジン始動による航空機前方への推進力の影響もあるが、トーイングマンには搭乗旅客に不安を抱かせることのないよう繊細なステアリングとアクセル操作が求められる。

また、トーイングマンは、ウォッチマンと連携してプッシュ・バック中も周囲とのクリアランスやエンジン吸排気の影響、ランプ内の状況を正確かつ的確に判断し、作業を行わなければならない。

プッシュ・バックは、トーイング資格の一部であり、トーイング資格を取得することが必要である。

2-4　ブレーキマン（Brakeman）

2-4-1　一般

ブレーキマンとは、トーイング中、航空機のコクピットに座り、トーイング開始前に航空機の電気や油圧系統を作動させ、それが正常に作動していることを監視確認しながら、トーイング開始直前に航空機のパーキング・ブレーキを解除し、トーイング終了時にパーキング・ブレーキのセットを行う作業である（**図2-9**）。

万一、トーイング中に不具合が発生してしまった場合には、航空機のブレーキをかけて航空機を安全に止める役目も担う。

2-4-2　主要作業

(1)　トーイング中は、航空機を障害物に衝突接触させないよう、機体外部を監視する。

(2)　コクピット内において、航空機のブレーキ操作に必要なスイッチの操作および計器、表示灯などの監視をする。

(3)　ブレーキマンは、トーイングマンと連絡を密にするため無線等の通信手段を持ち、インターホンを傍受するとともに、グラウンド・コントロールの無線を傍受し、緊急時に備える。

(4)　緊急時には、インターホンによりトーイングマンに連絡するか、ノーズ・ランディング・ギア・ライトを点滅させるなど必要な処置をとる。さらに危険と判断した場合は、航空機のブレーキを操作する。

(5)　2名にてトーバーレス・トラクターでトーイング作業を実施する時、ブレーキ操作者は脚立を使用しMECドアから機内に入りブレーキオフを行い降機する。

　トーイングにてスポットイン後、ラダー（脚立）を使用しMECドアから機内に入りパーキングブレーキをセットする。（MECドア：Main Equipment Center　航空機前方下部にある小さなドア）

図2-9　ブレーキマン作業

2-4-3　作業上の注意

トーイング・トラクターとの位置関係を注意し、トーイング角度が深いとき、障害物との間隔に疑問を感じたとき、進行方向に間違いがあったとき等は、トーイングマンに注意を促す。また、緊急時に即応できる態勢（足は、ブレーキ・ペダルにのせ、いつでもブレーキ操作が出来る状態）でいること。

(1)　コクピットへの通路は、原則としてエントランス・ドアを使用する。

(2)　ブレーキマンの定位置は、機長席とする。

(3)　作業開始前にグラウンドの状態をチェックし、メンテナンスが行われていないかどうか確認する。特に、コクピット内のサーキット・ブレーカー・パネル、レバーおよびスイッチなどに赤タグ（操作禁止）の有無をチェックし、電気系統および油圧系統の操作を行って良いかどうか確認する。

(4)　コクピット内の確認は、指差呼称により、個々のスイッチおよびレバーの位置を確認し、必要なときのみ手を触れ、正しい位置に操作する。

(5)　トーイング中の航空機のブレーキは、緊急時以外、絶対に操作してはならない。

(6)　操縦桿には絶対に手を触れてはならない。

(7)　トーイング中ステアリングロックアウトピン（バイパス・ピン）を取り付け、トーション・リンクを結合しているので、旋回とともにテイラー（ステアリング・ハンドル）が動く。このテイラーに手を触れたり操作してはならない。

2-4-4　資格要件

ブレーキマン作業に従事するには、航空機のシステムに精通している必要があり、各社内で定められた資格制度で技能管理をしている。

資格取得には、各機種ごとに座学（「航空機の特徴と構造」、「油圧」、「電気」、「着陸装置」、「安全」など）と実技（コクピットにおける電気・油圧系統の操作手順など）を経て、技能評定に合格しなければならない。

2-5　ウォッチマン作業（監視作業）

2-5-1　一般

a．ウォッチマン作業とは

ウォッチマン作業とは、航空機の発着、タキシング、またはトーイングによる航空機の移動等の場合に、航空機の翼端、尾翼、胴体およびエンジン等を、他の航空機、建物または障害物等に接触させないよう監視することである。また、航空機の動線上に他からの進入を防止するため、それに適した場所で監視し、他の担当者と連携を図り、目的地または目的場所へ安全な航空機の移動を保証するための作業である（**図2-10**）。

2-5-2　ウォッチマン作業（監視作業）

ウォッチマンは、航空機の地上移動における安全を確保すべく以下の作業を実施する。

a．航空機が通過するエリアの事前安全確認

ウォッチマンは、障害物等との接触防止のため、航空機が通過するエリア内の障害物の有無を事前に確認するとともに、障害物がある場合にはそれを取り除かなければならない。

b．航空機移動中の安全確保

ウォッチマンは、障害物等との接触防止のため、航空機の動きに合わせ適時立ち位置を変更し、翼端、尾端、エンジン等の監視を行う。「危険」と判断したときには、ためらうことなく「停止、緊急停止」の合図をマーシャラー、トーイングマンへ送り、航空機移動時の安全を確保する。ウォッチマンは、航空機が通過するエリアが「安全」である場合は、常に「通過よし」の合図をマーシャラー、トーイングマンへ送り続ける。

ウォッチマンが2人以上で実施する場合、可能な限り相互の連絡をとる。安全確保のためのストップ、徐行等の合図を1人でも出した場合、他のウォッチマンも同一の合図をする。

c．車両規制

ウォッチマンは、航空機がスポットに出入りする場合、付近の車両の交通規制を行わなければな

図 2-10　ウォッチマン作業

らない。

d．その他

トーイング中、ウォッチマンはトーイング・トラクターの助手席に座り、無線等のモニターを行うとともに、航空機の状況（航空機と航空機牽引車接続状況、GPU 接続状況、各ギアとタイヤの状況）と周囲の状況（移動範囲に障害物はないか）を監視する。

2-5-3　ウォッチマンの位置

ウォッチマンは、機種や旋回角度、スポットによって適切な立ち位置が異なるため、以下に注意し任意の立ち位置をとることが必要である。

・常に航空機と障害物を監視でき、かつ「危険」「安全」の判断ができる位置であること。

・マーシャラーやトーイングマンの視界内であること。

・自分自身の身の安全を確保できること。

a．到着時（航空機が自力でスポット・インする場合）

到着時のウォッチマンの位置は、原則、**図2-11** の位置で航空機の移動に合わせ、適切な位置へ移動しながらウォッチマン作業を実施する。

（注）エンジン始動時、危険区域に立ち入ってはならない。また、エンジン外側 5 m より内側に立ち入らないこと。

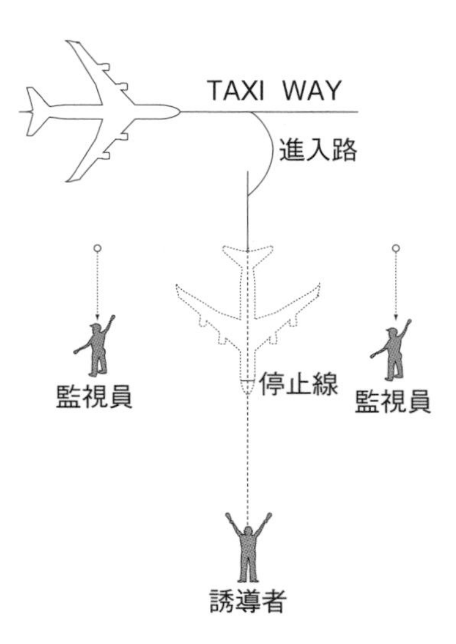

図 2-11　到着時（スポット・イン）

b．**出発時**（プッシュ・バック時）

出発時のウォッチマンの位置は、原則、**図2-13**の位置で航空機の翼端、尾端、エンジン等、航空機の移動に合わせ、適切な位置へ移動しながらウォッチマン作業を実施する。

（注）エンジン始動時、危険区域に立ち入ってはならない。また、エンジン外側５ｍより内側に立ち入らないこと。

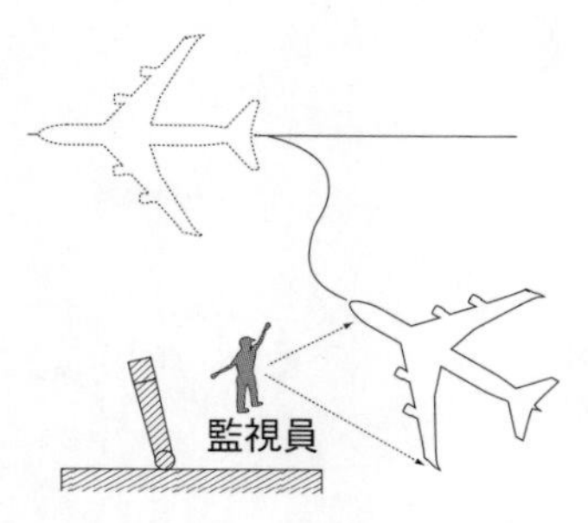

図2-12　出発時（スポット・アウト）

c．**トーイング時**（スポット間トーイング）

トーイング時のウォッチマンの位置は、原則、**図2-14**の位置で航空機の翼端、尾端、エンジン等を監視し、移動に合わせ、適切な位置へ移動しながらウォッチマン作業を実施する。

（注）ランディング・ギア可動危険区域に立ち入ってはならない。

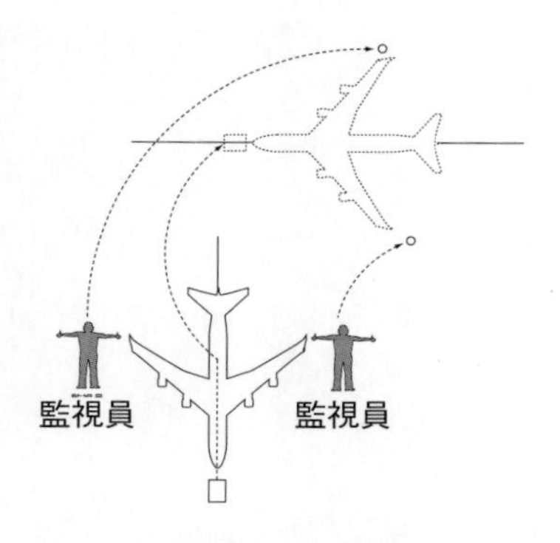

図2-13　出発時（プッシュバック時）

2-5-4　資格要件

ウォッチマン作業に従事する者は、各社の社内規程の中に作業者の訓練要件や資格要件が定められている。

（以下、余白）

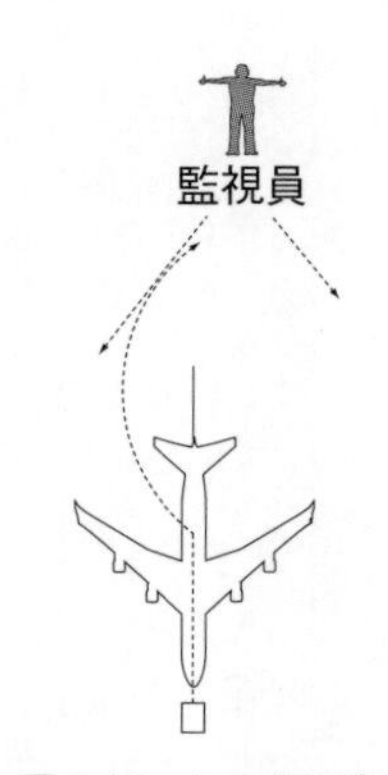

図2-14　トーイング時

〔メモ〕

第３章　搭載・取り降ろし関連業務

3-1　ロード・プラン（搭載計画）作成業務

3-1-1　概要

航空機の発着作業を見学していると、多くのモノが航空機の下部から取り降ろされたり、積まれているシーンを見ることができる。

航空機の下部は、ほとんどの場合は貨物室となっており、ここに貨物や郵便物、手荷物が搭載されている。その作業は流れるように進められているため、一見すると無計画のようであるが、実は厳しいルールや制限の下で作成されたロード・プランに基づき行われており、その結果、航空機は安全に空の旅へ飛び立つことができる。

ロード・プランとは、そのようなルールや制限の下で、搭乗される旅客の予約数や座席位置を確認しつつ、航空機の重心位置を考慮しながら、貨物室にどのように貨物、郵便物、手荷物を搭載するかを計画することをいう。

3-1-2　ロード・プラン作成

運航規程に基づき、オペレーション・コントロール・センターにてフライト・プラン[※1]が計画されると､その後の乗員との打合わせで許容搭載重量（ACL：Allowable Cabin Load）[※2]が決定し､ロード・プラン担当者[※3]は、安全性や快適性、経済性（燃料消費）等を考慮の上、このACLを超えないようロード・プランを作成する。

なお、作成されたロード・プランは、航空交通管制機関に提出し承認を得ることが、航空法により義務付けられている。

図3-1　オペレーション・コントロール・センター

各空港のロード・コントロール担当者[※3]は、搭乗旅客の座席位置を考慮しながら、貨物、郵便物、手荷物の搭載重量がACLの範囲内となるよう各部門と調整する。

またロード・プラン担当者はロード・コントロール担当者と調整を行いながら、航空機に搭載するULD航空機専用コンテナの台数や重量、バルク貨物や郵便物、手荷物の個数情報等を所定のフライト便ごとにシステムに入力することにより、貨物室内のウエイト・アンド・バランスを作成する。

ロード・プラン作成業務は、以上の業務を遂行しながら航空機を安全に運航させることを第一に考え、また、航空機全体の安全性・快適性・経済性を考慮し、最良のウエイト・アンド・バランス、および定時運航を心がけている。

（※1）飛行時間や飛行ルート等、離陸してから着陸するまでの飛行計画のこと。
（※2）旅客、貨物、郵便物、手荷物を搭載することが可能な重量のこと。
（※3）各空港支店にてロード・プランおよびコントロールを行っている航空会社もあれば、すべてのフライト便のロード・プランおよびコントロールを一か所で集中管理している航空会社もある。また、ロード・プラン担当者とロード・コントロール担当者が明確に区別されないもしくは同一人物が実施することもある。

3-2　ウエイト・アンド・バランス（Weight and Balance）業務

3-2-1　航空機の重量

機種やエンジン性能等により、航空機が離陸可能な最大の重量はあらかじめ決まっており、フライト・プランによってACLが影響を受けることは前述した通りである。しかし、釣り合っている天秤のどちらかに重りを加えると一方が傾くように、航空機に搭載された貨物や郵便物、手荷物の重量が貨物室内で偏ったり、旅客の座席位置が偏ると、航空機はバランスを失い、最悪のケースでは墜落につながる恐れがある。そのためロード・プラン担当者とロード・コントロール担当者は十分な調整の上、重量や重心位置を運航前に確認している（以下、ウエイト・アンド・バランス業務という）。

まず重量について、航空機が飛行するために揚力が不可欠であるが、翼が作り得る能力には限界があるため、重量の制限が必要になる。航空機は他の乗り物と比較し、はるかに厳しい重量管理が要求される。

重量超過は、離着陸速度・距離の増大、航続距離の低下、燃料消費量の増大などあらゆる面で飛行性能に悪影響を及ぼす。そのため重量を正確に把握し、かつ重量が規定値より超過していないこ

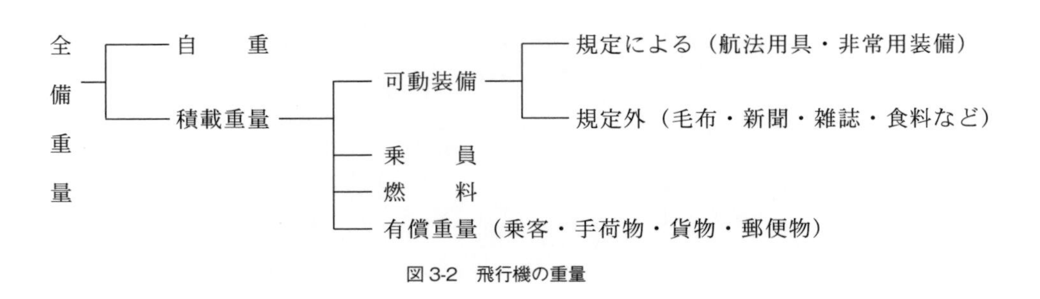

図3-2　飛行機の重量

とを確認することは非常に重要であり、航空法施行規則により義務付けられている。

航空機の重量、すなわち全備重量は、自重と積載重量に大別できる。これを図示すると**図3-2**のようになる。

これらの重量は機種ごとに違いがあり、また同じ機種でもフライト・プランごとに異なるが、飛行性能や安全性あるいは経済性に密接に関係する。なお、航空機は全備重量（最大離陸重量）を超えて飛行してはならないことになっている。

有償重量はペイロードとも呼ばれ、これが航空会社の収入になるものである。従ってペイロードが重いほど航空会社の利益は増すが、全備重量を超過した場合は貨物・郵便物を減らさなければならない。また、悪天候や向かい風の強い気象条件の中で運航するときは、搭載燃料を余分に積まなければならないが、この場合には貨物・郵便物の他に乗客をも減らさなければならないことがある。

3-2-2　機体の重心位置

a．重心位置

次に重心位置について説明する。**図3-3**のように重心と揚力中心とが一致していれば、機体には何のモーメントも生じない。しかし実際の航空機では、旅客の座席位置や貨物、郵便物、手荷物の重量や搭載位置、燃料搭載量によって重心位置は変わってくる。また、飛行を続け燃料を消費することでも重心位置は変わるし、機内で旅客が移動することによっても重心位置は変わってしまう。

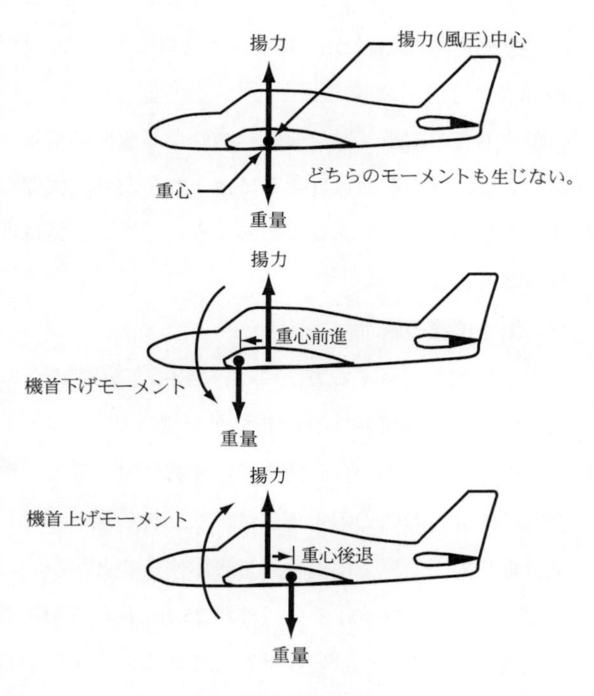

図3-3　重心と揚力中心

このように重心位置は常に一定ではないため、水平飛行中も揚力中心に重心位置を一致させておくのは困難である。例えば、重心が揚力中心より前方にあれば機首下げモーメントが生じ、後方にあれば機首上げモーメントとなる（**図3-3**）。

このため航空機は、昇降舵（または水平尾翼）の角度を変えて機首下げモーメント、機首上げモーメントを修正している。しかし昇降舵、水平尾翼での対処も限界があるので、重心と揚力中心のずれを、むやみに大きくすることはできない。そこで重心位置に移動許容限界（重心位置前方限界、重心位置後方限界）を設ける必要がある（**図3-4**）。これを行うには旅客を前方または後方に片寄って乗せないこと、または貨物や郵便物、手荷物を前方のみ、あるいは後方のみに搭載しないことで

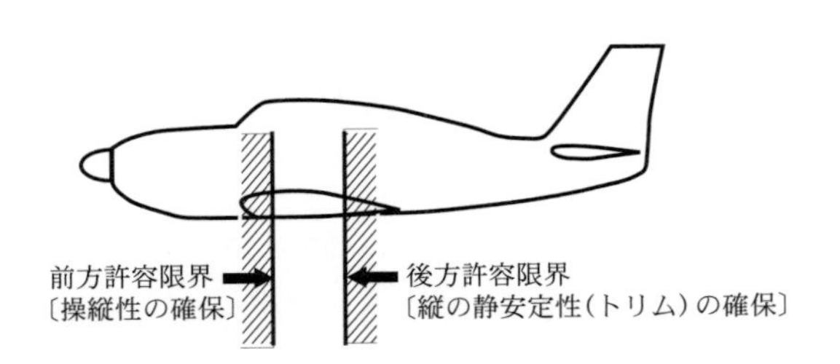

図 3-4　重心位置の前方および後方移動許容限界

ある。これを怠ったため事故に遭遇した例がある。

中南米コスタリカのサンタマリア空港で、同国のラクサ航空ボーイング 727 型機が離陸を開始した。このラクサ機は正常に加速し、算出された離陸重量に基づく所定の引き起こし速度（VR：ローテーション速度）に達したため、機長は操縦桿を手前に引いた。しかし操縦桿は重く、機長の懸命な操作にもかかわらず機首は上がらなかった。そこで機長は離陸を断念し、ブレーキを強く踏んで機体を停止させるほかに取るべき途はなかった。機体は滑走路上に止まり切れず、滑走路端から 400m 先の土手に激突し炎上した。

事故調査の結果、出発前に行われた事故機の重量・重心位置の計算が間違っていたことが分かった。大量の貨物が前方貨物室に積まれており、実際の重心位置が前方限界を超えていたため機首が上がらなかったのである。このように、重心位置は非常に重要であり、一歩間違えば事故につながるのである。

b．重心位置の表示

重心位置を表示する方法には、**図3-5** に示すように、①基準線からの距離で示す、②空力平均翼弦（MAC）の％で示す、の 2 つが一般的である。

このうち基準線からの距離で示す方法は、重心位置を算出するときに用いると便利である。また空力平均翼弦の％で示す方法は、航空機の運航の際に用いられ、基準線からの距離で算出した重心位置を空力平均翼弦に換算して表示することが多い（例：MAC35％）。

ボーイング 777-300 の全長は約 75.1m もあるが、航空力学上の重心が主翼付根付近の 2m の範囲に収まっていなければ安全飛行はできない。実際の飛行では乗客が機内を移動することなどを考慮

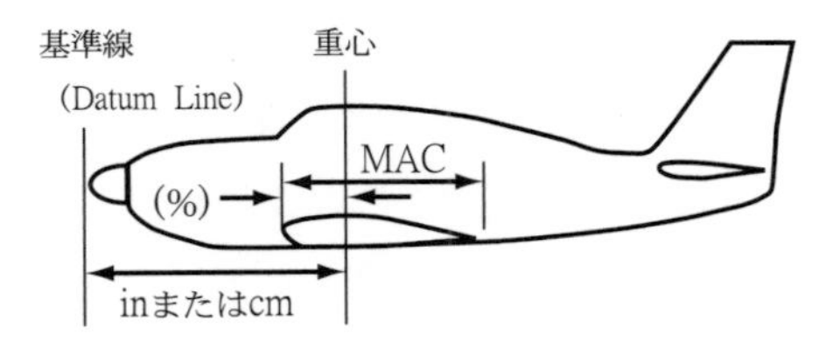

図 3-5　重心位置の表示法

して、さらに狭い範囲に重心位置がくるようにしている。

そこで、予約状況に応じたロード・プランの作成、旅客のチェック・イン、貨物等の搭載状況などを注意深くモニターして、重量・重心位置の調整を行う必要がある。

貨物や郵便物、手荷物の具体的なロードプランは、貨物室のスペースと機体の床面強度、危険物運送規則など複雑な制約が多いため、貨物セクションで担当することが多い。そして貨物や手荷物が計画通りに機内に搭載されていることを確認するのがロードマスター（搭載監督者）の最も重要な役割である。

3-3　貨物・郵便物および手荷物の集荷・分別・通関・引き渡し作業と運搬作業

3-3-1　一般

ここでは、貨物室へ搭降載される貨物、郵便物、手荷物における、各々の一連の作業内容を説明していく。

まずは貨物室について簡単に触れておく。世界には多くのメーカー、型式の航空機があるが、ボーイングやエアバスといった主要航空機メーカーに共通していることは、
①航空機専用の収納器材（コンテナやパレットと呼ばれるものであり、専門用語ではULD：Unit Load Device/ 以下、ULDという）（詳細は12-1参照）をそのまま積載できる貨物室（コンテナ室）と、
②ひとつひとつ手で積み卸しをするバルク貨物室（バラ積み室）と呼ばれる貨物室、の2種類あることである。

コンテナ室は、前方部と後方部の2ヵ所に区分されている。コンテナは、貨物、郵便物、手荷物すべてに使用される。機体のコンテナ室への搭降載、すなわちULD単位の積み卸し作業においては、ハイリフト・ローダーと呼ばれるGSEが使用される。

一方、バルク室については、ベルト・ローダーと呼ばれるベルトコンベアが付いたGSEを使用し、積み降ろしは手作業で対応している。ハイリフト・ローダー、ベルト・ローダーはいずれも機側作業専用である。

貨物、郵便物、手荷物をコンテナで収納、積載する場合、機側までの運搬車としてコンテナ・ドーリーと呼ばれる台車を使用し、バルク扱いとして積載する場合は、カーゴ・トラックやバルク貨物室搭載用の搬送用カート（航空機搬送用車両器材）を使用する（**図3-7**）。

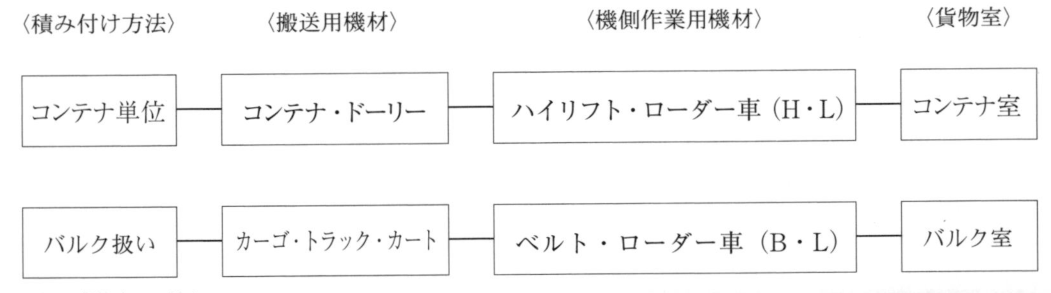

図 3-6　貨物室への流れ

図 3-7　コンテナへの積み込み

3-3-2　手荷物

出発時、旅客がチェック・イン（搭乗手続き）(※1) 後に手荷物を受託する場合は、行き先、バーコード番号等が印字された手荷物タグが発行され、手荷物に貼付が必要となる〔一部の航空会社では従来の手荷物タグに代わるデジタル化された e-tag（電子タグ）も導入されている〕。

手荷物タグが貼付された手荷物は、多くの空港ではカウンターからソーティング・エリア（手荷物仕分け場）まで手荷物搬送用ベルトや手運びで搬送されるが、空港によっては、手荷物タグに印字されたバーコード番号を読み取り、指定されたフライト便のソーティング・エリアへ自動的に搬送する「手荷物搬送システム」（BHS：Baggage Handling System）が導入されている空港もある。

ソーティング・エリアへ搬送された手荷物は航空機へコンテナごと搭載できる ULD 航空機専用コンテナまたはバルク貨物室搭載用の搬送用カート（航空機搬送用車両器材）またはカーゴ・トラック（**図8-23**）に積み付け、スポットまで搬送され、航空機に搭載される。

また到着時は、航空機より取り降ろされた ULD 航空機専用コンテナならびにバルク貨物室搭載分の手荷物は、到着専用のクレームベルト（手荷物ソーティング返却ベルト）へ流し、バゲージクレームエリアにて旅客へ引き渡される。

（※ 1）旅客が有人カウンターに並ぶことなくチェック・インができる自動チェックイン機やセルフで手荷物タグを貼付し預けることができる自動手荷物預け機（SBD：Self Baggage Drop）など最新機器を導入し、自動化を進めている空港が増えつつある。

3-3-3　郵便物（Air Mail）

航空会社は、日本郵政株式会社と「郵便物運送委託法」に基づく契約を締結した上で、郵便物（Air Mail）の航空輸送を行っている。また、郵便物の運送事業に従事する者は、郵便業務の公共性と重要性を十分認識し、郵便物の運送を安全、正確、かつ迅速に行わなければならない。

a．航空郵便物の種類

⑴　一般郵便物

有証郵便物（書留郵便・配達時間帯指定郵便物・国際郵便「最速」）、無証郵便物（書留郵便以外）、小包郵便物がある。

⑵　航空コンテナ郵便物

差出郵便局から到着郵便局まで、航空コンテナ単位で空陸一貫輸送する郵便物をいう。

⑶　US メール

アメリカ合衆国郵便公社が取り扱う郵便物

b．郵便物の授受および引き渡し

航空会社の郵便担当者と郵政取り扱い員が双方立ち会いの上で、郵便物の授受、引き渡しが行われる（**図3-8**）。

⑷　郵便物の流れ（**図3-9**）

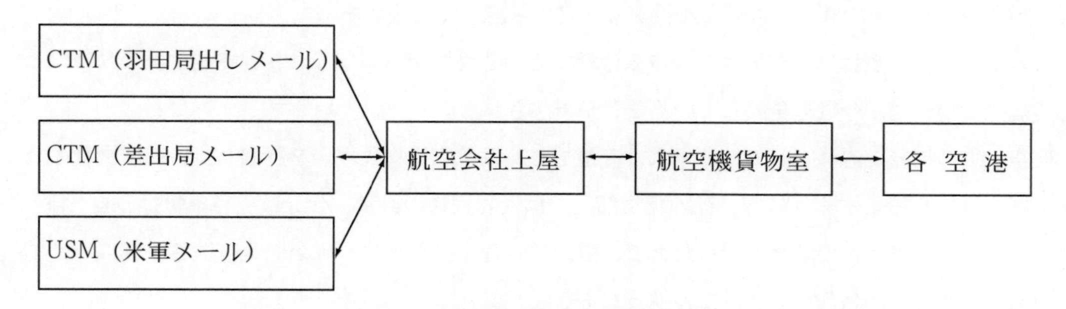

図3-8　郵便物の授受および引き渡し

（以下、余白）

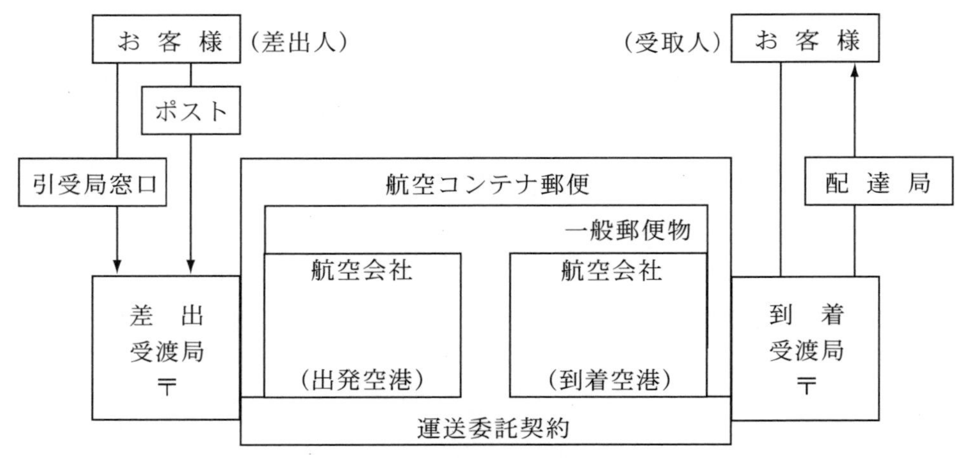

図 3-9　郵便物の流れ

3-3-4　貨物

航空貨物は、スピードが求められる生鮮食品や医薬品、精密機械、動物、美術品、コンサート機材、救援物資、郵便物など多岐にわたる。これらの貨物の中でも特に取り扱いに注意を要する貨物を輸送する際には、相応の輸送品質が求められる。

例えば、一部の医薬品では厳しい温度管理が必要であり、動物の輸送であれば、輸送中の動物への負担を少なくするため、温度調整や換気などにも注意する必要がある。

このように、航空貨物の市場はあらゆる分野でその必要性が高まっており、輸送手段のひとつとして航空貨物輸送が今後も発展していくことが予想される。

航空貨物の出発の流れとして、荷送人は直接もしくは航空貨物代理店を経由して、航空会社の貨物上屋へ貨物を搬入する。航空会社の貨物部門では受託貨物の計量、仕分け、積み付け、ロード・コントロール担当者との調整を行った上で、搬送担当者に引き渡し、航空機へ搬送される。

なお、航空貨物の到着の流れはこの逆となる。

(以下、余白)

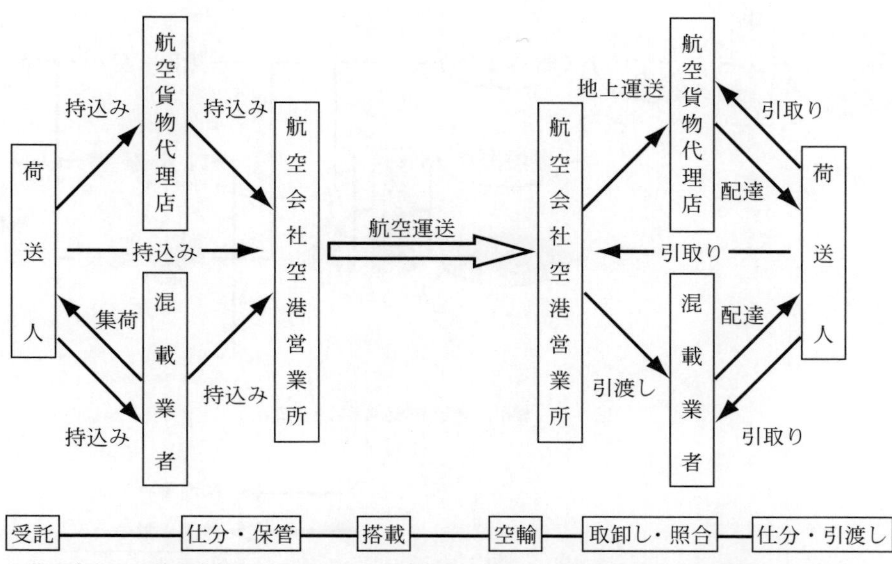

・代理店とは、航空会社から認可され代理店契約を締結して営業届けを国土交通大臣に届けたものをいう。代理店は航空会社の運送契約および諸規則に従って航空会社になりかわり荷主から貨物を受託し、これに附随した業務を行う。

・混載業者とは、国土交通大臣の認可を受けた自己の運送約款および運賃料金に基づいて個々の荷主から貨物の受託を行い、航空機を利用して貨物を運送する事業を行うものをいう。

図 3-10　貨物の流れ

3-3-5　資格要件

搭載・取り降ろし関連業務に従事するためには、各々の航空会社社内規程の中に作業者の訓練要件や資格要件が定められている。

3-3-6　通関

いままで述べた航空貨物は、主に国内線のみを利用した場合の流れである。一方、輸出入貨物等のいわゆる国際線貨物（外国貨物）の場合は、税関に対して輸出もしくは輸入の申告を行い、必要な審査・検査を経て輸出もしくは輸入の許可を受けることが必須であることから、国内線貨物に比べ、輸送するための手続きは複雑である。

この国際線貨物の輸出入に必要な一連の手続きのことを通関という。

一般に国際線貨物には、以下に挙げるもの等が存在している。

(1)　国内で生産され、税関から輸出の許可を受けたもの（輸出通関済み貨物）、

(2)　外国から到着して、税関から輸入の許可を受けていないもの、税関から輸入許可を受けようとするもの（輸入未通関貨物）、

(3)　国内の他の保税地域で、税関から輸入許可を受けようとするもの（保税運送）、

(4)　外航機に再度積み替えるため、「仮に陸揚げしたもの（仮陸揚げ貨物）」、などがある。

図3-11 に輸出入申告時の通関手続きの流れを、**図3-12** に関税法に基づく貨物の流れを表す。

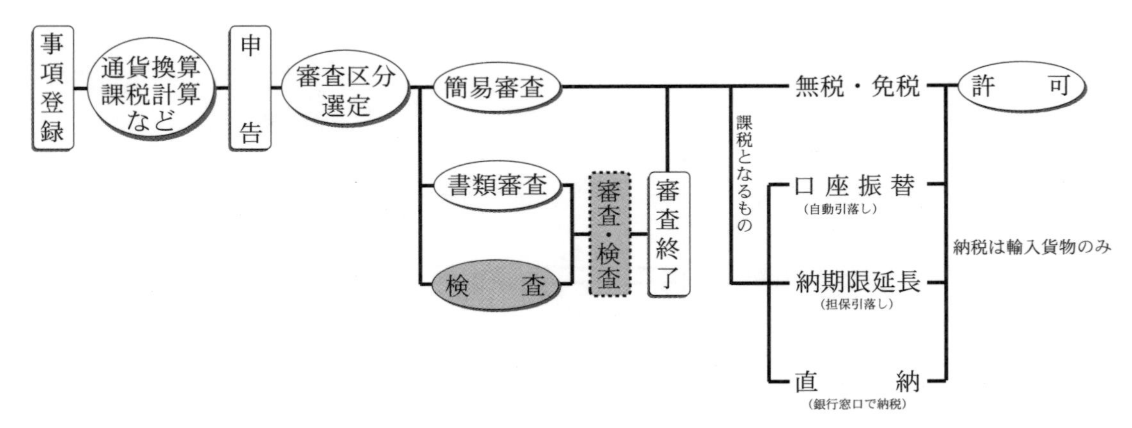

図 3-11　輸出入申告時の通関手続きの流れ

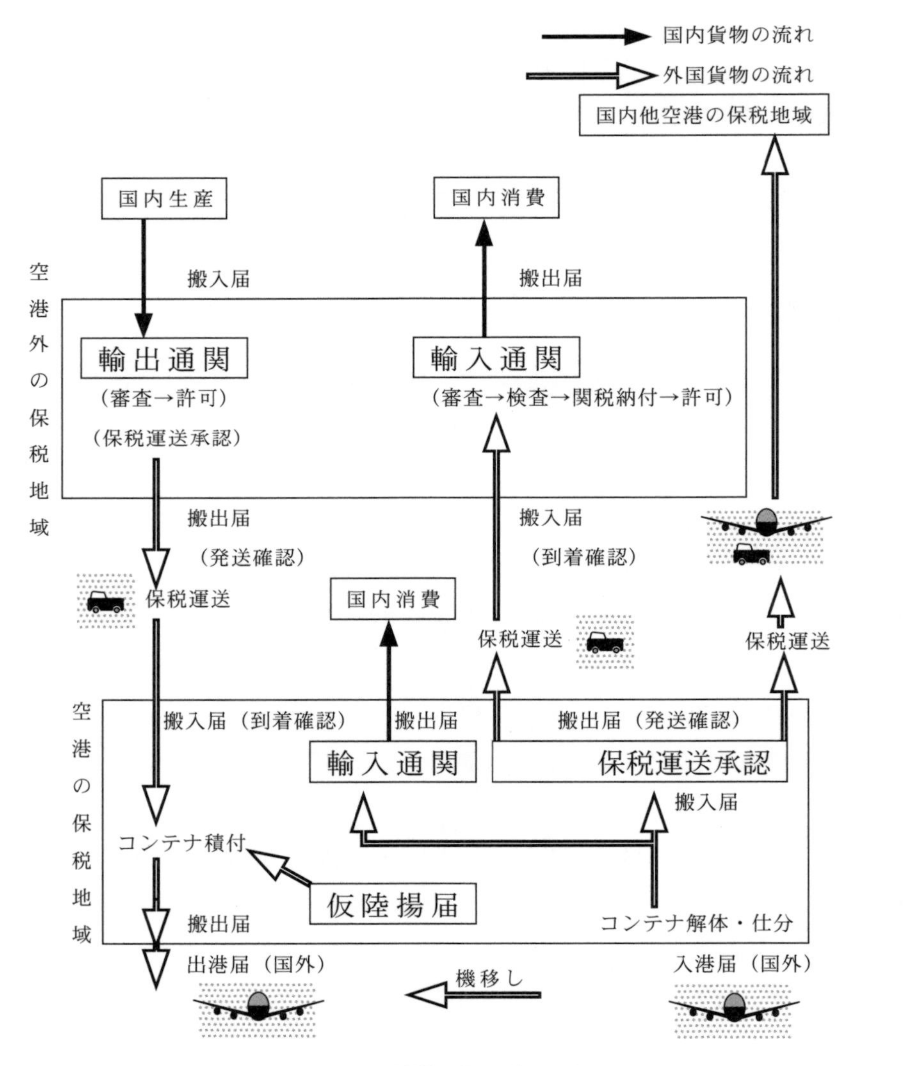

図 3-12　関税法に基づく貨物の流れ

第４章　搭載・取り降ろし作業

4-1　概要

4-1-1　一般

グランドハンドリングにおける現業での搭載業務の責任者は、搭載監督者（ロードマスター）や、搭載作業責任者などと呼ばれる。その呼称は会社によって異なるが、搭載を扱う航空会社の規定教育と資格を取得しなければならない。

業務範囲は、航空機の出発に先立ち、運航の安全と定時性確保のために積み込むべき荷物の量と内容、およびそのロードプラン（会社によってウエイト・アンド・バランス業務を含む）の確認と調整を行う。また、搭載作業の進捗状況を把握し、最後に計画どおりに搭載されたことを確認し、関係部門へ連絡等を行うのが一般的である。

搭載物には貨物・郵便物・手荷物があり、そのほかに特殊物として、危険物、動物といったものまで多岐にわたっている。特に危険物については、「規定どおりの正確な積み込み」の確認を行い、所定の書類（NOTOC/NOtification TO Captain）に署名して出発機のキャプテンに、そのむね伝達することになっている。

ここで、手荷物の流れを簡単に紹介する。空港の出発ロビーにあるチェック・イン・カウンターで旅客から受託した手荷物は、ベルトコンベアにてソーティング・エリア（手荷物仕分け場）に搬送さ

図 4-1　搭載・取り降ろし作業風景

れる。ソーティング・エリアでは手荷物積み付け担当者により、航空機へコンテナごと搭載できるULD航空機専用コンテナやバルク貨物室搭載用の搬送用カート（航空機搬送用車両器材）またはカーゴ・トラック（第8章航空機地上支援器材 **図8-23**参照）に積み付けされる。積み付け・搭載する際には、各航空会社のルール（優先返却手荷物や乗り継ぎ手荷物）に従って積み付けられる。積み付けが終了すると、手荷物積み付け担当者および搬送担当者は、コンテナ・ドアが完全に閉まっているか（クローズ・アンド・ロック）を確認した上で、航空機サイドまで搬送し、搭載担当者へ引き渡す。

またチェック・イン・カウンター・クローズ（搭乗手続き締め切り）後、チェック・イン（搭乗手続き）をした旅客の手荷物を受託した場合は、ソーティング・エリア（手荷物仕分け場）を経由せず、ゲート（搭乗口）旅客担当者が直接搭載担当者に手荷物を引き渡し、航空機へ搭載する（空港によってはダムウェーターと呼ばれる手荷物受け渡しエレベーターを活用し間接的に搭載担当者へ手渡すこともある）。

搭載担当者は、ロード・プランに基づき貨物、郵便物、手荷物を航空機に搭載した後、貨物室内のコンテナ・ロック（航空機に備えつけられたコンテナを固定する金具）が確実に実施されているか、貨物室ドアが完全に閉まっているか（クローズ・アンド・ロック）を確認し、搭載作業は終了となる。

4-1-2　作業の基本的考え方

(1) 作業は、迅速・確実・丁寧に行い、顧客に信頼される、高い品質のサービスでなければならない。

(2) 作業は、作業者が安全を確保した上で、航空機はもちろんのこと、取り扱う貨物、郵便物、手荷物、そして使用するGSEや器材においても損傷を与えることなく、環境にも配慮して行われなければならない。

4-1-3　作業態度

多くのグランドハンドリング作業は旅客から見える位置で行われており、作業者の身だしなみや行動は旅客の目にもとまるため、不安を抱かせることのないよう身を引き締めて作業にあたらなければならない。

(1) 作業に際しては、作業者自身および関係者の安全を保ち、衛生に注意しなければならない。

(2) 服装・態度は厳正でなければならない。

(3) 作業に際しては、正しい姿勢、的確な動作を心掛ける。

(4) 車両等の誘導・合図・連絡は、明確に行う。

(5) 旅客の前では、特に言動を慎み、乱暴な取り扱い等の行為をしてはならない。

(6) 必要な場合を除き、航空機・搭載物件・作業用機材等に極力触れないようにする。

(7) ランプにおいては、常に周囲の航空機および車両の交通に注意を払わなければならない。

(8) 作業の終了後は、自分自身で実施した作業を、客観的に確認しなければならない。すべての作業は、確認の積み重ねである。

4-1-4 貨物、郵便物、手荷物の取り扱い

旅客から預かった大切な貨物や郵便物、手荷物の誤った取り扱いによって旅客に迷惑をかけることがないよう、作業者は以下の点に注意しなければならない。

(1) 丁寧に取り扱い、損傷を与えないようにする。

(2) 搭載区分および行き先を確認し、誤送に注意する。

(3) 取り付けてあるタグ、ラベル、ステッカ類を声出しや指差呼称などにて確実に確認し、正しく取り扱う。

(4) 授受および搭載･取り降ろしに際しては、その状態と数量を確認し、関係部門に報告しなければならない。

(5) 損傷、変形、汚損等の異状がある場合は、関係部門に報告しなければならない。

(6) 指定場所以外に搭載してはならない。

(7) 運搬に際しては、脱落、転倒等が生じないような適切な処置を施さなければならない。必要な場合は監視者を配置しなければならない。

(8) 風雨等の天候の場合は、必ず防水処置を行い、濡損(じゅそん)防止に努めなければならない。

(9) 特殊貨物の取り扱いは、特に慎重でなければならない。

(10) 作業終了時は、装着機材の周辺にゴミ等の散乱がないか点検する。

4-1-5 車両・器材使用上の注意

作業者は車両・器材の誤った運転や操作によって不安全事象を発生させないよう、以下の点に注意しなければならない。

(1) 定められた諸規則を遵守する。

地上からの高さ

	最小(m)	最大(m)
A	1.65	2.11
B	1.19	1.46
C	–	–
D	4.65	4.95
E	5.08	5.48
F	8.23	9.35
G	18.34	19.58
H	5.79	6.88
J	4.57	5.33
K	8.69	9.45
L	2.90	3.45
M	2.69	3.15
N	1.88	2.08
O	4.78	5.05
P	1.42	1.63
Q	4.52	5.46
R	2.64	3.25
S	4.65	5.36
T	7.57	8.36
U	9.70	10.39
V	4.62	5.08
W	11.48	12.32

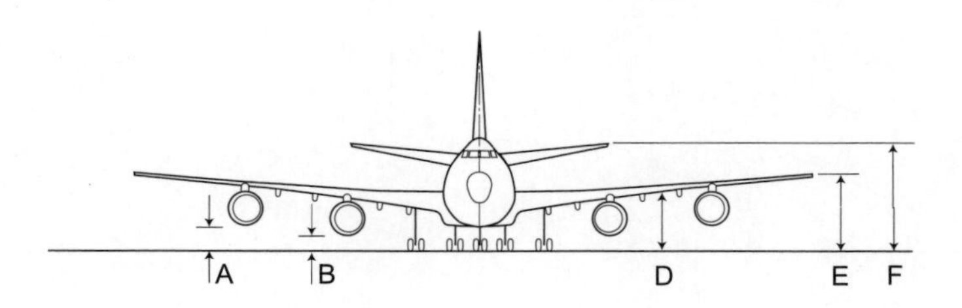

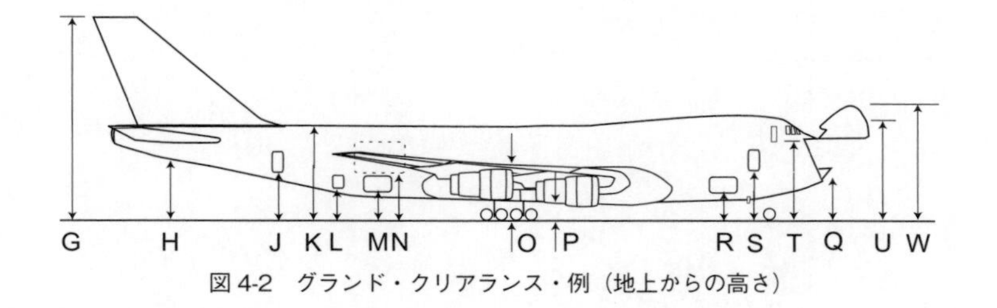

図 4-2 グランド・クリアランス・例（地上からの高さ）

⑵　車両の運転は、慎重に実施し、常に安全に注意を払う。

⑶　車両･器材は原則として航空機の下側（翼端含む）を通過したり、放置してはならない。認められた車両･器材で通過する場合は、航空機に接触することがないように十分に注意する。

⑷　車両・器材を航空機に装着する場合は、機体の下降・上昇（**図4-2**参照）を念頭におかなければならない。また、作業中においても常に注意を払う。

⑸　走行中に車両の作業台の上下操作を行ってはならない。

4-1-6　航空機における作業上の注意

⑴　貨物室（カーゴ・コンパートメント）の内張りは集中荷重に弱く、角の鋭い貨物または重量物により損傷を受けやすいので、作業は慎重に行わなければならない。万一、損傷を与えた場合は、搭載監督者または整備士に報告しなければならない。

⑵　貨物室で搭載物を乱暴に取り扱うと、貨物室および貨物に損傷を与えるおそれがある。また、音が客室内に響き、旅客および乗員に不快の念を与えるため、ていねいに扱わなければならない。

⑶　カーゴ・ドアの開閉およびカーゴ・ハンドリング・ドライブ・システムの操作は、有資格者が所定の手順で実施しなければならない。

⑷　貨物室内で重量物を人力で移動させる場合、フロアに直接バール等を用いて操作することは、フロアに損傷を与えるため実施してはならない。

⑸　ウエット・カーゴ（液体の入った貨物）の搭載は、所定の方法を遵守し、水漏れを起こさないよう十分に注意するとともに、貨物室内を汚損しないようにする。

　また、塩水が漏洩した場合、航空機の構造部等に腐食等が発生する。また漏洩を発見した場合は、直ちに整備士に連絡し、処置を依頼する。

（以下、余白）

4-2　出発便作業

a．作業の流れ

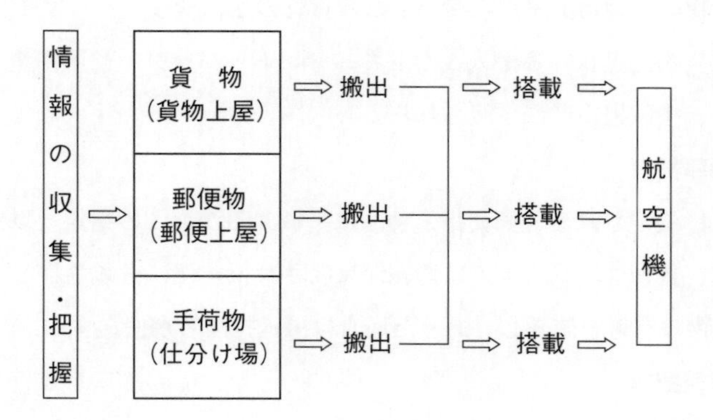

4-3　搬出作業一般

貨物、郵便物、手荷物搬送担当者は、事前に以下の要領で出発便に関する情報を収集し、把握する。

a．便名、行き先、機種、シップ・（機体番号）、スポット、出発時刻の確認

便名、行き先、機種、シップ・レジストレーションナンバー（以下　シップ・ナンバー）、スポット、出発時刻は、「Flight Information System」（FIS）にて確認する（**資料編12-3** フライト・スケジュール確認画面参照）。

b．出発便に使用するULD（貨物、郵便物、手荷物）台数の把握

注）ULD（Unit Load Device）：貨物、郵便物、手荷物をまとめて航空機で輸送するためのもので、航空機へそのまま搭載できるコンテナやパレットの総称

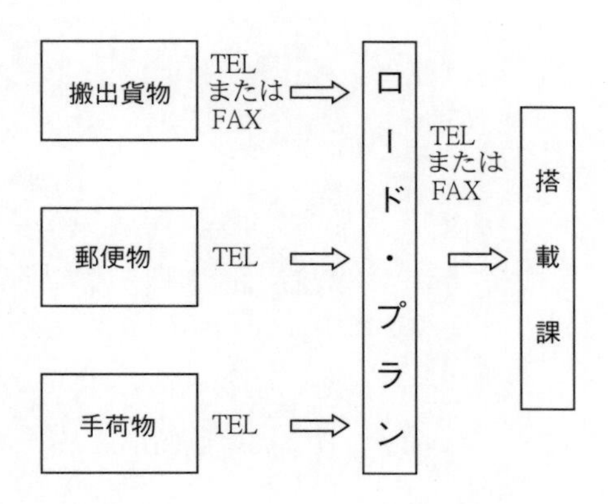

c．出発貨物の情報把握

⑴　搬送担当者は、貨物管理システム（※1）に登録されたULDのIDナンバーと貨物上屋前に準備されたULDのIDナンバーが一致していることを確認の上、航空機までGSEにて搬出する（**図4-3**）。なお出発貨物には貨物上屋から搬出される貨物の他、機移し（※2）貨物も存在する。

⑵　マニフェスト（貨物運送状）等が入ったドキュメント・バッグ（社用書類袋）は、搬送担当者が機側まで搬送し、搭載担当者に手渡される。

d．出発郵便物の情報把握

⑴　郵便物は、前月に決定される「郵便指定便」に搭載するが、この指定便以外の便に臨時に搭載が発生する場合は、貨物管理システムに情報が反映され指定便に搭載される。

⑵　機移し（※2）郵便物の有無を確認し、あった場合は搬送担当者が搬送する。

e．出発手荷物の情報把握

⑴　搬送担当者は、搭載管理システム（※3）に登録されたULDのIDナンバーとソーティング・エリア（手荷物仕分け場）内に準備されたULDのIDナンバーが一致していることを確認の上、航空機までGSEにて搬出する。

⑵　搭乗旅客数および貨物、郵便物で必要とするULD台数により、当日手荷物で使用するULDの台数が変更となる場合があるので、手荷物の仕分け担当者とのULD台数確認が必要である。

⑶　機移し（※2）手荷物の有無を確認し、あった場合は搬送担当者が搬送する。

（※1）システムを導入していないもしくは利用できない場合は、貨物部門にて準備されたデリバリー・シート（出発貨物の情報がまとめられた書類）を使用する。
（※2）機移しとは、出発時刻が近づいている等の理由により、貨物、郵便物上屋やソーティング・エリア（手荷物仕分け場）へ搬入することなく、到着した貨物、郵便物、手荷物を出発便の航空機へ直接搬送する（SHIP TO SHIP）ことをいう。
（※3）システムを導入していないもしくは利用できない場合は、ロード・コントロール担当者が作成したローディング・インストラクション・レポート（LIR : Loading Instruction Report）を使用する。

（以下、余白）

f．貨物、郵便物の搬出時の連結台数

コンテナ・ドーリーの連結台数は、各空港の管理規則に基づき各会社によって決められている。

```
LOADING INSTRUCTION/REPORT                                        EDNO
ALL WEIGHTS IN KG                                                   01
FROM/TO FLIGHT    A/C REG CNF VERSION        SPOT STD    DATE     TIME
HND FUK JL0335/13 JA04XJ  X11 F12C94Y263       9 1935L 13JUL22 1850L
PLANNED JOINING LOAD                                             0950Z
FUK  F 12 C 81 Y160           C  9811  M   282 B  1304 T 11397
JOINING SPECS: ICE RFL RRY RMK TRA
TRANSIT SPECS: NIL
----------------------------------*-----------------------------------
 11P      NIL                     *
----------------------------------*-----------------------------------
 14L      NIL                     * 14R       NIL                    D
----------------------------------*-----------------------------------
 15L  FUK AKN30822JL  C     / 264* 15R  FUK AKN40909JL  C     / 287
          TRA/D1                  *           TRA/D2
                                  *           ***********************
************************************************ F1/  551/MAX 13063*
                                  *           ***********************
 21L  FUK AKN32847JL  C     / 380* 21R  FUK AKN14013JL  C     / 372
          TRA/C5                  *           TRA/C6
----------------------------------*-----------------------------------
 22L  FUK AKN11881JL  C     / 404* 22R  FUK AKN30196JL  C     / 365
          TRA/C3                  *           TRA/C4
----------------------------------*-----------------------------------
 23L  FUK AKN14106JL  C     / 314* 23R  FUK AKN30764JL  C     / 309
          TRA/C1                  *           TRA/C2
----------------------------------*-----------------------------------
 24L  FUK AKN14626JL  C     / 461* 24R  FUK AKN15249JL  C     / 349
          TRA/B5                  *           TRA/B6
----------------------------------*-----------------------------------
 25L  FUK AKN32037JL  C     / 458* 25R  FUK AKN40630JL  C     / 362
          TRA/B3                  *           TRA/B4
----------------------------------*-----------------------------------
 26L  FUK AKN32903JL  C     / 330* 26R  FUK AKN32316JL  C     / 336
          TRA/B1                  *           TRA/B2
                                  *           ***********************
************************************************ F2/ 4440/MAX 20502*
                                  *           ***********************
 31L  FUK AKN31612JL  C     / 617* 31R  FUK AKN40036JL  C     / 623
          TRA/A1                  *           TRA/A2
----------------------------------*-----------------------------------
 32L  FUK AKN32719JL  C     / 360* 32R  FUK AKN40149JL  C     / 401
          TRA/A3 ICE/10           *           TRA/A4
----------------------------------*-----------------------------------
 33L  FUK AKN84018FT  C     / 426* 33R  FUK AKN32948JL  C     / 342
          TRA/A5                  *           TRA/A6
                                  *           ***********************
************************************************ R3/ 2769/MAX 10206*
                                  *           ***********************
 41L  FUK AKN30850JL  C     / 330* 41R  FUK AKN40129JL  C     / 359
          TRA/D3                  *           TRA/D4
----------------------------------*-----------------------------------
 42L  FUK AKN31579JL  C     / 462* 42R  FUK AKN14406JL  C     / 454
          TRA/K1                  *           TRA/K2
----------------------------------*-----------------------------------
 43L  FUK AKN30685JL  C     / 229* 43R  FUK AKN31282JL  C     / 217
          TRA/P1 RRY/3PTO RMK/    *           TRA/P2 ICE/11 RFL/0
          CKO RMK/RRY2P5          *           RMK/CKO RMK/AOG RMK/
                                  *           VAL
----------------------------------*-----------------------------------
 44L  FUK AKN33012JL  M     / 282* 44R  FUK AKN13105JL  BY 60/ 652
          TRA/X1                  *           RMK/BY48
----------------------------------*-----------------------------------
 45L  FUK AKN13575JL  BF 60/ 652* 45R       NIL                    D
          RMK/BF5 RMK/BG1 RMK/    *                                  D
          BC5 RMK/BY2             *                                  D
                                  *           ***********************
************************************************ R4/ 3637/MAX 13000*
                                  *           ***********************
 51   FUK              B    /   0                                    D
 51   FUK BLK1         B    /   0                                    D
                                  *           ***********************
************************************************ R5/    0/MAX  1500*
                                  *           ***********************
```

図4-3　ロード・プラン担当者からFAXされてくるロード・シート

4-4　ボーイング767／777／787／エアバスA350への搭載

4-4-1　器材の装着

貨物・郵便物・手荷物の搭載担当者は、Lower Deck（航空機床下）貨物室にハイリフト・ローダーとベルト・ローダーを装着する。なお、装着にあたっては、航空機の手前で一旦停止後、指差呼称(※1)にて確実な安全確認を実施し、最微速（すぐに停止できる速度）で航空機に装着する。

（※1）指差呼称とは、人間は不注意や誤解などによってミスを起こしてしまいがちな生き物であるという前提のもと、確認する対象物を指差し、声を発して確認行為を行うことで、ミスを防ぐ行為のことをいう。指差呼称は航空業界だけでなく鉄道や物流業界でも積極的に取り入れられており、科学的にも効果は実証されている。

4-4-2　ULDの搭載

⑴　搬出担当者は機側まで搬出したULDを**図4-4**の経路に従い、ハイリフト・ローダーやベルト・ローダーまで搬送する。

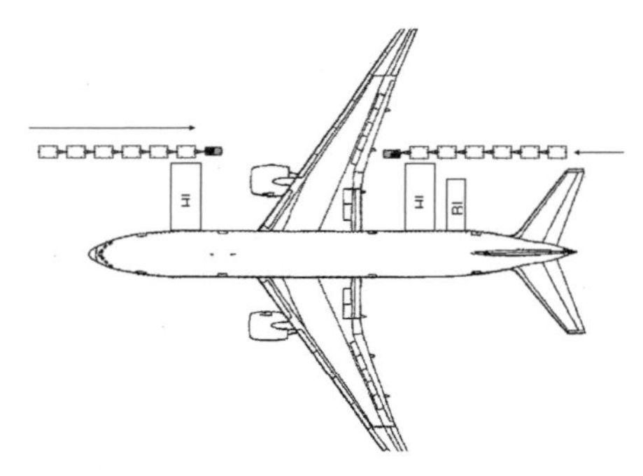

図 4-4　ドーリーの装着経路

①機側でのトーイング・トラクター（以下では、航空機用牽引車であるトーイング・トラクターと区別するため、ＴＴ車ということもある）の速度は、5km/h以下で走行する。

②ハイリフト・ローダーの航空機への装着は、細心の注意を払い最微速で装着する。

③カーゴ・ドアをオープンする前に、カーゴ・ドアを操作する担当者はカーゴ・ドアやその周囲に傷やへこみがないことを指差呼称にてしっかりと確認する。

④ハイリフト・ローダーの離脱時は、航空機のエンジンや翼に接近するので、細心の注意を払い、最微速で離脱させる。

※詳細は、「11-6 不安全事象（例）」を参照

CARGO 内は、足元注意！！

図 4-5　コンテナのロック状態

図 4-5a　レストレイント（リトラクト状態）

図 4-5b　レストレイント（エクステンションまたはレイズ状態）

図 4-5c　ディバイダー・ネット

図 4-5d　B777　パレット・ロック

図 4-5e　B777　コンテナ・ロック

図 4-5f　B787　パレット・ロック

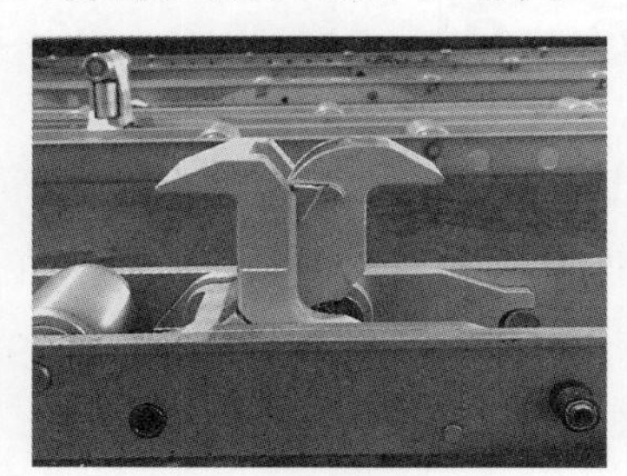

図 4-5g　B787　コンテナ・ロック

図 4-5h（ア）A350 パレット・ロック

図 4-5i　（イ）A350 コンテナ・ロック

⑤航空機の翼下はクリアランスが十分に確保できないことから、原則、GSEで翼下を通過してはならない。

ただし、後方貨物室での作業のため、やむを得ずトーイング・トラクターやドーリーを翼下通過させる必要がある場合は以下の点に注意すること。

i　発進前に必ず後方確認を行い、自分がトーイング・トラクターを運転し、どんな大きさの貨物を牽引しているのか、また台数は何台なのかを頭に入れ発進する。

ii　左右の確認はもとより、翼下を視認し、最微速で走行する。

iii　上記確認は、指差呼称で実施する。

(2)　ハイリフト・ローダーのオペレーターは、ULD搭載前に貨物室内の点検を実施し、異常がないことを確認する。異常を発見した場合は、機側の整備士に報告し、現場確認を受け、必要な措置を受ける。

①貨物室内の残留物の有無の確認

②レストレイント・ラッチ「OFF」およびエンド・ストップの点検

③ディバイダー・ネット伸長の点検

④各システム作動の点検

(3)　航空機へULDを搭載する。

貨物室内カーゴ・ハンドリング・システムの操作は、航空会社によっては教育を受講し、試験を受けることが求められる。

4-4-3　パレット（Pallet）の搭載

※詳細は、「11-6 不安全事象（例）」を参照

パレットやコンテナを動かす時は周りの作業者に一声掛けて動かすこと

(1)　ハイリフト・ローダーの運転席を外側に張り出し、ブリッジ右側のガイドレールをパレット位置にセットする。

(2)　ハイリフト・ローダーのオペレーターは、トーイング・トラクターのドライバーに対し、搭載OKの合図を送る。

(3)　トーイング・トラクターのドライバーは、インストラクション・シート（搭載用指示書）と搬出されてきたULD IDナンバー、および搭載位置を照合確認し、ハイリフト・ローダーへ装着する。

ハイリフト・ローダーのメインプラットホーム（メインデッキともいう）後端へ、誘導者の合図に従い、パレット・ドーリーを後退させる（ドーリー・バックという）。

(4)　パレット・ドーリーのストッパーを外し、ハイリフト・ローダーのメインプラットホーム後部のドライブ・タイヤまで人力で移送する。

①重量のあるパレットは、2名以上で移送する。

②複数名での作業は、声を掛け合うなど、連携よく実施する。

(5)　ハイリフト・ローダーのメインプラットホーム前部のストッパーにパレットが当たるまで、ドライブ・スイッチにより移送する。

ベルト・ドライブの回転中は、転倒や巻き込みのリスクがあることから、ベルトやドライブ・タイヤに足を乗せてはならない。

(6)　ハイリフト・ローダーのメインプラットホームをブリッジ（サブデッキともいう）と同じ高さになるまで上昇させる。

①地上の作業者は、パレットをメインプラットホーム上に移送した後、ハイリフト・ローダーのオペレーターに上昇 OK の合図を送る。

②ハイリフト・ローダーのオペレーターは、パレットがメインプラットホーム前後部のストッパーに収まっていることを確認したのち上昇させる。

(7)　ハイリフト・ローダーのオペレーターは、メインプラットホームとブリッジが同じ高さになったら、ドライブ・スイッチを順次操作して、パレットをメインプラットホームからブリッジへ移送する。

①インストラクション・シートで、ULD ID ナンバーおよび搭載位置を確認する。

②パレット上の貨物に荷崩れ等がないか確認する。

③オーバーハングしている場合があるので、必ず反対側（左側）がドア・シルに当たらないことを確認する。

④ハイリフト・ローダー上を ULD が移送中は、移送用ローラーに足が巻き込まれる危険性もあるため、プラットホームおよびブリッジに人がいないことを確認する。

(8)　ドライブ・スイッチ（FWD）「IN」を操作して、ブリッジからシップ・ドア・ウェイまで移送する。

搭載物や燃料の搭降載や旅客の乗降状況により、機体の高さが絶えず変化しているので、ハイリフト・ローダーのブリッジと貨物室内床面の高さに注意する。

(9)　貨物室のコントロール・パネルのジョイ・スティックを操作し、パレットを指定の搭載位置へ移送する。

(10)　指定の搭載位置へ移送したら、パレット・ロックを掛ける。

パレット・ロックが完全に掛かっていることを、手で押し引いて点検する。

4-4-4　コンテナ（Container）の搭載（図 4-6）

※詳細は、「11-6 不安全事象（例）」を参照

パレットやコンテナを動かす時は周りの作業者に一声掛けて動かすこと

図 4-6　コンテナの搭載

⑴　ハイリフト・ローダーのガイドレール・コンテナ位置へ移動する。

⑵　ハイリフト・ローダーのブリッジのガイドレールと、貨物室内の側面のガイド（Lateral Guide）を並列にする。

①ガイドレールの微調整は、ガイドレール調整ハンドルで行う。

②ガイドレールの調整を行わないと、ULD がシップ・ドア・シルに接触し、機体損傷の原因となるので、ULD 搭載前に必ず実施する。

⑶　ハイリフト・ローダーのオペレーターは、トーイング・トラクターのドライバーに対し、コンテナ積み込み OK の合図を送る。

⑷　トーイング・トラクターのドライバーは、インストラクション・シートで搬出されてきたコンテナ番号および搭載位置を照合確認し、搭載位置の順にハイリフト・ローダーへ装着する。

⑸　ハイリフト・ローダーに装着したコンテナを適合する方向（LEFT 側もしくは RIGHT 側）に回転させ、ドーリーのストッパーを外す。

①地上の作業者はコンテナ外周面、コンテナ・ドーリー等に異状がないか再度確認する。

②コンテナをドーリー上で回転させる場合は、周囲の作業者の安全を確認しながら行う。

③複数名での作業は、お互いに合図をし、連携よく実施すること。

⑹　コンテナを両手で平均に力を入れ、ハイリフト・ローダーのプラットホーム・ドライブ・タイヤに乗るまで押す。

⑺　ハイリフト・ローダーの操作盤のスイッチを「4-4-3 パレット（Pallet）の搭載」に従って操作し、カーゴ・ドア・ウェイまで移送する。

①インストラクション・シートで ULD ID ナンバーおよび搭載位置を確認する。

②コンテナ外周面、コンテナ・ドア等に異状がないか再確認する。

③ドア・シルに接触していないか確認する。

(8)　貨物室内のコントロール・パネルのジョイ・スティックを操作して、操作された搭載位置に移行する。

(9)　「5から8」を順次繰り返し、コンテナを搭載する。

(10)　貨物室内のドア・ウェイ・レフト側まで搭載したら、ドア・ウェイ・センター・ガイドを立てる。

①センター・ガイドを立てたら、手で手前に引いて、ロックしていることを確認する。

②センター・ガイドのロックの確認は、複数の作業者による相互確認とする。

(11)　最後のコンテナがドア・ウェイ・エリアに完全に入ったら、ドア・シル・レストレイント（Door Sill Restraint）を立て、ロックする。

①ロックを掛けるときは、完全にセットされていることを、手でゆすってロックが外れないことを確認する。

②ドア・シル・レストレイントのロックの確認は、複数の作業者の相互確認とする。

(12)　貨物室のスイッチを「OFF」にする。

①オペレーターは、ドアを閉める前に再度「側面のガイド」が立ち上がっているかどうか、ドア・シル・レストレイントの「ON」、コントロール・パネル内各スイッチ「OFF」を指差呼称で確認する。

②パーシャル・ロード（部分搭載）があった場合は、ドアを閉める前に、搭載監督者（Load Master）の現場確認を受ける。

③作業責任者またはその代行指名者は、貨物室内のすべてのレストレイントが立ち上がっていることを指差呼称で確認する。代行指名者は、確認結果を速やかに作業責任者に報告する。

(13)　ハイリフト・ローダーを航空機から離脱させる（作業手順は省略）。

(14)　作業責任者は、すべての作業終了後、シート類の点検を行い、搭載監督者に渡し、「Loading Check List」にサインする。

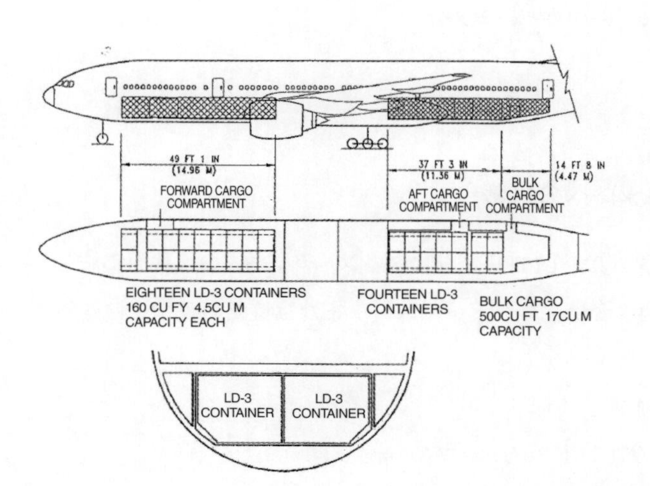

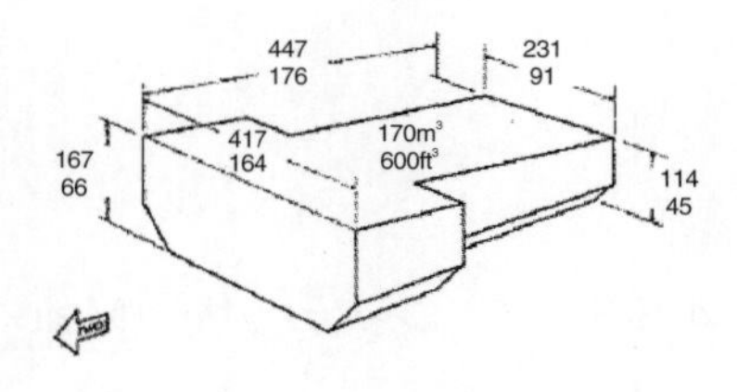

バルク・コンパートメント

図4-7　ボーイング777-200 下部貨物室とコンテナの配置

4-5　ボーイング747Fへの搭載

4-5-1　器材の装着

搭載作業担当者は、下部貨物室（ロアデッキ・コンパートメント）、貨物室上部（メイン・デッキ・コンパートメント）に器材およびテール・サポート・スタンション、あるいはテザーリングを装備する。

4-5-2　ULDの搭載

(1) 搬出担当者は、機側まで搬出したULDを**図4-8**の経路に従って装着する。

(2) 貨物専用機のロアデッキは旅客機の下部貨物室と基本的に同じである（ロアデッキへの搭載手順は「4－4　ボーイング767／777／787／エアバスA350への搭載」と同様につき、そちらを参照のこと）。

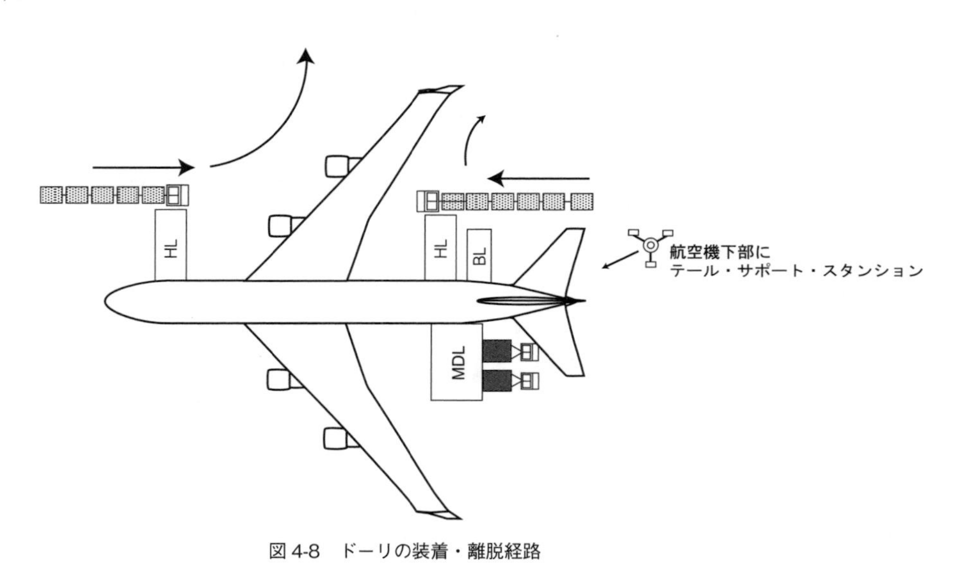

図4-8　ドーリの装着・離脱経路

4-5-3　メイン・デッキ（Main Deck）への搭載

(1) メイン・デッキ・ローダーのオペレーターは、ULD搭載前にメイン・デッキ内の点検を実施し、異状がないか点検する。異状を発見した場合は、ロード・マスターまたは機側の整備士に報告、現場確認を受け、必要な処置を受ける。

①コンパートメント内の残ULD有無の確認

②レストレイント・ラッチ「OFF」およびエンド・ストップの点検

③各システム作動の点検

(2)　メイン・デッキ・ローダーのオペレーターは、トーイング・トラクターのドライバーに対し積み込み OK の合図を送る。

(3)　トーイング・トラクターのドライバーは、インストラクション・シートと搬出されてきたパレット番号、および搭載位置を照合確認し、メイン・デッキ・ローダーへ装着する。

①メイン・デッキ・ローダーのメインプラットホーム側面とパレット・ドーリが直角になるよう誘導者の合図に従って後退する。

(4)　パレット・ドーリーのストッパーを外し、メイン・デッキ・ローダーのメインプラットホーム側面ドライブ・ローラーまで押す。

①重量のあるパレットは、2 名以上で押す。

②複数での作業は、声を掛け合い連携よく実施する。

(5)　ULD の搭載が完了したら、以下の確認を実施する。

①オペレーターは、ドアを閉める前に各レストレイント・ロックが立ち上がっているか、またコントロール・パネル内各スイッチの「OFF」を指差呼称で確認する。

②搭載監督者（ロードマスター）の現場確認を受ける。

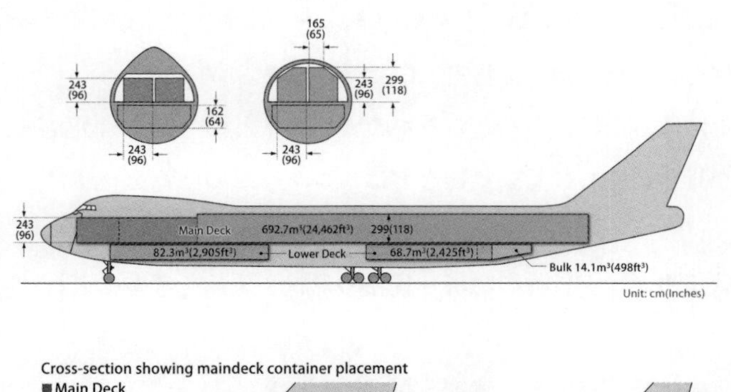

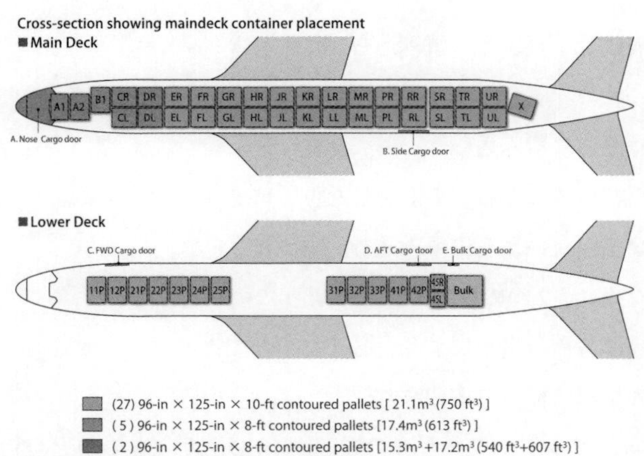

（提供：日本貨物航空株式会社）

図 4-9　747-8F 貨物室上部（メイン）と下部（ロア）貨物室とコンテナの配置

4-6　バルク（BULK）貨物室への搭載

4-6-1　バルク貨物の搭載

(1)　機側に搬出されたULD IDナンバー、カートの番号とインストラクション・シートを照合確認する。

(2)　搬出されたULD、カートをベルト・ローダーに装着する。

(3)　ベルト・ローダーのコンベアを回転させ、ULD、カート内の貨物をコンベア中央部に乗せる。

①コンベアに貨物を乗せるときは、バルク貨物室内の搭載担当者が取りやすいように50cmくらいの間隔をあける。

②バルク貨物室内の搭載担当者が積み付けしやすいように、仕分けながら行う。

③重量物は複数の搭載担当者で声を掛け合うなど、連携よく行う。

④重量物を乗せたら、バルク貨物室内の搭載担当者にも重量物であることを伝える。

⑤強風時、書類など軽いものは手渡しで行うなど、飛ばされない方法で乗せる。

⑥貨物には、貨物識別ラベル（ID Label）が貼ってあるので、行き先など注意しながら行う。

⑦取り扱い表示ラベルが貼ってある場合は、表示に従った取り扱いを行うとともに、バルク貨物室内の搭載担当者にも取り扱い表示ラベルが貼り付けられていることを伝える。

⑧小動物（AVI）等は、ペットクレートをのぞき込み、体調に異常がないか確認してから乗せる。

(4)　コンベアより移送された貨物を貨物室入口で受け取る。

①貨物室入口で受け取る際は、左右どちらかの膝を着くと腰への負担が軽減される。

②重量物、大きな貨物、持ちにくい貨物などは、コンベアの回転を一時停止し、姿勢を整えて受け取る。

(5)　貨物室内の搭載担当者は、貨物の物量・貨物の形状・重量を考慮に入れ、所定の搭載位置へ積み込む。

①全体が安定し荷崩れしないように積み込む。

②重いものほど下にする。

③壊れやすい貨物は上方に積み込む。

④不安定な貨物、精密機械はなるべく安定した位置にタイダウンする。

⑤無駄なスペースが空かないように積み込む。

⑥安定性を高めるために、２つの梱包に重ねるように積み込んでいく。

⑦小動物・重量物等は各社の指示により、必要に応じてタイダウンする。

⑧特殊貨物は各社の指示に従って搭載する。

(6)　搭載が終了したら、ベルト・ローダーの周辺やULD、カートの中を点検し、積み残しのないことを指差呼称で確認する。

① ULDやカートのドアはすぐに閉めず、複数の搭載担当者が確認するために開けておく。

4-6-2　バルク郵便物の搭載

(1)　搭載方法は「**4-6-1**　バルク貨物の搭載」に準ずる。

①搭載担当者は郵便物の行き先、個数の確認が必要であり、確認しているときは他の搭載担当者は声をかけてはならない。

②損傷の有無を確認してから行う。

③強風時は軽い郵便物は手渡しで行うか、飛ばされない方法で乗せる。

④取り扱う郵便物を、無監視状態のまま屋外に放置してはならない。

(2)　コンベアより移送された郵便物をバルク貨物室入口で受け取り、所定の搭載位置へ積み込む。

①搭載担当者は、バルク貨物室入口で郵便物の行き先、個数を数えながら受け取る。

②バルク貨物室入口で受け取る搭載担当者は、郵便物がコンベアに巻き込まれないよう注意する。

③できるだけほかの搭載物と区別し、1ヵ所にまとめておく。

(3)　搭載を完了したら、バルク貨物室内の搭載担当者は、ベルト・ローダーの搭載担当者と個数確認を行う。

①個数が合わない場合は、再度個数を数え直す。

②取り扱いには、厳重かつ慎重な取り扱いが要求され、紛失、汚損、破損、誤搭載は絶対に許されない。

(4)　ベルト・ローダーの周辺やULD、カートの中を点検し、積み残しのないことを指差呼称で確認する。

(5)　搬出時受け取った郵便物は、ドア・ウェイに搭載する。

4-6-3　バルク手荷物の搭載

(1)　搭載方法は「**4-6-1**　バルク貨物の搭載」に準ずる。

①手荷物のタグを確認し、行き先が間違いないか確認する。

②バルク貨物室内の搬送担当者は、手荷物の行き先、個数を数えながら受け取る。

③手荷物として預かった小動物は、通気を良くするため間隔をあけ、タイダウンを行う。

④手荷物が多量の場合は、到着地の取り卸しに配慮し、旅客に早く手渡したい手荷物を手前に積む。

(2)　手荷物の搭載が完了したら、バルク貨物室内の搭載担当者は、ベルト・ローダーの搭載担当者と、個数の確認を行う。

①手荷物の個数が合わない場合は、再度個数を数え直す。

②手荷物には慎重な取り扱いが要求され、紛失、汚損、破損、誤搭載は絶対許されない。

③「搭乗ゲート預かり手荷物」の有無、「機移し手荷物」の有無を再確認する。

4-7　到着便作業

4-7-1　作業の流れ

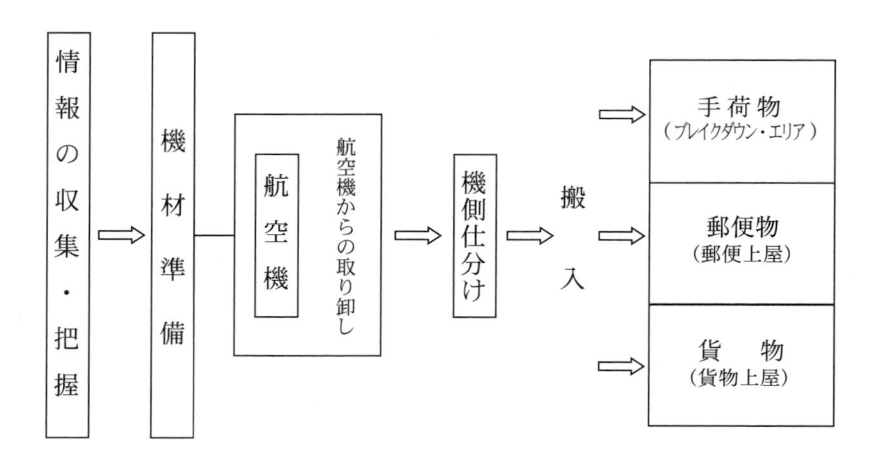

4-7-2　情報の収集

貨物、郵便物、手荷物搬送担当者は、事前に以下の要領で到着便に関する情報を収集し、把握する。

(1)　便名、出発地、機種、シップ･ナンバー、スポット、到着時刻は、「Flight Information System」（FIS）にて確認する。

(2)　到着便搭載内容の情報把握

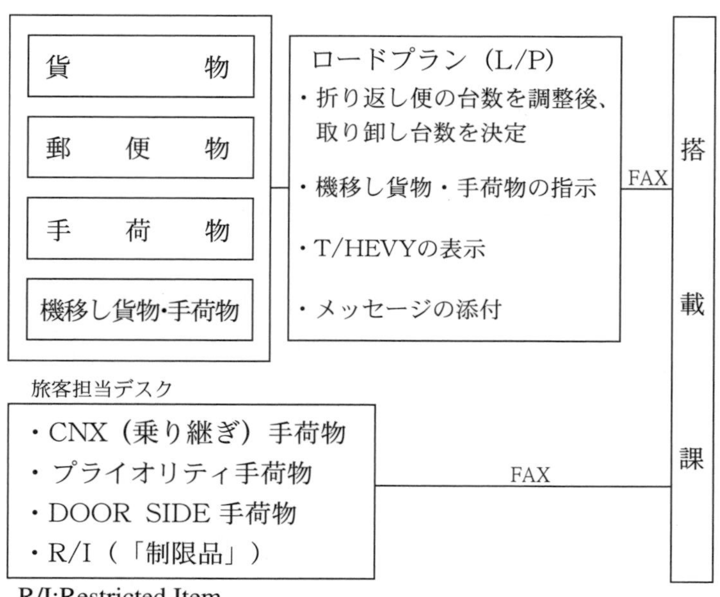

(3) 「取り降ろし指示書」は、事前に担当者からEメール等にて送付されてくるので、搭載担当者は「取り降ろし指示書」により、貨物、郵便物、手荷物の搭載内容および取り降ろすのに必要なULDやGSEの台数を把握する。

(4) 手荷物の取り降ろし内容の把握

①乗り継ぎ手荷物（Connection Baggage）や「制限品」（R/I）(※1) 等の情報（**表4-1、-2**）は、航空会社の旅客担当から「Connection Baggage」としてEメール等にて送付される。

表4-1 制限品の取り扱い

搭載場所	CNX BAG INFOの表示	取り扱い要領
床下貨物室	R/I B	バルクの取り卸し手順に準ずる
客　室	R/I C	航空会社の旅客担当者が客室より受け取り、機側のベルト・ローダ付近まで持って来るので、引き取る。

表4-2 制限品リスト

刃物類	料理用包丁、ナイフ、かみそり、おの、なた、のみ、彫刻刀、はさみ、アイスピック、ピッケル、刀剣類（模擬用含む）など
銃砲類	銃砲類（模擬用含む）、水中銃、ピストル型ライター、手榴弾型ライター、模擬爆弾など
その他	ヌンチャク、空手道具、特殊刑法具（手錠等）、鉄棒、鉄パイプ、木刀、竹刀、金剛杖、大工道具(ハンマー、のこぎり、バール等）、大型三脚(60cmを超える)、ゴルフクラブ(1本なら可)など

②搭載担当者は「CNX BAG INFO」にて「乗り継ぎ手荷物」の航空会社／便名（フライト・ナンバー）／出発時刻を確認する。

③「乗り継ぎ手荷物」の取り扱い時、最低乗り継ぎ時間（MCT : Minimum Connection Time）(※2) を下回っている場合は、航空会社の旅客担当より指示があるので、乗り継ぎ先のスポット、シップ・ナンバー（機体番号）を確認し、乗り継ぎ先航空機へ搬送する（SHIP TO SHIP）。

(5) 貨物、郵便物の搬入にあたっては「取り降ろし指示書」の搬送先表示によって、搬入先が決まる。

（※1）機内持ち込み制限品のことで、表4-2にその一部を掲載する。
（※2）各空港にて設定されている最低乗り継ぎ時間のことで、空港での乗り継ぎ時間がこの時間を下回っている場合は、基本的に次便に乗り継ぐことはできない。
なおMCTは、国内線→国内線、国内線→国際線、国際線→国内線、国際線→国際線のすべての場合において設定されている。

4-7-3 作業の準備

(1) 作業責任者は、作業者全員に取り卸ろし指示書を手渡し、到着作業について次の要領でミーティングを行う。

①取り降ろしULDの台数の確認

②搭載物、特殊物の確認

③バルク内容の確認

④「乗り継ぎ手荷物」および「機移し貨物」の確認

⑤使用器材の確保

⑥各作業者の役割分担

⑦安全および注意事項の伝達

(2)　作業責任者は、取り降ろしに必要な器材をコントローラと調整し、準備する。

(3)　確保した器材は、スポット・インする航空機の障害にならない場所に待機させる。

(4)　到着便10～5分前までにすべての準備が完了し、スポットで待機する。

4-7-4　作業完了の報告

(1)　作業責任者は、作業を完了したら、使用した器材が所定の場所に置かれていることを確認する。

(2)　作業責任者は、すべての作業が完了したら、コントローラーに完了の報告をする。

4-8　ロード・マスター（搭載監督者）業務

4-8-1　一般

(1)　搭載監督者業務とは、貨物、郵便物および手荷物の搭載・取り降ろし作業全般の機側での監督業務をいう。

(2)　搭載監督業務は、カーゴ·ローディング·マニュアルに基づき、特定の航空会社に対して実施する。

(3)　搭載監督者の配置

旅客便・貨物便共に搭載監督者の配置が必要。

(4)　下記(5)の搭載監督者自身が実施しなければならない業務を除き、便担当責任者からの報告に基づいて業務を実施することができる。

(5)　次の出発便の業務は、搭載監督者自身が一般的に実施している業務である。

①タイダウン、およびゾーン・ローディングの確認

②バラ積み貨物室での危険物、動物、WET貨物の搭載の確認

③ULDの部分搭載省略の場合の緊締確認

(6)　搭載監督者は、ロード・プラン、ウエイト・アンド・バランス各担当者および搭載作業者と密接な協力を保ち、搭載・取り卸し作業が安全確実かつ円滑に行われるよう指揮監督する。

(7)　搭載監督者は業務遂行中、安全運航・作業の安全を阻害し、また運送の品質を低下させるおそれがあると判断した場合、関係部門と協議して、搭載、取り降ろしの作業の中止・変更をすることができる。

4-8-2　出発便の搭載監督者業務

(1)　情報の収集

①ロード・プラン各担当者よりULD配列パターン、搭載物（BAG、CGO、MAIL）の概要、特殊貨物の情報（小動物、危険物等）を入手する。

②運航の状況把握（機体、出発時刻の状況）

(2)　搭載作業指示および確認

①緊締装置、ネット等貨物室内の装置が正常であることを確認する。

② Loading Instruction Sheetにて、搭載物を確認する。

③危険物や動物がいる場合には「S/L（Special Load）Sheet」で搭載位置を確認後、搭載監督者欄にサインする。

④乗員預かり品、機移し貨物、搭乗ゲート預かり手荷物、カーゴ／郵袋の搭載確認。

⑤搭載計画に変更があった場合は、ロード・プラン、ウエイト・アンド・バランス担当者と連絡を密に保ちつつ、担当の搭載作業者へ変更内容を速やかに伝達する。

⑥そのほか異常気象等、航空会社のステーション・マニュアル等に基づく対応がある。

図 4-10　打ち合わせ中の搭載監督者

（以下、余白）

4-8-3　到着便の搭載監督者業務

⑴　情報の収集

②「取り降ろし指示書」に基づき、取り降ろし内容を確認し、疑問点があるときはロード・プランを再確認する。

③到着時刻、出発時刻等が変更した場合、新しい到着時刻、出発時刻等を、モニターにより情報を得る。

⑵　取り降ろし指示／確認

①地上器材および取り卸し作業者の配置を確認する。

②安全運航、定時運航、安全確実な輸送、作業安全、テール・ヘビー（機体後部に重心が移ること）の防止、悪天候における雨や雪の貨物室への進入防止等を考慮しながら、取り卸し計画に従って、作業責任者に指示する。

③前方後方貨物室やバルク貨物室から取り降ろした貨物等の外観異状、貨物室の汚れ（特に貨物からの塩水の漏出については注意が必要）・損傷等を確認し、異常があれば関係各所へ連絡をする。

4-9　パッセンジャー・ドアの開閉操作

4-9-1　一般

※詳細は、「11-6 不安全事象（例）」を参照

767 Pax Door Close の時は手の位置に注意

航空機の各ドアの開閉機構には、大きく分けて自動および手動の2つのタイプがあり、それぞれ航空機メーカーとその機種ごとによって異なる部分が多くある。そのために、開閉操作は機種ごとに教育（座学および実技）を受け、資格を取得してはじめて操作が実施できるようになる。なお、航空会社や機種によっては、客室乗務員または航空会社社員がドアの開閉操作を行うものがある。

客室の出入りに使用されるパッセンジャー・ドアは機体の両側に配置されており、それぞれのドアは機体の外側へ展開するタイプと、機体の内部へ収納されるタイプとがある。ボーイング737、ボーイング777、ボーイング787、エアバスA350等のドアは手動で外側へ展開するが、ボーイング767のドアは同じ手動でも上側機体内部へ収納される（**図4-11**）。

パッセンジャー・ドアは、文字どおり旅客の乗降のためのドアであるが、胴体構成構造物であるとともに、緊急事態発生時の脱出口でもある。従って、パッセンジャー・ドアの重要性を十分認識

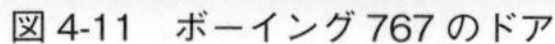
図4-11　ボーイング767のドア

図4-12　ドアの開閉操作

して、慎重に開閉操作にあたらねばならない（**図4-12**）。

4-9-2　パッセンジャー・ドアの名称、数

ボーイング777-300メインパッセンジャー・ドアは、片側5個の計10個（**図4-13**）で、コクピットに向かって左側前方からL1、L2、L3、L4、L5（LはLeftの略）、右側前方からR1、R2、R3、R4、R5（RはRightの略、Rは通称サービス・ドアともよばれている）の名称でよばれ、通常の乗り降りには使用されない。

4-9-3　ドアの構造

ボーイング777のパッセンジャー・ドアは機外、機内からのマニュアル操作で開閉する。機外からはExternal Handle、機内からはInternal Handleを回転させることで、ドアはClosed Positionから一旦上側へ動き、機体前方へスライドするように開く。

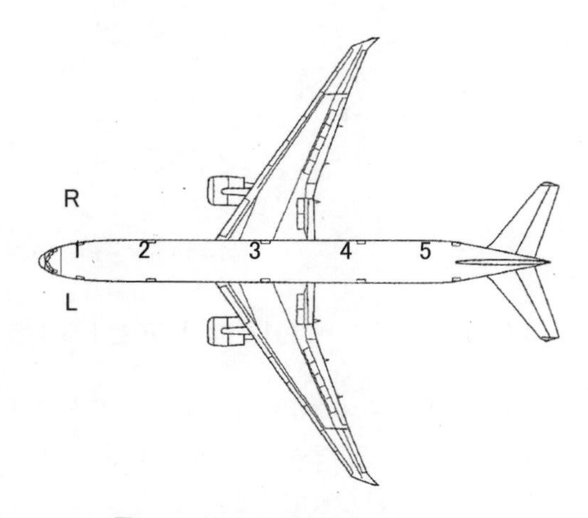

図4-13　777-300ドア・ロケーション

ボーイング777のドアには、緊急時に機内からドアを開く操作を窒素ガスの圧力で補助するEmergency Power Assist System（EPAS）が装備されている。

4-9-4　ドアの内部構造

航空機のパッセンジャー・ドアの内側下部には緊急脱出時に使用するエスケープ・スライドが取り付けられており、各ドアのモードセレクトレバーが「Armed」モードにセットされている場合は、ドアをオープンすると同時にエスケープ・スライドが自動的に外側へ展開する構造となっているため、確認をせず不用意にドアをオープンすることは大変危険である。

なお、モードセレクトレバーは通常地上で駐機している際は「Disarmed」にセットされており、ドアをオープンしてもエスケープ・スライドが展開することはないが、駐機時にドアを操作する際には操作前にドアモードを必ず確認する必要がある。

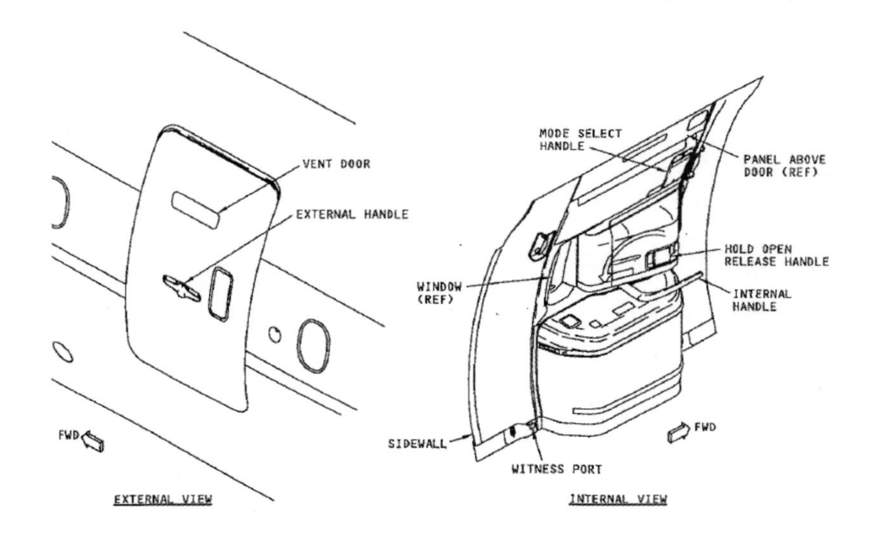

図 4-14　ボーイング 777 のパッセンジャー・ドア構造

4-9-5　L1/R1 ～ L4/R4 ドアと L5/R5 ドアの機構

L1/R1 ～ L4/R4 の 8 個のドアは、同じタイプのドアであるが、L5/R5 のドアは、機体の湾曲がある尾部に位置しているため、かなり湾曲したものが取り付けられている。また、機構がほかのドアとは逆に取り付けられている。

（以下、余白）

4-10　カーゴ・ドア（Cargo Door）の開閉作業（図 4-15）

注意⑧

※詳細は、「11-6 不安全事象（例）」を参照

HL 車昇降時は、周囲の確認を確実に！

大型機の下部には通常、前・後・最後尾の 3 ヵ所に貨物室があり、それぞれにカーゴ・ドアと呼ばれる扉がある。それぞれのドアの大きさは、その貨物室に搭載される ULD のサイズによって異なり、大きなドアは自動タイプとなっている。

ボーイング 777-300 では、床下位置右側に前方カーゴ･ドア、後方カーゴ･ドア、およびバルクカーゴ・ドアがある。前方カーゴ・ドアと後方カーゴ・ドアは、外側に開閉する。ドアの大きさは、前方ラージドアは幅 106in（269cm）、高さ 67in（170cm）、後方スモールドアは幅 70in（178cm）、高さ 67in（170cm）である。

また､ドアは、プレッシャー･シールと防雨シールが施されている。プレッシャ・シールは、ドアの周囲に取り付けられていて、ドアを閉めたときプレッシャが漏れるのと、雨水の流入を防いでいる。防雨シールは、上端の蝶番（ちょうつがい）部分を横切って伸びており、ドアを開いたとき蝶番部分から雨水の流入を防いでいる。

図 4-15　カーゴドアの開閉作業（外側から）

バルク・ドアは、機体の右後方にある。ドアは、上部をヒンジで支えられ内側に開く。

開閉は、機体の外側からも内側からもできるようになっている。

（例）＊ 40 ノットを超える風速では操作してはならない。65 ノットを超える風速では開いたままにしてはいけない（787・777・767・A320・737・A350）

4-11　ノーズ・カーゴ・ドアとサイド・カーゴ・ドア

ボーイング 747F の上部貨物ドアは、前方機種部分を上方に押し上げる「ノーズ･カーゴ･ドア（**図 4-16**）」と、機体左後方の側面に設けた外側上方へ大きく開く「サイド・カーゴ・ドア（**図4-17**）」があり（このドアしか装着されていない機体もある)､どちらも電動モーターで自動的に開閉される。

特に、機体側面のドアからは、航空機のエンジンのような大きな貨物の積み込みも可能であり、また、前方ドアからは、数十メートルもあるような長尺貨物の搭載も実施できる。

自動で開閉するドアは、その機構が故障しても開閉できるよう、手動機構が用意されているのが普通である。

4-11-1　ノーズ・カーゴ・ドア（Nose Cargo Door）

ノーズ・カーゴ・ドア・システムは、航空機のノーズからのコンテナの搭載／取り降ろしのために設けられている。

ノーズ・カーゴ・ドアはウインド・シールドの前方のヒンジを中心に73°上方に回転する。

4-11-2　サイド・カーゴ・ドア（Side Cargo Door）

サイド・カーゴ・ドアはウィングの後方胴体の左側に取り付けられている。

ドアは外側上方にオープンし、メインデッキへの貨物の搭載・取り降ろしを行う。ドアのサイズは、幅 131in（333cm）×高さ 122in（310cm）である。

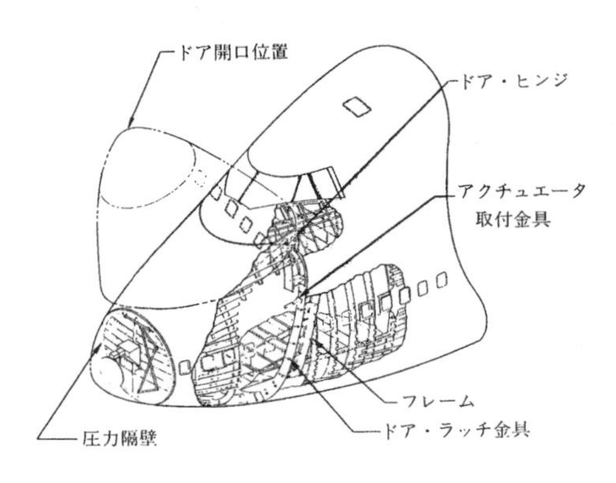

図4-16　ノーズ・カーゴ・ドア

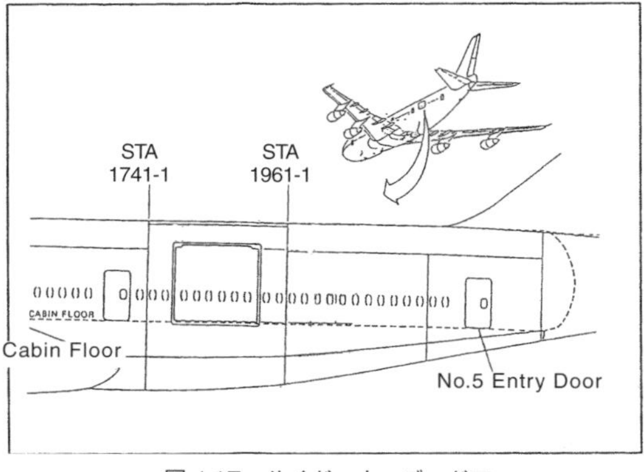

図4-17　サイド・カーゴ・ドア

4-12　パッセンジャー・ボーディング・ブリッジ（PBB : Passenger Boarding Bridge）

航空機がスポット・インした後、一番はじめに航空機に装着される機材がPBB（あるいはパッセンジャー・ステップ）である。

搭乗旅客の乗り降りに使用されるが、一方、グランドハンドリングスタッフの出入りにも使用される。

PBBは、航空機のスポットに固定され、旅客ターミナル・ビルと一体化されている。空港毎の仕様によって操作方法に若干の違いはあるが、高さが地上から最高位置で5.4m、最低位置で2.0mまでの機種に対応が可能である。なお、一部の空港には高さが地上から8mまでの機種にも対応できるものもある。

運転操作については、講習試験許可制度が取られてある空港もあり、航空機やGSE、多くの便担当者等が複雑に移動するエリアにあって、運転操作の高度な技量（高い安全意識や技能）が求められることから、運転操作の確実な習得が必要とされる。

資格習得には、成田空港の場合、一定の座学教育と実技教育を受講し、合格したもののみが成田国際空港株式会社によって資格を付与される。

4-13　パッセンジャー・ステップ（Passenger Step）

パッセンジャー・ステップは、旅客ターミナルと一体化していないスポット（オープン・スポット）で使用する。

この自走式車両は、ステップ部分が伸縮式でPBBと同じように、高さを調整した後、航空機に装着する。最高の高さにセットした場合、全高が14mにもなり、車両の旋回や走行は危険なので、慎重に行う必要がある。

航空機への装着は、高さを調整した後、最微速で航空機から10～15cmの距離まで接近させ、車両本体からスタビライザー（アウトリガー）を張りだし、最後にクッションゴムの微調整を行う。

また、出発機の場合、装着後、燃料や貨物の搭載等で、数十センチも航空機の高さが変化するので、その都度の調整作業は、欠かすことができない。

4-14　資格要件

搭載・取り降ろし作業に従事するためには、各社社内規程の中に作業者の訓練要件や資格要件が定められている。

第５章　機体サービス作業

5-1　機体外部クリーニング

5-1-1　一般

機体外部クリーニングの目的は、航空機外部の汚損を除去して、美観保持するとともに、機体の腐食を防止するために行われる。

機体外部クリーニングは、旅客に対して、安心感と快適性を提供し、かつ機体を長持ちさせることにあり、航空機整備作業のなかでも非常に重要な作業のひとつである。

この作業は、定期的に行われる場合と特別に行われる場合とがある。この作業を理解するには、洗浄の仕方を知ることが重要であり、まずこれらを紹介する。しかし各航空会社によって、その方針、運航経路、あるいは地上停留場所の環境などにより、名称、分類方法、それらの内容、実施時期、作業方法が異なる。

大型機では、機体外部全体の洗浄は時間を要する作業であるため、作業時期が近づくと、まず、そのスケジュールを立てなければならない。しかし、運航スケジュールが変更されたり、整備作業に時間がとられた場合、あるいは外気温が低く機体に付着した水が氷結する場合、雨天や強風などで洗浄効果が得られない場合など、スケジュール通りとならないことも多い。

ただしクリーニング作業を格納庫内で行うことが可能であれば、これらの制約も改善される。特に国内線では、昼間は運航中のため、夜間にクリーニング作業が行われているのが通例である。

次に注意事項として、機体外部クリーニングは高所作業を伴うものであるため、高所を担当する担当者はしっかりとフルハーネスを装着し、十分に安全に注意し作業を行わなければならない。また、高所をクリーニングするための高所作業車やラダーなどは機体へ十分近づけた状態で使用されるため、使用中に機体にぶつけて損傷を与えないよう、細心の注意と操作が必要となってくる。合わせてこれらのGSEや器材の使用中に異常が発生しないよう、日常の点検・整備も重要である。

機体外部クリーニング作業に使用される、使用材料、GSEや器材、用具は次のとおりである。

(1)　使用材料

クリーナー、ソルベント、ウインド・クリーナー

(2)　機材、用具

①シザース式機体洗浄作業車、ブーム式機体洗浄作業車、荷物車、作業台/ラダー、照明器具

②パッド、モップ、ぞうきん、ブラシ、フランネル

③防水服（フード、長靴、手袋)、防護眼鏡、フルハーネス、すべり止め靴カバー（通称足モップ）
④バケツ（クリーナー用)、ポリ容器（モップ用）
⑤カバーセット（穴ふさぎ用)、ビニール・シート
⑥マスキング・テープ、Orange Barricade Tape、Red Paper Tag、マスキング備品など

機体の大きさにより、材料、器材、用具の数量は変更される。

5-1-2　機体外部クリーニングの時期、種類と方法

a．実施時期

実施時期についての例を**表5-1** に示す。

表 5-1　機体外部クリーニングの実施時期（例）

種　　類	実 施 間 隔
No 1クリーニング	25～30日（注１）
No.2クリーニング	60～90日（注２）
スペシャル・クリーニング	不　定　例

注１：原則としてこの日数を超えないうちに実施する。ただし連続して訓練飛行を実施する場合で実施が困難な場合には、美観をそこなわない範囲で持ち越してもよい。

注２：実施する段階で止むを得ない場合は、機種により15～60日を限度として延長してもよい。

表 5-2　機体外部クリーニングの作業域、作業方法

種　　類	作 業 域	作 業 方 法
No 1クリーニング	運航により汚損しやすい部分	ドライ・クリーニング
No.2クリーニング	機外面全域	主としてウエット・クリーニング
スペシャル・クリーニング	特別に指定された部分	ドライ、ウエット・クリーニング

b．実施時期延期についての特例処置

機材繰り、設備、その他の事情で時期限度内に実施不可能な場合は、各航空会社の判断により実施可能な時点まで延期してもよい。ただし、実施可能な作業項目についてはできる限り実施し、美観保持に努めなければならない。

5-1-3　作業域、作業方法

作業域、作業方法については**表5-2** に示す。

a．No.1 クリーニング（ドライ・クリーニング）

このクリーニングは、通常ドライ・クリーニングと呼ばれる。指定されている箇所（胴体下面、エンジン排気口付近等、特に汚れやすいところ）を洗浄剤に浸したモップやパッドで洗浄し、その後乾いたモップや布（ウエス等）で汚れを拭き取る作業である。

また、冬期積雪時、滑走路上に融雪剤（無機カルシウム剤、尿素系散布剤等）を散布するため、この融雪剤が機体下面の非塗装面や、着陸装置（以下、ランディング・ギアという)、エンジン・

カウリング等に付着する。それによる腐食化を防止するために、クリーニングが行われる。使用する材料は、クリーナーが用いられ、指定混合比で調合したものを、モップまたは布（ウエス等）に浸しクリーニングする。

融雪剤の付着が広範囲に及ぶ場合は、No.2 ドライ・クリーニング（凍結が予想される場合）を実施するときもある。

b．No.2 クリーニング

〔ウェット（水洗い）・クリーニング〕

機体外部クリーニングで最も大がかりな作業である。この作業は、要約すると、機体外部全体をアルカリ洗剤で洗浄することである。特に機体下面、着陸装置、エンジン排気口など特に汚れがひどいときは、クリーナーを用いて汚れを取り除いた後、機体全体を水洗いする（**図 5-1**）。

図 5-1　機体外部 No.2 クリーニング

作業の前提として、洗剤を使用するために洗浄する場所の排水設備が整っていなければならない。この場所は通常洗機場と呼ばれ、洗浄する機体はここにトーイングされてくる。

洗浄する前作業として、洗機場に設置されている固定照明、投光器等を点灯して、作業点検シートに従い、機体外部に異常箇所が無いか、また、ドア、パネル等が閉じているかを確認する。さらに、例えばピトー管（Pitot Tube）や静圧孔（Static Port）等のように、洗剤や水が入り込むと航空機に悪影響を与える箇所に封印（マスキング）を施す必要がある。

次に、クリーニング作業となるが、まずアルカリ洗剤を機体全体に塗布し、モップや、パットでこすって汚れを落とす。液体は高いところから下に流れ落ちるので、上部より下部に向けて行い、その後に水で洗剤を洗い落とすのである。

水洗い後は、自然乾燥が一般的である。そして作業点検シートに従い、事前に取り付けたマスキングをすべて取り外し、機体に損傷を与えていないかを確認する。海外の例として、静圧孔（Static Port）のマスキングを取り忘れたために次の飛行で事故を起こしたり、速度計が指示されず離陸を断念したこともある。このため、洗浄時のマスキングについては厳しく管理されている。

この No.2 クリーニングの作業は、ボーイング 777 では、人員 15 ～ 20 名で 2.5 ～ 3.0 時間かかり、一晩で 2 ～ 3 機が限度である。また使用する水の量は約 25 トン、洗剤は約 50kg（ドラム缶 1/4）必要である。機体外部クリーニング作業に使用する GSE は、シザース式機体洗浄作業車、ブーム式機体洗浄作業車などがある。また世界ではリモート操作が可能な航空機洗浄用ロボットの導入も始まっており、日本国内においても導入が検討されている。

以上がNo.2クリーニングのウェット・クリーニングといわれているものである。

冬期、凍結が予想されるとき、または洗機場設備が使用できないときは、ドライ・クリーニング方式として、塗装部分も含めた機体外部全体のクリーニング方法があり、No.1クリーニング方式と混合された手順で行われる。

c．スペシャル・クリーニング

定例的に行われるものとは別に、特別に指定された箇所、方法で行うクリーニング作業である。この作業は、一般的に航空機が定例点検整備を実施するため、ランディング・ギア、フラップ・ウエル（フラップを上げたとき収めるところ）、エンジン排気口等、特に汚れがひどい箇所をモップ、洗浄ブラシ、ウエス、または高圧洗浄機を用いて洗浄し、その後高圧水で洗浄剤を完全に洗い落とす。

この目的は、航空機整備作業時に狭い箇所、汚れが蓄積しやすいところ、日常点検がしにくい箇所を見やすくすることにより、不具合箇所を発見しやすくすることと、整備作業者の衣服の汚れを防止するためである。

d．ポリッシング作業（Polishing）

機体外部非塗装面の美観保持および防食を目的とする外板ポリッシング（磨く）作業がある。特に以前は、低速機を中心に行われ、胴体部分の非塗装面だけ実施しても飛行速度が約3%上昇したといわれている。結果として、燃料消費量の軽減につながり、経済効果があった。手作業で行う場合と、ポリッシャーを使用して行う場合とがあるが、いずれも多数の人手が必要とされ、最近は各社ともあまり実施していない。しかし、地球環境保持の立場より、機体の塗装を必要最少限にして非塗装面をポリッシュすることも検討されている。

方法としては、フランネルに適当な量のコンパウンドを付け、手で磨く。また、ドライブ･ポリッシャを使用するときは、回転部分にバフ（Buff：鹿革）を取り付け、ポリッシングすべき外板に少量のコンパウンドを塗り付けて、機体外板を磨く。

この場合、手作業より研磨の速さがはるかに速いため、磨きすぎないことと、長時間1カ所を研磨することのないよう､絶えずディスクの当たり面を移動させながら作業することが大切である〔外板はアルクラッド（アルミ合金の表面に化学処理により作られた薄い純アルミ部分）を用いるので、磨きすぎるとアルクラッドがはがれてしまう〕。

5-2　ラバトリー・サービス（Lavatory Service）

航空機のラバトリー（化粧室）数は、機種や国内線用、国際線用、総座席数によって違いがあり、737 or A320 クラスで２～３カ所、A330 or 787 クラスで５～６カ所、777 クラスで７～ 12 カ所設置されている。また、汚水タンクの大きさも、機種や、飛行距離の相違、それぞれの主使用目的によって変わってくる。

便座の大きさ、形式は一般家庭にもある大きさで、洋式タイプであり、ある航空会社では女性専用ラバトリーやウォシュレット付きのラバトリーを設けているところもある。

機内ラバトリーの排泄物は、飛行中には専用タンクに溜められて、着陸後機外に排出される。この排出作業を通常ラバトリー・サービス（またはトイレット・サービス）という。なお、この作業は、ラバトリーの使用頻度や各空港の汚水処理施設、汚水車等の有無により、必ずしも毎飛行後に実施されるとは限らない。日本では、国際線では毎飛行後に、国内線では駐機時間に余裕がある場合や夜間駐機時などに行われることが多い。

現在の大型機には、２種類のトイレット・タンク・システムがある。ひとつは各ラバトリーの便座の下に独立した汚水タンクを持ち、その汚水の中に殺菌消臭剤を混ぜて水洗水として使用する循環式である。もう一つは、複数のトイレットと一個の大きな汚水タンクを配管で結合させ、タンク内の気圧を低くして、客室との間に差圧を作り、使用後便器に溜まった汚物をわずかコップ一杯分ほどの水とともにタンクに吸い込ませる方法で、バキューム式と呼ばれている。バキューム式は、ラバトリー配備場所の自由度が大きく、かつ整備性、軽量化のメリットがある。

いずれの方式にしても、ラバトリー･サービスの基本は同一であり、到着後にまずタンクに溜まった汚水汚物を機外に排出し、タンク内の汚れを水を使用して洗い落とし、最後にタンク内に所定量の水と殺菌消臭剤を入れることで終了する作業である。

特にバキューム式では、各ラバトリーから汚水タンクまで長い配管があるため、長期間使用していると、配管内壁に汚物（スラッジ）が蓄積されてくる。そこで、細かく砕いた氷と 10%酢酸溶液を、ラバトリーからタンクに流してスラッジを取り除くというユニークな方法が用いられている。また、その他にも、配管に洗浄液を循環させてスラッジを除去する、循環洗浄方式も採用されている。

バキューム式のラバトリー・サービスの手順を 787 の場合を例に説明する。

先ずは機体後方胴体下部にある Waste Water Service Panel を開き、Drain Fitting Cap（排水口に取り付けられている蓋）を開け、排水ホースを確実に接続する。その後 PUSH-TO-OPEN Lever を押し、Drain Ball Valve Handle を引くことで汚水タンクから汚物を排出（ドレイン）させる（全ての汚水タンクを空にする）。続いて排水ホースを繋いだまま Rinse Fitting から清水を一定圧で送り込み、汚水タンク内を洗浄する（全ての汚水タンク内を洗浄する）。洗浄が終わったら Drain Ball Valve Handle を押し込んだ後、排水ホースを取り外し、Waste Water Service Panel 内に水漏れがないことを確認して、

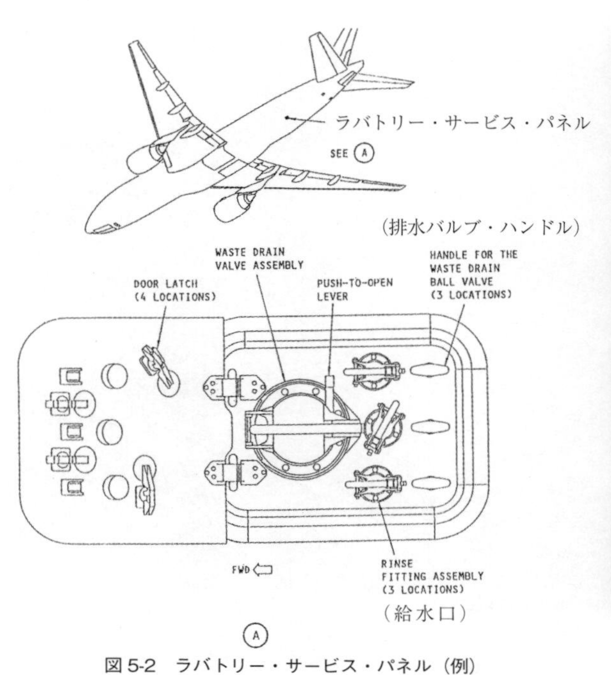

図 5-2　ラバトリー・サービス・パネル（例）

図 5-3　汚水排水作業中

Drain Fitting Cap を閉じ、Waste Water Service Panel を閉じる。最後に機内側から汚水タンクへ Precharge Chemical を投入し、数回 Flushing して作業は終了する。

5-3　ウォーター・サービス（Water Service）

この作業は、客室乗務員（以下、キャビン・アテンダントという）や旅客が飲料用や手洗いなどさまざまな用途で使用するきれいな水を、飛行前に航空機胴体下部部分に装備されている水タンクに補給する作業のことである。水タンクの大きさは機種によって異なるが、一般的には座席数が多いほど、長距離飛行用の機材ほど飛行中の水の消費量が多いので、水タンクの容量も大きくなる。

例えば、大型機であるボーイング 777 では、容量 454 ℓ のタンクが 2 個装備されており、その使用可能容量は 825 ℓ（ドラム缶約 4 本強）である。このタンクは、飛行中、地上の水道水と同様に勢いよく蛇口から出るように加圧（1.5 ～ 1.8 気圧）されている。水タンクの加圧は、エンジンより取り出された高圧空気を調圧弁で調整した後、タンク上部に配管することによって行われる。

飲料水は、衛生管理が非常に重要であり、給水系統（水タンクや配管等）の配管内は常に清潔に保持されなければならない。そのため、機体や給水車の給水系統を消毒水で満たす消毒作業が定期的に行われており、またその品質が飲料水として適切か否かを、専門の検査機関に採取した水を提出し、検査結果が基準値内であることを以て確認している。

次に、ウォーター・サービスの手順を 787 の場合を例に説明する。

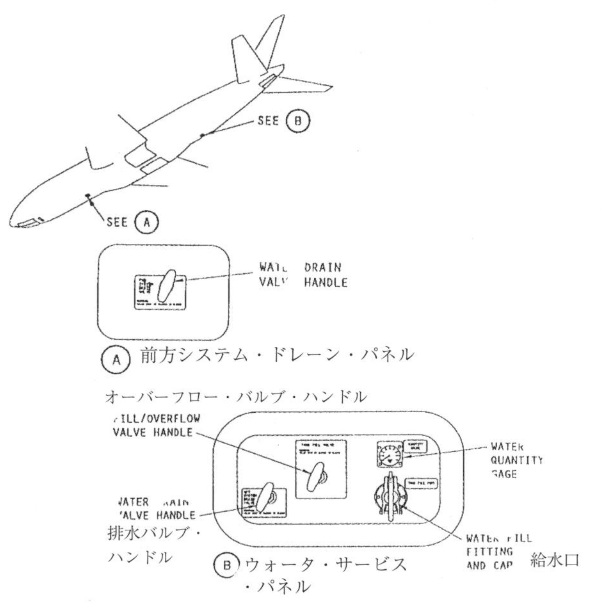

図5-4　ウオーター・サービス・パネルおよび前方システム・ドレーン・パネル

図5-5　給水作業

先ずはWater Service Panel（**図5-4**）を開き、Fill/Drain Fittingのキャップを開く。その際汚れや不純物がないことを確認し、もし汚れや不純物があった場合はきれいなウエスにて拭き取る必要がある。その後Fill/Drain Fittingに給水車の給水ホースを接続し、Mode Select and Quantity Indication PanelにてSELECT Mode Buttonを押して水の搭載数量を選択し、選択後Fill Mode Buttonを押し、水タンクへの給水を開始する（**図5-5**）。指定量の給水が完了するとMode Select and Quantity Indication Panel内でModeがFLIGHT Modeに切り替わっていることを確認し、その後給水ホースを機体から取り外し、給水ラインに水が残っていないことを確認した上で、Fill/Drain Fitting Capを閉じる。なお、ラバトリー・サービスでも同様であるが、ウォーター・サービスにおいても、上空で水分が凍りつき、氷塊となって部品を破損させるリスクを防ぐために、Service Panel内に水分が残っていないことを確認してからパネルを閉じなければならない。

また、到着後、すぐには飛行の用に供さないときや、地上停留中に外気温が低下して水系統の凍結が予想（日本では11月～3月）されるときは、水系統の破損を防ぐため、到着後に機体内タンクおよび系統配管内にある水はすべて排水口より排水車等を用いて排出（ドレイン）しなければならない。これらの作業基準は航空会社によって異なるが、いずれにしても各々の航空会社のメンテナンス・マニュアル（MM）に定められている。

5-4　機内空調サービス（低圧空気）

到着直後や出発直前においては、航空機は通常、補助動力装置（APU）を作動させ発電している。このAPUが故障等で使用できない場合は、外部より温度調整された空気を供給する必要がある。ここでは、この外部からの機内への冷暖房供給作業について、その概要を紹介する。

機外の空調源は、通常エア・コンディショニング・カー（エアコン車）と呼ばれる冷暖房用空気を作る装置を搭載した車を使用する場合と、空港によってはエプロン内に地上空調供給設備が設置されており、駐機するスポットに埋め込まれたエアコン・ピットと称する空気取り出し口を利用する場合（**図5-6**）とがある。

図 5-6　エプロン内エアコン・ピット・ホースを機体に接続中

空調サービス作業の手順は、次のとおりである。

まず、エアコン車か、地上空調供給設備より、空調供給用の太いホースを機外側受け口付近まで伸ばす。次に機体側受け口のアクセス・パネル（**図5-7**）を開き、その受け口に機体空調供給用の太いホースを結合させる。ホース接続後、エアコン車のコントロール・パネルまたは固定空調装置のコントロール・パネルにある所定のスイッチを入れ、空気を機内に送り込む。

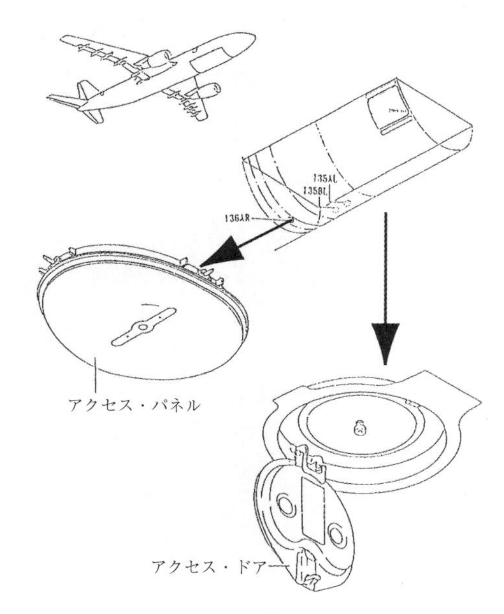

図 5-7　LP グランド・コネクションおよびアクセス・パネル（例）

受け口の場所や個数は、機種によって異なるが、だいたい座席数によって決定され、1 ～ 2 個が普通である。ただし、結合させる金具サイズはおおむね全機種とも同様である。なお、取り付け時に太いホースがねじれていると空気を十分に送り込めなかったり、機体の受け口を破損してしまう恐れがあるので十分注意する必要がある。

ここで注意しなければならないことは、機体のドアがすべて閉じていた場合、機体内部の圧力が高まりドアが開かなくなる恐れがある。そのため、エアコン車または、空調装置を働かせる前に、機体のドアが開いていることを確認しておくことが重要である。これは、旅客がすべて搭乗後または貨物等搭載後、「すべてのドアを閉じる直前に機体側より空調供給用ホースを取り外しておく必要がある」ということでもある。順序を間違えて、ホースを取り外す前に扉を閉めようとしても閉まらない。

5-5　機体電源供給作業

航空機は、内部に直流式（2 相）電圧 24 ボルトのバッテリーが内蔵されている。このバッテリーを使用し、APU を作動させ、機内で使用されている交流式（3 相）115V-400Hz をすべてカバーしている。またエンジン運転中、電力はエンジンで駆動される発電機より供給されるのが一般的である。

しかし、地上において、この APU が故障または地球環境問題や空港周辺騒音問題などで使用できないことがあり、このような時に外部より電源を供給する機体電源供給作業が発生する。ここでは、外部からの電源供給作業について記述する。

電力源は二通りあり、地上電源車（GPU）を使用する場合と、エプロン内に設置された固定電源装置から供給する場合とがある。機体側の電源受け口は機種により 1 カ所から 4 カ所で、ここより、操縦室、機内照明、ギャレー、貨物室、客室作業用電源などに供給される。

外部からの電源供給作業については、おおよそ次のとおりである。機体側電源供給受け口（External Power Panel：**図5-8**）付近に、地上電源車、または固定電源装置より伸ばされた電源ケーブル（External Power Cable：**図5-9**）を近づける。機体側の受け口は大型機では高いところにある機種もあり、必要に応じて、作業台を使用する。以下はグランドハンドリング作業の中でも回数的に一番多く発生するので、具体的にその一例を記述する。

(1)　機体側に電源ケーブルを接続する前に、次の事項を確認すること。

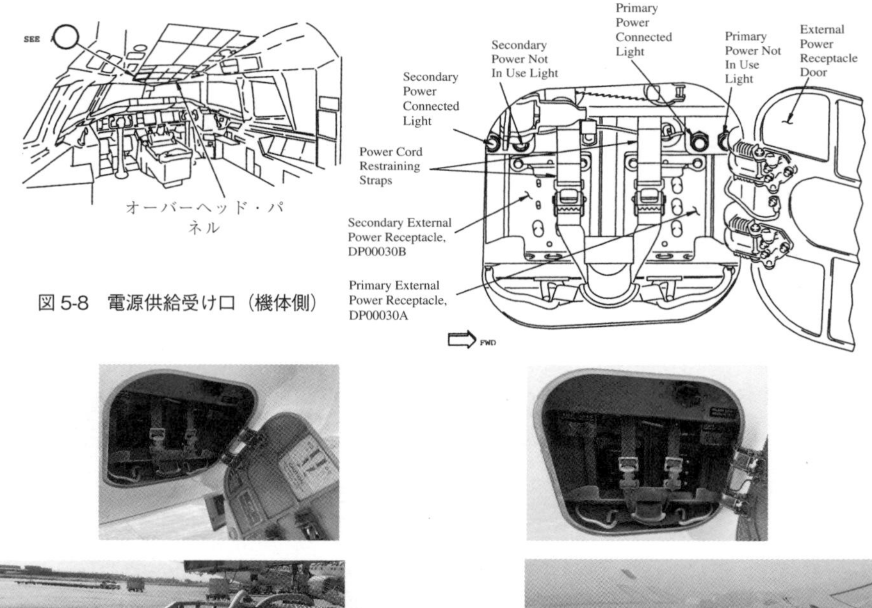

図 5-8　電源供給受け口（機体側）

図 5-9　電源ケーブルと接続用ラダー

図 5-10　電源ケーブル接続中

①GPUが安全な位置に駐車されていること。

②GPUまたは、固定電源供給装置の電力供給用スイッチがOFFであること。

③機体側の接続用コネクタ部（ピン取付面）に水分、汚れなどが付着していないこと（もし付着していた場合は、絶縁が劣化し、電源供給時、当該コネクタ部から発煙することもある)。

(2)　電源ケーブルの接続と供給

①機体側の電源供給用受け口の「External Power Panel」（**図5-10**）を開け、ケーブル保持用ストラップを引き出し、ケーブルを支えながら、ケーブルに付いているフックを機体側サポートにかける。

②GPUまたは、固定電源装置の電源ケーブルを機体側受け口にしっかり根元まで接続させる（不完全な取り付けは接触不良となり、ピンの焼損の原因となる)。なお、感電する可能性があるため、手触れによる確認は行わない。

③GPUまたは固定電源装置を始動させ、機体側に電源を供給し、電圧が115 ± 5V AC、周波数が400 ± 20Hz内であることを確認する。また、External Power Panel内にある表示灯の点灯状態も併せて確認する。

Primary Power Connected Light……点灯

Primary Power Not in Use Light……点灯

④機体内部に入り、コックピット内のExternal Power スイッチ を“ON”にする。機種によっては、Main Bus スイッチ を使用する場合もある。機体外部に下りて、External Power Panelの表示灯が次の状態になっていることを確認する。

Primary Power Connected Light……点灯のまま

Primary Power Not in Use Light……消灯

⑤この状態で機体に電源供給されているが、供給中はGPUの安全と電圧および周波数を適宜監視することが大切である

(3)　電源ケーブルの離脱

①操縦室内のExternal Power スイッチを“OFF”にする。またはMain Bus スイッチを使用した場合はこれも“OFF”とする。

②External power Panel内の表示灯が次の状態になっていることを確認する。

Primary Power Connected Light……点灯

Primary Power Not in Use Light……点灯

③GPUまたは、固定電源装置のスイッチを“OFF”にする。

注：電源ケーブルを機体から取り外す前に①および②を確実に実施して行わなければ、人体および機体、器材に損傷を与える可能性がある。

④電源ケーブルを機体から外し、電源供給用受け口の“External Power Panel”を閉める。

⑤GPUまたは固定電源装置を片付ける。

5-6　エア・スターター（高温高圧空気）供給作業

エンジン始動用高温高圧空気は、補助動力装置（APU）から供給される。しかし、APU が故障した場合、外部より高温高圧空気を供給しエンジン始動を行う。この作業は、高温高圧空気源を取り扱うため非常に危険であり、必ず、整備責任者の指示に従って行わなければならない。

使用される車両は、エア・スターター・ユニットといい自走式車両で、通常小型機（ボーイング 737）用は、容量が 135 ポンド／分、大型機（ボーイング 767、777）用は 240 ポンド／分以上である。その他として、蓄圧式タンク非自走車両（通常サージ・タンク式と呼ばれる）もある。

ここでは、自走式車両で外部から高温高圧空気を供給する作業について説明する。

⑴　機体側に高温高圧ホースを接続する前に次の事項を厳守する。

①自走式車両を機体付近に接近するときは、機種によって違うため、整備責任者に駐車位置を確かめる。

注：高温高圧空気源を作り出すため、自走式車両は別にガスタービン・エンジンを搭載しており、このエンジンの排気口は、上向きに取り付いている。そのため航空機翼下面または、機体直近に駐車させてはならない。

②駐車位置が決まった後、ガスタービン・エンジンを始動する前に、確実に高温高圧ホースの遮断弁が閉じていることを確認する。

③ガスタービン・エンジンを始動し、所定の空気圧力と温度が上昇していることを確認する。

⑵　高温高圧空気ホースの接続と供給

①機体側の供給用受け口のアクセス・パネルを開く。

②自走式車両より高温高圧ホースを取り出し、機体側供給用受け口に接続させる。このときホースが、曲がったり、捩れたりしないよう、直線的に接続させる。また、接続時、金具が確実に固定位置になっていないと、後述の遮断弁を開けたとき機体側より金具が外れ、付近にいる地上作業者に負傷を与える結果となるので、この作業の中でも重要な確認事項である。

③整備責任者の指示により、前記⑴②項の遮断弁を開く。

④これにより、機体に高温高圧空気が供給されたことになるが、供給中は、前記(1)③項の圧力と温度が保たれていることを適宜監視することが大切である。

⑤航空機のエンジンが始動される。

⑥エンジン始動が完了したときは、整備責任者よりホース取り外しの指示が出される。

⑦遮断弁を閉じ、機体側より供給用ホースを取り外す。

⑧前記⑵①項のアクセス・パネルを閉じる。

⑨自走式車両に供給用ホースを収納し、前記⑴③項で作動させたガスタービン・エンジンを停止させる。

⑩自走式車両を所定の位置まで動かし、航空機より離す。

以上で、エア・スターター供給作業が終了したことになる。

第６章　客室サービス作業

グランドハンドリングにおける客室作業には、機内クリーニング作業、客室用品の搭載・取り降ろしおよびセッティング、その補充作業などがある。

6-1　機内クリーニング

6-1-1　一般

機内クリーニングは、機内の美観、衛生保持のために実施するもので、次の方法が一般的である。

クリーニングには、①航空機の運航間に実施する作業（会社によって呼び名が異なるが、No.1 クリーニングとかターン・アラウンド・クリーニング作業という）と、②当日の運航終了後に実施する作業（同じく No.2 クリーニングとかオーバーナイト作業という）とに大別される。そのほか、③定期的に実施される航空機整備にあわせて行う作業がある。

No.1、No.2 クリーニングについて、その概要を記述する。

6-1-2　No.1 クリーニング

航空機の運航間において、折り返し次便の出発までの限られた時間内に行う作業である。

清掃場所は、コックピット、客室、ギャレー、ラバトリー、ドア付近で、各シート、テーブルなどの清掃、ギャレーやラバトリーの清掃、

図 6-1　ギャレーの清掃作業

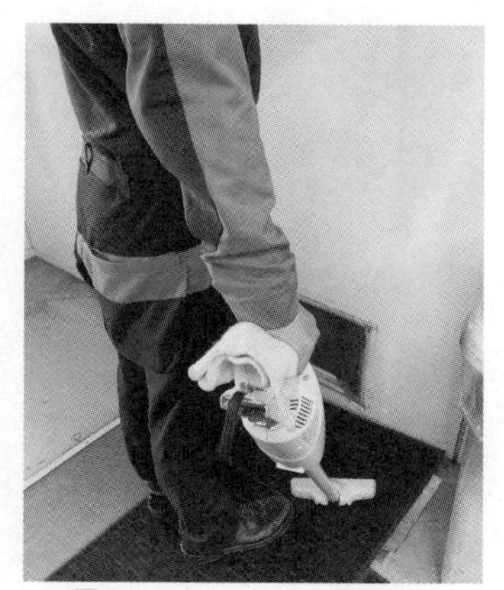

図 6-2　カーペットの清掃作業

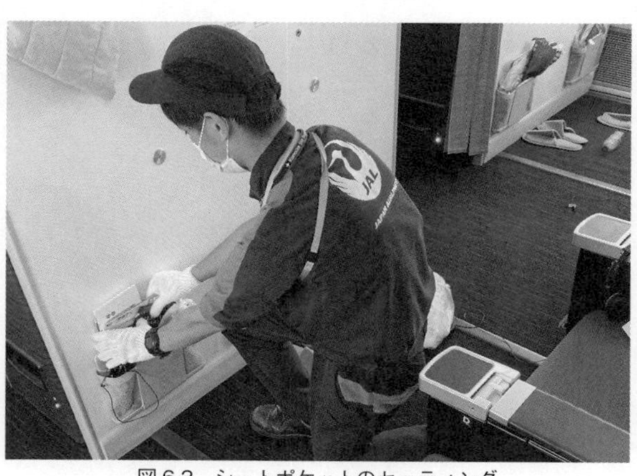

図 6-3　シートポケットのセッティング

備え付けのゴミ箱（トラッシュ缶）からゴミを抜き取り、新しいゴミ袋をセットなども同時に行われる。

そのほか同時に行われるものとして、次の作業がある。

(1) 各シートベルトは「八の字型」「一文字型」等にそろえる。座席カバーが汚損しているときはクリーニングを行い、その汚損度合いによっては交換することもある。

(2) 各シート座席ポケット内のセット品（機内誌、非常脱出案内の説明書、安全のしおり、吐袋など）を整える。もし、汚損、破損などがあるときは交換し、あわせてポケット内のゴミも回収する。

(3) 使用済みイヤホン、またはヘッドホンは、新しいものと交換する。

(4) 窓ガラスやテーブルが汚損しているときはふき取る。

(5) 機内備え付け用毛布（ブランケット）を整理整頓し、もし汚損などがあれば、その都度交換する（なお、毛布は定期的にクリーニングしたものと交換される）。

(6) 作業修了後、カーペットなど季節により独自の臭いを発散しやすいので、必要に応じて消臭剤をスプレーする。

(7) 作業終了後直ちに、次便出発担当部門に作業の終了を報告する。この報告先は、航空会社によって異なるが、所定の報告書を提出することにより行われているところもある。

国内線における標準的な運航間隔と駐機時間は、航空会社や機種によって異なる。例えば、ボーイング777-300機で50分とすると、この時間内で到着便の旅客が降機に費やす時間が約10分、次便の出発旅客搭乗に約20分かかるため、当該クリーニング作業時間は、約20分程度しかない。

また、航空機が定刻にスポットに入ったとしても、旅客数が多かったり、その他の理由で降機に予定以上時間が費やされたりした場合、クリーニング開始が遅れ、さらに作業時間が少なくなる。航空機の出発遅延は、それ以降の便に影響を与え、旅客にも大変迷惑をかけることとなる。

定時性を確保するためには、確実で敏速な作業が要求される。ある航空会社では、作業効率を良くするため、コードレス電気掃除機を使用して灰皿や床の清掃をしているところもある。

また、天候等によって運航状況が乱れ、到着が遅れて、次便の出発に影響が出る恐れがある場合、運航担当者と調整し、折り返し便の遅れをできるだけ少なくする清掃方法（便遅延時における清掃簡略化）を取り決め、実施している航空会社もある。

作業人員数については、座席数と航空会社によっても異なるが、前記の機種で10人前後で行われている。

6-1-3　No.2 クリーニング

その日の飛行を終了した後の夜間駐機時または、これに準じて駐機する場合、1日1回実施する。基本的な作業は、No.1クリーニングと同様であるが、加えて真空掃除機によるカーペットの清掃および消毒作業を追加し、時間をかけてよりていねいな作業を行う。

機種によって異なるが、一機当たり約 1 時間を要している。

6-1-4　定例整備時（タイム・チェック）のクリーニング

No.2 クリーニングに合わせて、さらに通常実施しない場所やシート・カバー、カーペットの交換、貨物室の清掃などがあり、さらにていねいな作業内容となっている。

6-1-5　作業者の訓練と資格（あるグランドサービス会社の場合）

⑴　一般作業者

クリーニング作業訓練は、所定の教育を受講し、これを修了していなければならない。この訓練には、航空関連、安全教育、空港管理規則、機種概要、作業心得、クリーニング作業手順などがある。作業はチームを組んで行われるため、チームごとに、所定の腕章、または、作業帽を着用した作業責任者が配置され、クリーニング作業の最終確認を行う。

⑵　作業責任者

この作業責任者の社内資格は、当該クリーニングに対する十分な知識と、経験を有し、かつ指導者としての能力、管理能力を有しているもので、次の所定の訓練を修了していることが望ましい。

①航空機装備の乗降ステップ（エア・ステアー）の操作要領や PBB の操作資格

②機体ドアの開閉要領（航空会社資格）

③機体外部電源供給作業要領（航空会社資格）

④機内照明灯スイッチ類の操作要領

⑤コックピット・ウインド開閉、クルーシート操作要領

⑥機内への物品搬入用大型リフト付き車両（以下、キャビン・サービス・カー／フード・ローダーという）の運転操作要領（会社資格）

これらの操作資格の多くは、所定の教育を受講したのち、試験に合格したものが操作資格者として任命される。

6-1-6　クリーニング時の付帯業務

機内より出されるゴミは、「廃棄用一般ゴミ」と「リサイクル用のゴミ（新聞、雑誌類、空き缶等）」とに機内で分類する。「廃棄用の一般ゴミ」は、ゴミ専用車で定期的（1 日数回）に空港近くのゴミ処理場に持ち込み焼却される。一般ゴミは軽減に努めている。

また、「リサイクル用のゴミ」は、所定の場所に集積して置き処理業者に引き渡す。毎日大量の新聞、雑誌類が出されるので、毎月月末にはトラック何台分ともなり、特に機内誌交換時には、機内誌だけでもトラック 2 台分くらいになる。

よく機内クリーニング中に、シート・ポケットやシート下など、クリーニング作業でなければ発見しづらい場所で旅客の忘れ物を見つけることがある。旅客にとって非常に大切な物や、すぐに使

いたい物などがあるので、発見したときは旅客が空港内にいるうちにできるだけ早く渡せるように、キャビン・アテンダントあるいは、旅客担当者に忘れ物を届けるようにしている。その時、確認のために、発見場所（例：15A シート・ポケットなど）を報告することが大切である。

6-2　客室用品の搭載・取り降ろしとセッティング

6-2-1　一般

旅客が機内で、快適な空の旅を過ごせるよう、いろいろな物品を搭載する業務である。機用品（客室用品ともいう）の範囲は、ケータリング（食料搭載）の分野や機内販売品を含めているところもあるので、作業に必要な設備や手順は航空会社によって異なる。その種類と数量は、国際線の方がはるかに多く、国内線、国際線を合わせて1,000種類を超えている航空会社もある。

6-2-2　機用品搭降載作業

機用品は、機用品倉庫内で保管および管理（補充、受け入れなど）されており、航空機まで運搬しやすいよう、機用品倉庫内の準備担当者が出発便ごとにロールボックスパレットやカートに積み付け、準備される。これらはキャビン・サービス・カーやフード・ローダーと呼ばれる車両を使用して航空機まで運搬されて、直接航空機のドアから搭載される。

キャビン・サービス・カーやフード・ローダー（**図6-4**）を航空機に装着する作業は、所定のドアを目標に機体に対して直角に進入し、これがうまくできないと、機体を破損させたり、搭降載に時間がかかったりする。そのため技量と経験が重要で、機体への装着は、誘導者を配置し2人で行っている。ここで機体に装着させるときのさまざまな事柄を少し説明する。

大型機の場合、機体の出入口は、所定の運転席よりかなり高い位置にあるため、目標がつかみづらい。このため、誘導者の指示に従い、連携を保ちながら実施することが重要であり、進入を誤ると機体のドアが開けられなかったりする。所定の位置に停止した後、アウトリガー（車両の搭降載物重量の変化に対して、車両が浮き沈みしないように地面に足を出して固定する装置）を張り出す。

次に、キャビン・サービス・カーやフード・ローダーに搭載物を収納してある荷台を上昇させるが、機体の外開きドアとの接触防止のため、荷台の床が機体客室の床の高さより低いところで止める（機体によっても

図6-4　航空機に装置された大型フード・ローダー

異なるが約 19cm 程度)。これは、航空機に貨物や燃料を搭載すると機体が沈み込み、扉が荷台の床(プラット・ホーム)に接触して、機体のドアに損傷を与えるのを防止するためで、非常に重要なポイントである。

また、キャビン・サービス・カーやフード・ローダーの荷台は、大型機に装着するときは 5m 以上も上昇するため、荷台から作業者や物が落ちないように、荷台に取り付いている可動式プラット・ホームを機体直近までせり出して固定する。そして、そこを通して機用品の搬出入が行われる。

図 6-5　ギャレー内の収納作業

次に機体のドアを開け、使用済や不要となった機用品を航空機から取り降ろしては、出発便に必要な機用品を効率よく搭載していく。国際線では機用品搭載数も多く、機内とキャビン・サービス・カー間を何十往復もする必要があるが、機内の通路は狭く、多くのクリーニング担当者が作業を行なっているため、機用品の搭降載担当者は人や物にぶつかることのないよう十分注意する必要がある。(**図6-5**)。

機内には収納箇所が何カ所もあり、旅客に直接提供する物、キャビン・アテンダントを通して提供する物、あるいは、キャビン・アテンダントが使用する物などで異なり、各シート、ギャレー内、ラバトリー内、頭上の収納棚などいろいろある。定時性確保のために次便出発まで迅速に、かつ間違いのないよう所定の位置に搭載および収納していかなければならない。

また、このとき、機内クリーニングも並行して実施され、キャビン・アテンダントも次便出発準備を行っているので、その人たちとのコミュニケーションを取りながら、搭降載作業を行うことが大切である。

機内での作業が終了したら、責任者により最終チェックが行われ、取り降ろされる機用品やカートはキャビン・サービス・カーやフード・ローダーに積み込まれて、保管、管理している搭載準備室に搬入される。搭降載作業終了後は、機体の出入口扉を確実に閉め、機体よりキャビン・サービス・カーやフード・ローダーを離脱させてこの作業は終了となる。

以上のように定められた手順と重要な確認事項が随所にあるため、座学、実技、審査を経て、社内資格を取得して初めて実作業を行うことができるようになる。

6-3　客室用品の補充・受け入れ作業

この作業は、「6-2 客室用品の搭載・取り降ろしとセッティング」の項目で述べたように、取り扱う品目が約 1,000 種類余りとなるため、ロールボックスパレットやカートに積み込むまでに、各々の仕分け作業が必要になり、人手をかけ行われている(**図6-6**、**図6-7**)。このため、広いスペースの作業場が必要であり、これらの作業を庫内作業と呼ぶ。特に機内食を取り扱う倉庫では、洗浄機、ボイラー、

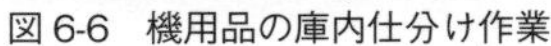

図6-6　機用品の庫内仕分け作業

図6-7　整理された機用品棚

製氷器、大型冷蔵庫、殺菌庫などの設備の整った室内において、飲み物と氷の準備、使用したポットなどの洗浄と保管、搭載物品の仕分けと袋詰めなどの積み込み作業が行われる。

旅客への提供物品について一例を述べる。飲み物、茶菓子、キャンデー、紙コップ、常備薬、ヘッドホン、ブランケット、トイレ用品など、衛生管理に注意を払う物のほかに、新聞、雑誌、ニュースを録画したビデオテープ、子供用のおみやげ、絵はがき、トランプ、国際線においては、入国時に必要な入国提出書類などさまざまなアイテムがある。さらに航空会社によっては、独自性を出すために工夫し、提供品を決めている。

仕分け、袋詰めの搭載準備作業においては、機種、路線および座席数などによって搭載基準が異なり、搭載品の種類と数量を確認して、ビニール・パックや専用キットに入れ、それらを便ごとに分けられたロールボックスパレットにセットしていく。また一部はギャレー搭載用の専用カートにセットされるものもある。セットされた機用品は、不足すると旅客やキャビン・アテンダントに迷惑をかけないよう、搭降載専用フード・ローダ車に積み込む前に再度チェックされる。

以上が、機用品の庫内作業の概要であるが、これ以前に外部から納入されるそれらの物品について、どのように保管されているかを少し述べる。取り扱う物品の種類、数量が多いため、広いスペースの保管庫が必要になる。また、消費量も多いので、在庫として不足が生じないよう、的確な在庫管理が必要となってくる。最近では、コンピュータ管理がほとんどであるが、昔は物品ごとに棚を用いて、在庫番号を付けて管理されていたこともある。

いずれの作業にしてもほとんど手作業が主であり、1日のある時間帯において、便数が立て込んでいるときは、人海戦術で実施されている。

なお、国際線の機内は、税関上、外国と同じ取り扱いを受けており、国内用品の積み降ろしは、税関長の指定した経路を通り、指定した方法で行わないと関税法違反となる。例えば、タバコ、酒、雑誌等の物品を持ち出すと密輸として罰せられる。従って、空き缶やゴミ等も定められた方法で処理しなければならない。

第７章　その他の作業

7-1　はじめに

グランドハンドリング会社や燃料給油作業会社が実施する作業として、運航便や駐機中の航空機の防除雪氷作業、および航空機への燃料給油作業がある。

これらは、本来、当該航空機を運航している航空会社の整備作業の一部である。このため、航空機の防除雪氷作業の作業手順は航空会社が定めるマニュアルに準拠したものである必要があり、作業者の資格認定は航空会社が行う。

また、燃料給油作業についても同様に、作業手順は航空会社のマニュアルに準拠していることが必要で、作業者資格認定も航空会社が実施したり、航空会社の委託を受けた石油元売り会社の認定を受けることとなる。更に、作業完了の最終確認も航空会社の有資格整備士が行う事となる。

図 7-1

7-2　燃料搭載作業

7-2-1　概要

自動車で遠くにドライブするときは、ガソリンを満タンにして出発するのが通常である。ところが航空機は、超長距離や特別な飛行以外では燃料を満タンにすることはない。なぜならば、航空機の場合は、搭載した燃料重量によりエンジンの消費燃料も増加するからである。そのため、航空機への燃料搭載作業は、航空燃料油専用の給油車両を航空機に接続し、航空会社より指示された必要量を、各タンクごとに配分して搭載する。

航空機の燃料タンクは、主翼（中型機、大型機は胴体中央下部や尾翼にも設置されている）に設置されている。主翼の上部から搭載するオーバ・ウイング給油と、下部から圧力により搭載するアンダ・ウイング給油があり、給油車1台に付き1名（ワンマン）、または2名（ツーマン）で作業している。

7-2-2　航空燃料とは

A.　一般

航空燃料は、石油の精製によって得られるガソリン、灯油などを化学的に処理し、調合し、さらに添加剤を加えるなどの工程を経て製品化される。**図7-2** は航空燃料の製造工程の概略を示したものである。図で分かるように、航空燃料はガソリンとジェット燃料に大別される。

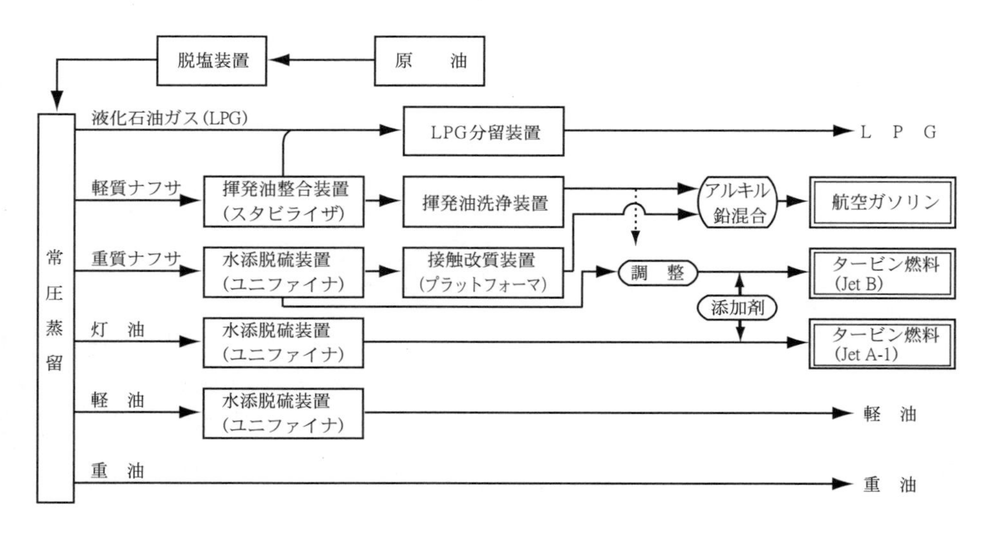

図7-2　航空燃料製造工程図

B.　航空ガソリン

ライト兄弟の初飛行に使用した燃料は自動車用だったが、品質不適当によるエンジン故障が続発した。米政府は1918年に規格を作り、品質改良に力を入れ、エンジンの性能は年々向上していった。

航空用ガソリンは、自動車用に比べ使用条件が厳しく、そのため次のような性質が要求された。

(1)　発熱量が大きいこと

(2)　気化性（揮発性）が適度であること

(3)　アンチノック性が大きいこと（ノッキングを起こしにくい）

(4)　腐食性がないこと（燃料タンクなどの防食）

(5)　安定性が大きいこと（貯蔵中に変質しない）

(6)　耐寒性に富むこと

航空ガソリンとは、ベース・ガソリンに種々の高アンチノックの合成ガソリンをある割合で調合し、これに四エチル鉛等の添加物を加えて製造されるが、ジェット燃料に比較し、高度の製造技術と高オクタン価が要求される。

ガソリンの規格は、以前は80/87、91/98、100/130、115/145などの種類があったが、現在国内においては100のみである。

一般に同じ燃料でも、その試験方法である航空法（巡航状態）で測ったときより、過給法（離陸状態）で測ったときのアンチノック性の方が大きくなる。例えば100/130とは、分子は航空法の値を分母に過給法の値を示している。

アンチノックとはデトネーションが起こりにくくするもので、この薬品をアンチノック剤といい、代表的なものに四エチル鉛がある。この添加量が多いほどデトネーションは生じにくくなる。

C.　ジェット燃料

ジェット燃料は、航空ガソリンに比べその歴史は浅い。世界初のターボジェット機は、1938年ドイツのハインケルHe-178だった。その後、研究開発が進み軍用機に搭載され、その信頼性や小型軽量で大出力が得られることから民間機に搭載された。

民間機初のジェット旅客機は、英国のコメット機であり、その後に開発された大型旅客機はほとんどがターボジェット･エンジンを搭載した。ターボジェットは、その後に大幅改良されターボファンとなり、またこれと並行してターボプロップ、ターボシャフト・エンジンも開発・製造された。

これらのエンジンを総称してガスタービン・エンジンと呼んでいるが、これらはジェット燃料を使用している。民間機に使われているジェット燃料は、**図7-2**に示したようにJetA-1（JetA）およびJetBである。

JetA-1は灯油留分のみで構成されているのに対し、JetBは灯油留分と重質ナフサ（ガソリン）とがほぼ同量ずつ混合されている。双方とも航空用ガソリンと同じ性質が要求されるが、ジェット燃料の場合、これに燃焼性がよく炭素粒子（すす）の発生が少ないことが要求される。

航空燃料取り扱いにあたる作業者は、燃料の知識と特性を把握し、燃料が製造された時と同一の品質で航空機に搭載されるよう､受け入れ､貯蔵､給油ごとに品質の維持管理を厳重に実施している。

7-2-3　搭載量（燃料オーダー）

航空機への燃料搭載量は、航空法に基づいて各航空会社が定めた運航規程により、機種別・行き先別に天候、旅客数、搭載物量（貨物、郵便物、手荷物）、代替空港等を考慮し算出される（**表7-1**）。その算出量は各社とも、おおおむね「目的空港＋代替空港（目的空港が悪天候等で着陸できない場合）＋予備燃料＝燃料オーダ」である。

例えば東京からバンクーバー行きの運航便では、目的地であるバンクーバーが悪天候等で着陸できない可能性がある場合、バンクーバーの代替空港まで運航するのに必要な予備燃料を追加で搭載することになる。

なお算出方法は、代替空港の設定等、各航空会社によっても違いが見られる。

表 7-1　最大搭載量（代表機種）

機　　種	最大搭載重量（lb）	最大搭載数量（ℓ）	ドラム缶数
ボーイング777-300ER	340,000	181,000	約900本
ボーイング767-300	170,000	90,700	約450本
ボーイング737-800	74,000	39.400	約200本

7-2-4　給油方式

航空機への給油は、当初は、石油缶（またはドラム缶）の燃料を直接機体のタンクに流し込むという原始的な方法であったが、需要量の増大にともない空港内に燃料給油施設を設け、品質の維持と補給の安全確実を期するようになった。

現在、国内空港で行われている給油方式は大別すると次の２つに分類される。

図 7-3　フューエラー

A.　フューエラー方式

ハイドラントのない場所でフューエラーの送油ポンプを使用して航空機に給油する方式で、国内における地方空港の大半はこの方式を採用している。このフューエラー（**図7-3**）は、給油だけでなく航空機から燃料を抜き取ることも可能である。

消防法で車両１台のタンク容量が最大で30kℓ と制限され

ており、多量の燃料を給油する場合は複数の台数と時間が必要となる。

注：フューエラーとは、航空燃料タンク、送油ポンプ、流量計、フィルタ等給油に必要な装置を具備した給油車をいう。

B. ハイドラント方式

空港給油施設の貯油タンクから、地下配管でエプロン内の各スポット（駐機場）まで結び、各スポットに設置したハイドラント・バルブと航空機間をサービサで接続後、給油施設の固定ポンプで圧送し、航空機に給油する方式（**図7-4**）。

この方式はフューエラー方式に比べ多量の燃料を安全、迅速に給油可能で国内の幹線空港である、羽田・成田・伊丹・関西・福岡・新千歳等がこの方式を採用している。

注：サービサとは、流量計、フィルタ、ホース等給油に必要な装置を具備した給油車をいう。

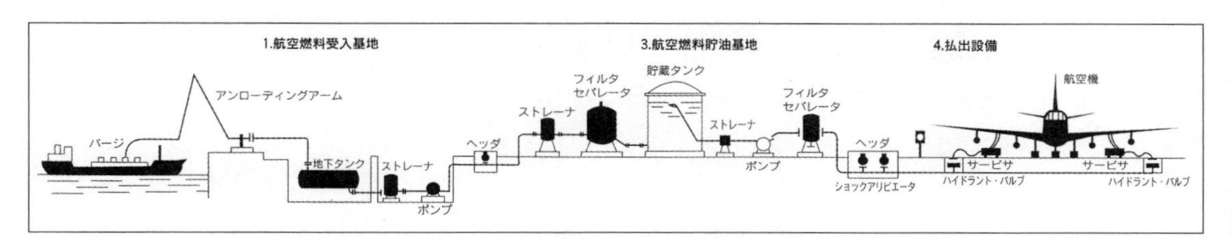

図7-4　ハイドラント給油システム（羽田空港の場合）

7-2-5　燃料搭載作業手順

燃料搭載作業で、最大の注意点として挙げられるのは、先に記述したとおり、

(1)　燃料の品質が製造された時と同じ性状であるかどうかの「確認」、

(2)　危険物を大量に取り扱う上での「安全性」、また

(3)　指示された燃料オーダを「確実・迅速」に搭載すること、

である。

A. フューエラー方式による燃料搭載作業

(1)　航空機へフューエラー（給油車）進入・給油位置駐車

(2)　フューエラー固定（車輪止等）

(3)　危険区域表示設置（セーフティ・コーンまたは旗）

(4)　静電気除去用アース設置（地面 ⇔ フューエラー ⇔ 航空機）

(5)　航空機アクセス・ドア・オープン

(6)　デリバリ・ユニット取り付け（フューエラー ⇔ 航空機）

(7)　航空機フューエリング・ステーション・パネル・オープン

図7-5　フューエリング・ステーション

(8)　航空会社整備士と搭載量の相互確認

(9)　燃料品質確認後、給油開始（フューエラーの送油ポンプ“スイッチ”“ON”“OFF”）

(10)　指示量まで搭載（航空機フューエリング・ステーション操作）（**図7-5**）

(11)　航空会社整備士と搭載量確認（コクピット・インディケータ⇔フューエラー積算計）

(12)　取り外し〔取り付けと逆順（8）～（2)〕。

(13)　フューエラー退去

注：フューエリング・ステーション操作は機種により相違がある。

B. ハイドラント方式による燃料搭載作業

(1)　航空機へサービサ（給油車）進入・給油位置駐車

(2)　サービサ固定（車輪止等）

(3)　危険区域表示設置（セーフティ・コーンまたは旗）

(4)　静電気除去用アース設置（地面⇔サービサ⇔航空機）

(5)　インテーク・ユニット取り付け（ハイドラント・ピット⇔サービサ）

(6)　航空機アクセス・ドア（Access Door）オープン

(7)　デリバリ・ユニット取り付け（サービサ⇔航空機）

(8)　航空機フューエリング・ステーション・パネル・オープン

(9)　航空会社整備士と搭載量の相互確認

(10)　燃料品質確認後、給油開始

(11)　搭載量まで搭載（航空機フューエリング・ステーション操作）（**図7-5**）

(12)　航空会社整備士と搭載量確認（コクピット・インディケータ⇔サービサ積算計）

(13)　搭載量 OK 後、取り付けと逆順（8）～（2）で取り外し

(14)　サービサ退去

注：フューエリング・ステーション操作を除き作業は基本的に同様。

C. 燃料品質検査と保存サンプル

実施しなければならない品質検査およびサンプル採取（保管）は以下のとおりである。（空港貯油施設除く）

Ⅰ．燃料品質検査

(1)　フューエラー

①日々の始業前（外観・水分・密度検査）

②積込作業終了後（外観・水分検査）

③航空機からの抜取作業後（外観・水分・密度検査）

④豪雨後（外観・水分検査）

⑤洗車およびフィルタ等の整備後（外観・水分検査）

⑥給油時（採取箇所、時期および頻度は航空会社との合意による）

(2)　サービサ

①日々の始業前（外観・水分・密度検査）

②フィルタ等の整備後（外観・水分検査）

③給油時（採取箇所、時期および頻度は航空会社との合意による）

Ⅱ．保存サンプル

航空会社との取り決めにより異なるが、一般的には空港貯油施設（貯油タンク）より採取したものを一定期間保存する。なお、特別便等で要求がある場合は、給油中または終了後に給油車のサンプル採取口より採取し保存する。

7-2-6　作業者の必要資格

A.　一般

燃料搭載に従事する者の資格は、公的資格と燃料元売り会社（出光など）資格、自社資格、航空会社資格等に大別される。航空会社資格を取得するまでの修得期間は、従事者（助手）で約3ヵ月、作業責任者で約1年以上の経験を要し、機種ごとの給油圧力･流量･搭載方法･最大搭載量･注意事項を習得しなければならない。

Ⅰ．公的資格

(1)　自動車運転免許証（給油車を運転するため）

(2)　制限区域内車両運転資格（空港内で給油車を運転するため）

(3)　危険物乙4類免状（危険物を取り扱うため）

Ⅱ．航空会社資格

航空会社別、機種別フューエリング・ステーション操作資格

Ⅲ．元売り会社資格

一般給油作業者、ワンマン給油作業者など。

7-3　機体の除雪・防氷作業（デアイシング／アンチアイシング）

7-3-1　一般

商業用輸送に使用されるほとんどの航空機は、寒冷気象状態を飛行しても、空気力学上の問題が生じないように、防氷、除氷装置が装備されている。しかし、これらの装置は、霜、雪、氷霧、氷雨などによる、地上における機体表面への氷結を防止する事は出来ない。

雪や氷が機体表面に付着したまま航空機が離陸すると、飛行特性に様々な悪影響を及ぼし、安全上、重大な結果をもたらす事がある。

これらの影響は、具体的にはエンジン推力の低下、揚力の減少、抗力の増加、失速速度の増加、失速特性および操縦性の変化となって現れる。

そのため、航空機は、設計上取り付けられている以外のものが付着した状態で、飛行させてはならない。これをクリーン・エアクラフト・コンセプトと呼ぶ。

クリーン・エアクラフト・コンセプトを守るためには、航空機に付着した雪・氷などを完全に取り除く（除雪氷作業）必要がある。また、再度、雪・氷などが付着する可能性がある場合は、付着を防止する（防雪氷作業）ことにより、離陸時まで航空機をクリーンに保たなければならない。

7-3-2　防除雪氷液（デアイシング・フルード／アンチアイシング・フルード）

航空機に付着した雪・氷などを取り除くには、除雪氷液を使う方法が一般的である。その他、箒(ほうき)やスクイザ、あるいは高圧空気などを使用する機械的な方法があり、遠赤外線を使用して、雪・氷などを溶かす方法も開発されている。

除雪氷液は水で希釈したものを60℃以上に加熱し、雪・氷などを溶かして、取り除く。厚く堆積した氷は、機体表面を暖める事により、下側から溶かして、剥がすようにすると効果的に除去出来る。

一旦、航空機に付着した雪・氷などを取り除いた後に、再び雪や氷などの付着を防ぐ事が必要な場合は、その用途により長けている防雪氷液の撒布を行う。防雪氷液が機体表面に留まっている間は、着雪や着氷を防止する事が出来る。

なお、作業中や作業後に垂れ流れた防除雪氷液により、ランプ内は非常に滑りやすい路面状態となっていることから、地上で作業を行うオペレーターやドライバーは注意が必要である。

防除雪氷液には、次のようなタイプがある。

A.　TYPE - Ⅰ防除雪氷液

グリコールと水の混合物で、グリコールの割合が80％以上のものが、一般的である。その他に、機体材料に腐食を生じさせないようにするための防錆剤や、コネクターの電気による発火を防止するための発火抑制剤、泡立ちを抑える消泡剤などの添加剤が加えられている。

サラサラしていて、流れ落ちるのも早く、塗膜が薄いため、着雪や着氷を防止できる時間（ホールドオーバー・タイム：後述）は短い。連続する降雪下では5分程度である。

そのため、主に、水で希釈して過熱し、除雪作業に用いられる。必要な希釈率は外気温によって変化する。希釈率を変えてもホールドオーバー・タイムは変化しない。また、予め希釈されている場合を除き、原液のまま撒布する事はできない。これは、空力的要件によるものである。

B. TYPE - Ⅱ防除雪氷液

防雪氷液は、機体表面に留まっていなければ、防雪氷効果を発揮できない。しかし、機体表面は平らな所がないので、かけた防雪氷液は時間が経つと重力で流れ落ちてしまう。できるだけ長い時間、機体表面に留まっていられるよう、グリコールと水の混合物に増粘剤を加え、粘性を高めたのが、TYPE- Ⅱ防除雪氷液である。グリコール濃度は50%程度のものが一般的である。

粘性が高いため、機体に撒布した時に、流れ落ちずに厚い塗膜を形成し、長時間、着雪や着氷を防止することができる。

一方、厚い塗膜は、機体の空力特性に悪影響を与えるため、離陸時には剥がれ落ちる（フロー・オフ：後述）必要がある。即ち、防雪氷液にもクリーン・エアクラフト・コンセプトが適用される。

これを実現するため、一定以上のAir Speed（塗膜にかかるせん断力）が加わると急速に粘性が低下する特殊な増粘剤が用いられており、離陸までに剥がれ落ちるようにしている。このAir Speedとしては、ジェット機の離陸速度が想定されており、離陸速度の低いプロペラ機は想定されていない。従って、プロペラ機には、TYPE- Ⅱ防除雪氷液を使用できない場合があり、使用できても離陸速度を上げるなどの使用制限を課せられる場合がある。

また、この増粘剤に影響を与えないようにして機体に撒布するために、除雪車は専用のものを使用する必要がある。これらの除雪車には、防除雪氷液にせん断力が加わらないように工夫されたポンプ（ダイヤフラム型など）やノズルが使用されている。

TYPE- Ⅱ防除雪氷液の防雪氷効果を最大限に発揮させるには、航空機に付着した雪・氷などを取り除いた機体表面に原液を加熱しないで撒布する。

TYPE- Ⅱ防除雪氷液を希釈（75/25%、50/50%）し、加熱して、除雪氷作業と防雪氷作業を同時に行う方法（ワンステップ）も欧州を中心に広く実施されている。

C. TYPE- Ⅲ防除雪氷液

増粘剤を改良し、プロペラ機の離陸速度でも問題なく使用できるように工夫された防除雪氷液である。

粘性が低いため、ホールドオーバー・タイムは、TYPE- Ⅱ防除雪氷液の半分程度であるが、TYPE- Ⅰ防除雪氷液よりは長い。

D. TYPE- Ⅳ防除雪氷液

増粘剤を改良し、TYPE- Ⅱ防氷液の2倍以上のホールドオーバー・タイムを持つ防除雪氷液はTYPE- Ⅳ防除雪氷液と呼ばれる。

フロー・オフ性能等、その他の性質は、TYPE- Ⅱ防除雪氷液と同じであり、使用上の注意点も同じである。

表 7-2a　TYPE-I 液　ホールドオーバー・タイム・ガイドライン
（この Holdover Time Guideline は、ICAO Doc 9640 － AN/940　2000 年版による）

Table 3. Guideline for holdover times anticipated for ISO Type I fluid mixtures as a function of weather conditions and OAT

OAT	*Approximate holdover times under various weather conditions (hours:minutes)*						
	Frost[1]	*Freezing fog*	*Snow*	*Freezing drizzle*[2]	*Light freezing rain*	*Rain on cold-soaked wing*	*Other*[3]
above 0°C (32°F)	0:45	0:12-0:30	0:06-0:15	0:05-0:08	0:02-0:05	0:02-0:05	CAUTION: No holdover time guidelines exist
0°C to −10°C (32°F to 14°F)	0:45	0:06-0:15	0:06-0:15	0:05-0:08	0:02-0:05		
below −10°C (14°F)	0:45	0:06-0:15	0:06-0:15				

1. During conditions that apply to aircraft protection for ACTIVE FROST.
2. Use LIGHT FREEZING RAIN holdover times if positive identification of FREEZING DRIZZLE is not possible.
3. Other conditions are: heavy snow, snow pellets, ice pellets, hail, moderate freezing rain and heavy freezing rain.

Note 1.— ISO Type I Fluid/Water Mixture is selected so that the freezing point of the mixture is at least 10°C (18°F) below actual OAT.

Note 2.— ISO Type I fluids used during ground de-icing/anti-icing are not intended for and do not provide ice protection during flight.

CAUTION: The time of protection will be shortened in heavy weather conditions. Heavy precipitation rates or high moisture content, high wind velocity or jet blast may reduce holdover time below the lowest time stated in the range. Holdover time may also be reduced when the aircraft skin temperature is lower than OAT. Therefore, the indicated times should be used only in conjunction with a pre-take-off check.

OAT　Outside air temperature
°C　Degrees Celsius
°F　Degrees Fahrenheit

表 7-2b　TYPE-II 液　ホールドオーバー・タイムテーブル・ガイドライン
（この Holdover Time Guideline は、ICAO Doc 9640-AN/940　2000 年版 による）

Table 4. Guideline for holdover times anticipated for ISO Type II fluid mixtures as a function of weather conditions and OAT

OAT	*ISO Type II fluid concentration Neat fluid/water (Vol%/Vol%)*	*Approximate holdover times under various weather conditions (hours:minutes)*						
		Frost[1]	*Freezing fog*	*Snow*	*Freezing drizzle*[2]	*Light freezing rain*	*Rain on cold-soaked wing*	*Other*[4]
above 0°C (32°F)	100/0	12:00	1:05-2:15	0:20-1:00	0:30-1:00	0:15-0:30	0:05-0:40	CAUTION: No holdover time guidelines exist
	75/25	6:00	0:50-1:45	0:15-0:40	0:2[illegible]-0:4[illegible]	0:1[illegible]-0:25	0:05-0:25	
	50/50	4:00	0:15-0:35	0:05-0:15	0:05-0:20	0:05-0:10		
0°C to −3°C (32°F to 27°F)	100/0	8:00	0:35-1:30	0:20-0:4[illegible]	0:30-1:[illegible]0	0:15-0:30		
	75/25	5:00	0:25-1:00	0:15-0:30	0:20-0:45	0:10-0:25		
	50/50	3:00	0:1[illegible]-0:35	0:05-0:15	0:05-0:20	0:05-0:10		
below −3°C to −14°C (27°F to 7°F)	100/0	8:00	0:30-1:05	0:15-0:35	0:15-0:45[3]	0:10-0:30[3]		
	75/25	5:00	0:20-0:50	0:15-0:25	0:15-0:30[3]	0:10-0:20[3]		
below −14°C to −25°C (7°F to −13°F)	100/0	8:00	0:15-0:20	0:15-0:30				
below −25°C (−13°F)	100/0	ISO Type II fluid may be used below −25°C (−13°F) provided that the freezing point of the fluid is at least 7°C (13°F) below the actual OAT and the aerodynamic acceptance criteria are met. Consider use of ISO Type I when ISO Type II fluid cannot be used (see Table 3).						

1. During conditions that apply to aircraft protection for ACTIVE FROST.
2. Use LIGHT FREEZING RAIN holdover times if positive identification of FREEZING DRIZZLE is not possible.
3. No holdover time guidelines for this condition exist below −10°C (14°F).
4. Other conditions are: heavy snow, snow pellets, ice pellets, hail, moderate freezing rain and heavy freezing rain.

Note.— ISO Type II fluids used during ground de-icing/anti-icing are not intended for and do not provide ice protection during flight.

CAUTION: The time of protection will be shortened in heavy weather conditions. Heavy precipitation rates or high moisture content, high wind velocity or jet blast may reduce holdover time below the lowest time stated in the range. Holdover time may also be reduced when the aircraft skin temperature is lower than OAT. Therefore, the indicated times should be used only in conjunction with a pre-take-off check.

°C　Degrees Celsius　　OAT　Outside air temperature
°F　Degrees Fahrenheit　　Vol　Volume

表 7-2c　TYPE-III 液　ホールドオーバー・タイム・ガイドライン
（この Holdover Time Guideline は、ICAO Doc 9640 － AN/940　2000 年版による）

Table 5. Guideline for holdover times anticipated for Type IV fluid mixtures as a function of weather conditions and OAT

OAT	ISO Type IV fluid concentration Neat fluid/water (Vol%/Vol%)	Approximate holdover times under various weather conditions (hours:minutes)						
		Frost[1]	Freezing fog	Snow	Freezing drizzle[2]	Light freezing rain	Rain on cold-soaked wing	Other[4]
above 0°C (32°F)	100/0	18:00	1:05-2:15	0:35-1:05	0:40-1:00	0:25-0:40	0:10-0:50	CAUTION: No holdover time guidelines exist
	75/25	6:00	1:05-1:45	0:20-0:40	0:30-1:00	0:15-0:30	0:05-0:35	
	50/50	4:00	0:20-0:35	0:05-0:20	0:10-0:20	0:05-0:10	CAUTION: No holdover time guidelines exist	
0°C to -3°C (32°F to 27°F)	100/0	12:00	1:05-2:15	0:30-0:55	0:40-1:00	0:25-0:40		
	75/25	5:00	1:05-1:45	0:20-0:35	0:30-1:00	0:15-0:30		
	50/50	3:00	0:20-0:35	0:05-0:15	0:10-0:20	0:05-0:10		
below −3°C to −14°C (27°F to 7°F)	100/0	12:00	0:40-1:30	0:20-0:40	0:20-0:55[3]	0:10-0:30[3]		
	75/25	5:00	0:25-1:00	0:15-0:25	0:20-0:55[3]	0:10-0:30[3]		
below −14°C to −25°C (7°F to −13°F)	100/0	12:00	0:20-0:40	0:15-0:30				
below −25°C (−13°F)	100/0	Type IV fluid may be used below −25°C (−13°F) provided that the freezing point of the fluid is at least 7°C (13°F) below the actual OAT and the aerodynamic acceptance criteria are met. Consider use of Type I fluid when Type IV fluid cannot be used (see Table 3).						

1. During conditions that apply to aircraft protection for ACTIVE FROST.
2. Use LIGHT FREEZING RAIN holdover times if positive identification of FREEZING DRIZZLE is not possible.
3. No holdover time guidelines for this condition exist below −10°C (14°F).
4. Other conditions are: heavy snow, snow pellets, ice pellets, hail, moderate freezing rain and heavy freezing rain.

Note.— ISO Type IV fluids used during ground de-icing/anti-icing are not intended for and do not provide ice protection during flight.

CAUTION: The time of protection will be shortened in heavy weather conditions. Heavy precipitation rates or high moisture content, high wind velocity or jet blast may reduce holdover time below the lowest time stated in the range. Holdover time may also be reduced when the aircraft skin temperature is lower than OAT. Therefore, the indicated times should be used only in conjunction with a pre-take-off check.

°C　Degrees Celsius　　OAT　Outside air temperature
°F　Degrees Fahrenheit　　Vol　Volume

7-3-3　ホールドオーバー・タイム（Holdover Time）

ホールドオーバー・タイムとは、防雪氷液が機体表面に発生する雪の堆積や、霜や氷の生成を阻止できる時間のことである。すなわち降雪下にあって機体表面に付着する雪を防雪氷液が溶かし続けることができる時間であり、雪が溶けきれずにスラッシュ状のものが機体に付着し始めたときが、ホールドオーバー・タイムの終了時点となる。また、降雪下や霧、雨など空気中の水分が機体に付着する場合、その水分によって防雪氷液が希釈され、あるいは洗い流されて防雪氷効果を減じ、機体表面の水分が氷となることを防止できなくなるまでの時間をいう。

A. ホールドオーバー・タイムが変化する要因

気象条件によって大きく変わるが、例えば同じ「連続する降雪」であっても、その強さ（降雪量）によっては大幅な開きが生じるし、風がともなうときは、雪の積もりやすい機体風上側のホールドオーバー・タイムは短くなる。すなわち、防氷塗膜が雪などの水分で希釈され、流れ落ちる時間に比例する。しかし、気象条件以外にも、次のような変化する要素があり、十分なホールドオーバー・タイムを得るためには、これらを念頭に入れて作業する必要がある。

B. ホールドオーバー・タイム・ガイドラインに示された気象条件

(1) 霜（Frost）

結晶状の氷の堆積物で、一般的に薄片状、針状、または扇状の形状をしている。霜は、温度が0℃以下の表面上に水蒸気が存在した時などに、昇華により生成する。

例えば、無風の晴れた夜に駐機中の航空機の表面が放射冷却によって0℃以下となり、これに接触する空気が飽和に達した時や、寒気中を飛行してきた航空機が暖かく湿った空気に触れた場合などである。

霜は、主翼下面や、胴体表面のごく薄い付着を除いて、全て除去しなければならない。

(2) 樹氷型着氷（Rime Ice）

航空機着氷の一種。低温（おおむね－10℃以下）の小さな雲粒やミストが、高速の風で地物や航空機に衝突したときにできる。氷の中に多くの気泡が含まれているため、白色不透明で、脆（もろ）い。風上に向かって成長する。

(3) 定常降雪（Steady Snow）

氷の結晶には、針状、角柱状、板状（授枝状を含む）それらの組み合わせ、および不規則な形をしたものがある。

気温が約－5℃より高いと結晶は一般に雪片化する。過冷却した水滴が凍結してできた、微少な氷の粒を少しつけたものや、多少水分を含んだものもある。このようなものがバラバラに分かれて降ることがあり、多数が結合し、雪片（Snow Flakes）をなして降ることもある。

(4) 着氷性の霧（Freezing Fog）

地表面や露出した物体に衝突したとき、氷結して雨氷型や樹氷型の氷の被膜を作るような霧。霧粒は過冷却（氷点以下）水滴でできている。日本国内での発生は稀である。

(5) 着氷性の雨（Freezing Rain）

地面や地物に当たって着氷を生ずる雨。0℃以上のところから降ってきた雨が、0℃以下の気層を通る間に冷えて過冷却になったものである。

例えば、温暖前線面の上方で生成された雨が前線面の下へ落ちてきたとき、このようなことが起こる。この雨が飛行中の航空機に当たって凍るときには雨氷型の着氷ができて危険である。日本国内での発生は稀である。この雨が滑走路や道路に降ると、一面に氷の膜で覆われて危険になる場合もある。

(6) 過冷翼への雨（Rain on Soaked Wing）

寒気団の中で、長時間飛行すると、燃料および主翼表面は過冷却状態になり着氷となる。機種によって燃料液面と主翼付根部上面外板との間に空気層（断熱面）ができにくいと、厚い着氷が発生しやすい。

7-3-4　フロー・オフ（Flow Off）特性

防除雪氷液は、離陸時のAir Speed、即ち、機体表面を流れる空気の力により、押し流され、空力的に影響が生じない量まで流れ落ちることが保証されていないと、クリーン・エアクラフト・コンセプトは守れない。

離陸時に防除雪氷液が機体から流れ落ちる性質をフロー・オフ特性と言う。

TYPE-Ⅱ、TYPE-Ⅳ、TYPE-Ⅲ防除雪氷液には前述のように増粘剤が添加されており、厚い塗膜が機体に付着するようになっているが、離陸時にフロー・オフするように、「静止状態では粘性が高いが、せん断力が加わると突然粘性が低下する」特殊高分子増粘剤を使用している。

この特殊高分子増粘剤は、一旦せん断力を受けて粘性が低下すると、元の粘性に戻るのに時間を要したり、戻らなかったりする。粘性が低下した防除雪氷液は、所定のホールドオーバー・タイムを得る事ができない。そのため、せん断力が加わらないようにして撒布できるように配慮された専用の除雪車も同時に開発された。

一方、TYPE-Ⅰ防除雪氷液は、増粘剤が入っていないので、フロー・オフ特性はグリコール濃度に依存する。

希釈されたTYPE-Ⅰ防除雪氷液は、サラサラなのですぐに流れ落ち、フロー・オフするので問題は無いが、グリコール80%の原液は、粘性が高く、充分にフロー・オフしない。従って、TYPE-Ⅰ防除雪氷液の原液を直接機体に撒布してはならない。

7-3-5　防除雪氷器材

(1)　デアイシング・カー（車両等）

大型除雪車：大型のタンクを持った除雪、防氷作業用。加熱装置を有する。TYPE-ⅠとTYPE-ⅡまたはTYPE-Ⅳが使用できる（**図7-6**）。

図7-6　大型除雪車

中型除雪車：中型のタンクを持った除雪、防氷作業用。加熱装置を有する。TYPE- Ⅰと TYPE- Ⅱ または TYPE- Ⅳが使用できる。

小型除雪車：小型機の除雪、大型機の足回りの除雪用。

(2)　その他の器材

スクイザ、スクレッパ、モップ、ほうき類、ロープ

これらの車両および機材類は、各航空会社が、降雪量、雪質などを勘案し、それぞれの空港に対し配備基準を決めている。

（以下、余白）

第８章　航空機地上支援器材

グランド・サポート・イクイップメント（GSE）

8-1　概要

グランドハンドリング作業は、専門的に多岐に別れており、多くの特殊器材が用いられている。そこで、この章では、それぞれの用途における代表的な器材を紹介する。

下の図はボーイング 777 の標準的な地上支援器材の配置を示したものである。

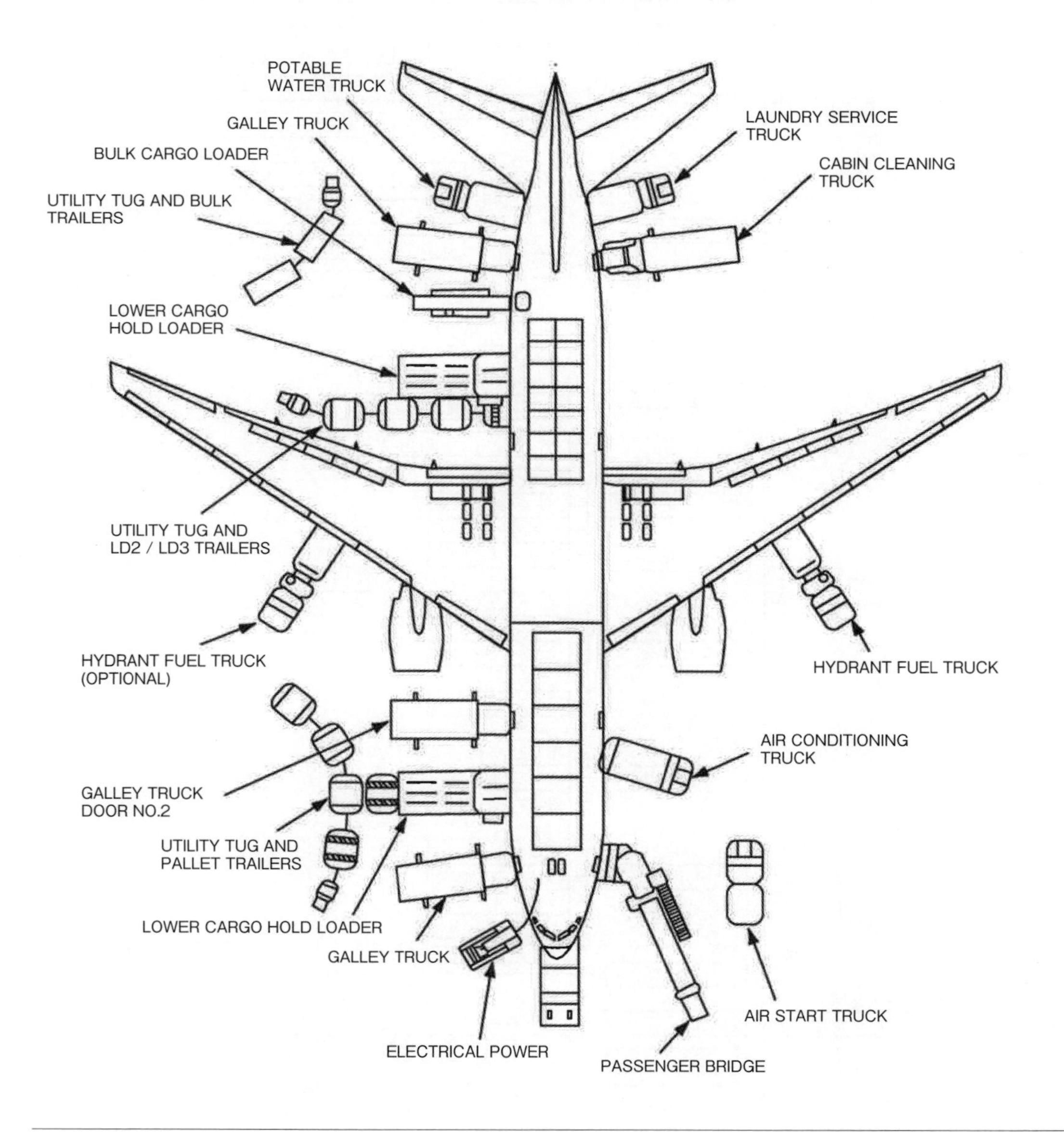

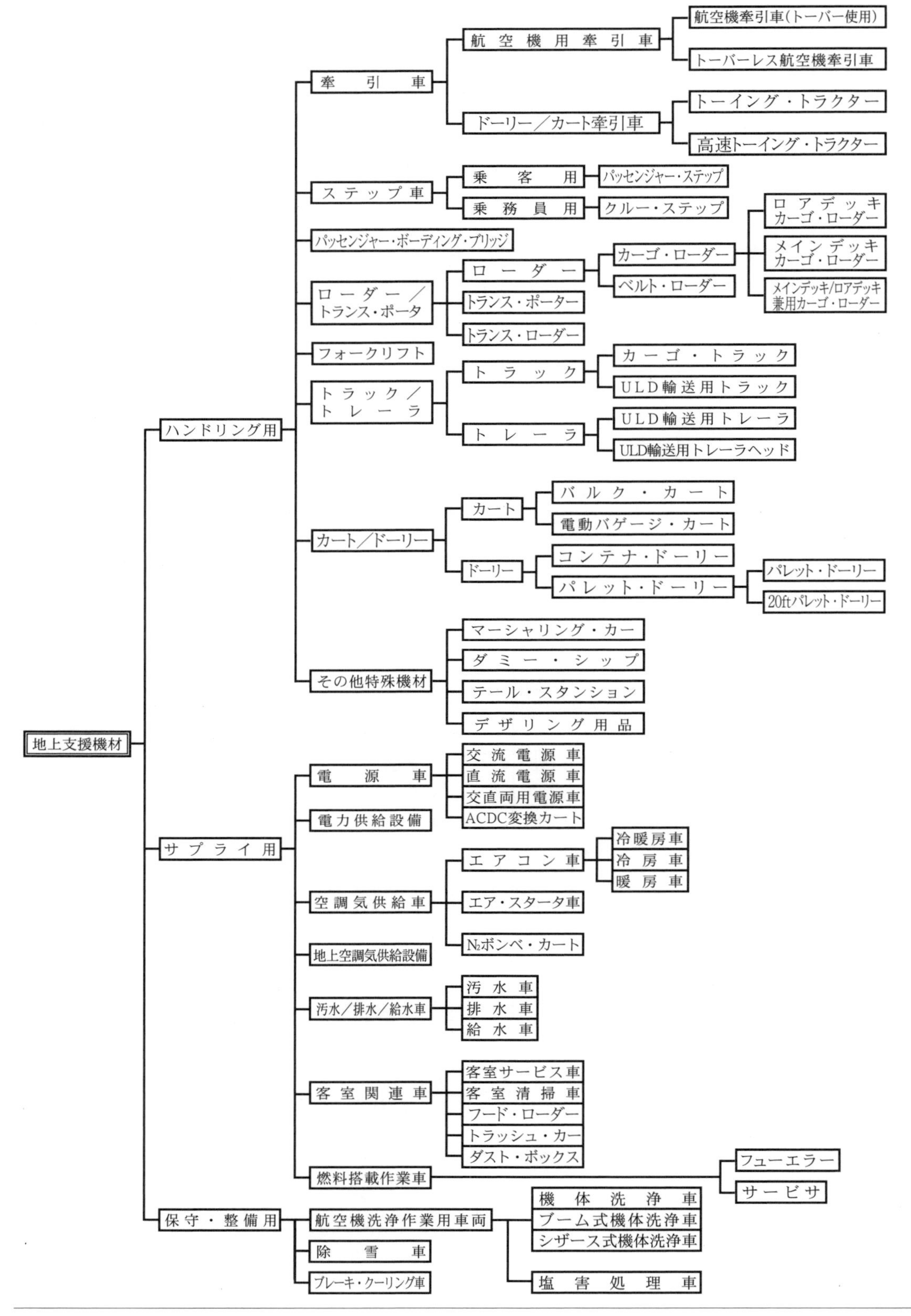
地上支援機材
ハンドリング用
牽引車
航空機用牽引車
航空機牽引車(トーバー使用)
トーバーレス航空機牽引車
ドーリー／カート牽引車
トーイング・トラクター
高速トーイング・トラクター
ステップ車
乗客用
パッセンジャー・ステップ
乗務員用
クルー・ステップ
パッセンジャー・ボーディング・ブリッジ
ローダー／トランス・ポータ
ローダー
カーゴ・ローダー
ロアデッキ カーゴ・ローダー
メインデッキ カーゴ・ローダー
メインデッキ/ロアデッキ兼用カーゴ・ローダー
ベルト・ローダー
トランス・ポーター
トランス・ローダー
フォークリフト
トラック／トレーラ
トラック
カーゴ・トラック
ULD輸送用トラック
トレーラ
ULD輸送用トレーラ
ULD輸送用トレーラヘッド
カート／ドーリー
カート
バルク・カート
電動バゲージ・カート
ドーリー
コンテナ・ドーリー
パレット・ドーリー
パレット・ドーリー
20ftパレット・ドーリー
その他特殊機材
マーシャリング・カー
ダミー・シップ
テール・スタンション
デザリング用品
サプライ用
電源車
交流電源車
直流電源車
交直両用電源車
ACDC変換カート
電力供給設備
空調気供給車
エアコン車
冷暖房車
冷房車
暖房車
エア・スタータ車
N2ボンベ・カート
地上空調気供給設備
汚水／排水／給水車
汚水車
排水車
給水車
客室関連車
客室サービス車
客室清掃車
フード・ローダー
トラッシュ・カー
ダスト・ボックス
燃料搭載作業車
フューエラー
サービサ
保守・整備用
航空機洗浄作業用車両
機体洗浄車
ブーム式機体洗浄車
シザース式機体洗浄車
塩害処理車
除雪車
ブレーキ・クーリング車

8-2　ランプ・イン／アウト作業用 GSE

8-2-1　トーイング・トラクター

航空機をトーイングおよびプッシュ・バックするための車両で、トーバーを使用するものと、使用しないものがあり、一般的にトーイング・トラクターと呼ばれる。

＜資格・作業安全上の注意事項＞

i　社内資格が必要で、1年ごとのトーイング技量維持訓練の中で技量確認を行っている。

ii　訓練にはダミー・シップまたは実機を使用する。

※一部の会社では、効率化を目的に VR（Virtual Reality）やシミュレーションによる訓練も取り入れられている。

iii　速度制限を遵守し、急発進・急停止・急旋回など、急のつく作業を避ける。

iv　ほかの航空機の動向に十分注意する。

v　航空機をトーイングする場合は、地上・航空管制官に対し、所定の連絡を行い、その指示に従う。

a．トーバー使用トーイング・トラクター（図 8-1）

このタイプのトーイング・トラクターは、トーバー（Towbar）を介して航空機のノーズ・ランディング・ギアに接続される。車両重量にはいろいろ種類があり、航空機の重量によって使い分けされている。また、プッシュ・バック専用のものもある。

b．トーバーレス・トラクター（図 8-2、8-3）

直接航空機のノーズ・ランディング・ギア（またはメイン・ランディング・ギア）を抱え込むもので、トーバーを使用するものより、より高速（性能的には時速 30km/h）でトーイングすることが可能である。

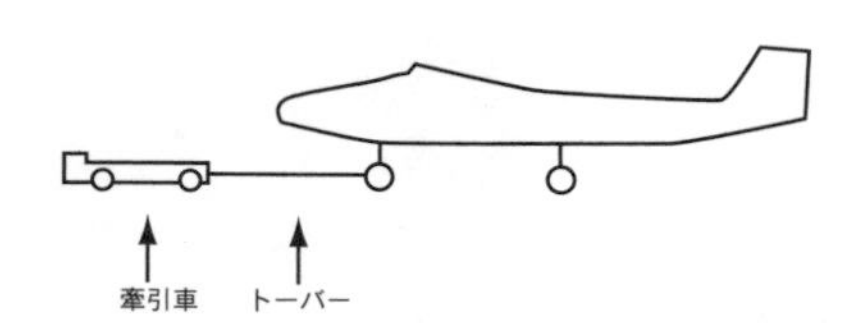

図 8-1　トーバー使用トーイング・トラクター

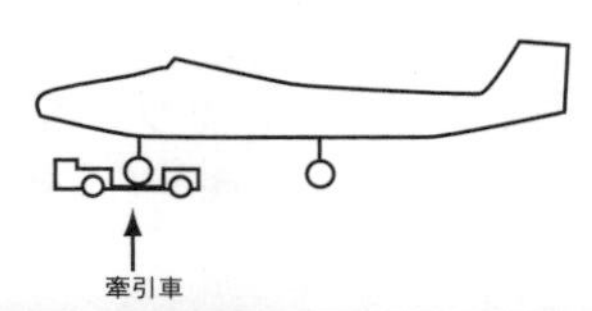

図 8-2　トーバーレス・トラクター

図 8-3　トーバーレス・トラクターが航空機の前輪を抱え込んだ状態

図 8-4　767、777、A350、A340、A330 トーバー

なお、使用に際しては、当該航空機メーカーの承認を得る必要がある。

8-2-2　トーバー（図 8-4、8-5）

プッシュ・バックや航空機の駐機場や整備場への移動には、トーイング・トラクターが使用される。その際､航空機のノーズ･ランディング･ギアとトーイング・トラクターを連結する棒がトーバーである。トーバーは、図のように機種ごとに異なっている。

なお、1990年代に入ってトーバーを使用しないトーバーレス・トラクターが導入された。

図 8-5　ボーイング737用トーバー

8-2-3　マーシャリング・カー（図 8-6）（Marshalling Car）

航空機をスポットに誘導する場合、マーシャラーは、通常、コックピットからよく見える地上に立って誘導を行う。しかし、スポットの形状によっては、地表面上からでは的確に誘導できないことがある。マーシャリング・カーは、このような場合に誘導員の位置を高くして誘導するための車両である。

図 8-6　マーシャリング・カー

＜資格・作業安全上の注意事項＞

i　普通免許が必要で、運転、操作、高所作業車の取り扱いに関する社内教育を受講していること。

ii　作業位置が高いので、強風に注意する。

8-2-4　ダミー・シップ（Dummy Ship）

航空機のトーイングやプッシュ・バックの訓練のために、実機のノーズ・ギアの大きさや配置をある程度模倣して作られた訓練用の器材である。トーイング・ダミーとも呼ばれ、実機を牽引するときと同じような動きや感触が得られる。

なお、小型機から大型機までを同一のダミー・シップで模擬できるように各車輪の前後、左右間の距離を調節できる方式のもの（伸縮型）もある。

＜資格・安全上の注意事項＞

i　トーイング訓練時は、実機のトーイングを模擬して急発進・停止は極力避け、また旋回角度は45°以下とする。

8-3　搭載／取り降ろし作業 GSE

8-3-1　パッセンジャー・ステップ車（旅客・乗員用）

※詳細は、「11-6 不安全事象（例）」を参照

車両の高さが高い車両は、固定橋の下は原則走行禁止

a．パッセンジャー・ステップ（旅客・乗員用）（図 8-9）

旅客が航空機に搭乗・降機するためのパッセンジャー・ステップには、雨風に触れないキャノピーを装備したものと、キャノピーのないものがあり、トラック・シャーシに架装した自走車両式とスタンド型の非自走式がある。

パッセンジャー・ステップは、その種類によって床面の高さが異なり、機種ごとにある程度使い分けがされている。なお、ステップ床面先端と機体のすきまが、旅客の乗降や貨物の搭降載にともない上下に動くため、パッセンジャー・ステップ床面先端部は機体に装着したままの状態で高さとすきまを調整（約 20 ～ 30cm）できるようになっているものもある。

また、自走車両式には、後方確認のためのカメラが装備され、運転席のモニターで後方の確認ができるようになっている。

また、体の不自由な人や高齢者用にリフト装置を取り付けたパッセンジャー・ステップもある。

図 8-9　パッセンジャー・ステップ

＜運転資格・作業安全上の注意事項＞

i　パッセンジャー・ステップの大きさにより普通車免許または大型、大型特殊免許が必要で、さらに社内訓練を受けた後、試験に合格して社内認定を受ける必要がある。

ii　ステップを伸ばした状態での走行は、航空機への装着・離脱時に限られており、さらに急ブレーキ、急ハンドル・急旋回の操作は厳禁である。

iii　空港制限区域内の走行スピードは時速 30km/h 以下に制限されている。（航空機に向かって 30m 以内は 15km/h 以下、5m 以内は 8km/h 以下）

表 8-1　パッセンジャー・ステップの例

<table>
<tr><th>形式／略称</th><th>ステップ床面高さ</th><th>対象航空機（例）</th></tr>
<tr><td>MPS／PS</td><td>1,940～2,260mm</td><td>MD-90</td></tr>
<tr><td>10型／PT</td><td>2,400～2,800mm</td><td>737</td></tr>
<tr><td>PES-420／PS</td><td>2,385～4,330mm</td><td>A320, A321</td></tr>
<tr><td>500型／PT</td><td>2,460～4,200mm</td><td>737, 767</td></tr>
<tr><td>PES-530／PS</td><td>3,100～5,300mm</td><td>MD-11, 767
777, 747</td></tr>
<tr><td>300型／PT</td><td>3,800～4,960mm</td><td rowspan="3">767, 777, 747
A300-600, DC-10,
MD-11</td></tr>
<tr><td>PSC／PS</td><td>3,520～5,150mm</td></tr>
<tr><td>PES-750／PS</td><td>3,020～5,480mm</td></tr>
</table>

図 8-10　クルー・ステップ（非自走車両）

iv　車両の高さが高いので固定橋の下を通過できない。

v　ステップ車は、総体的に重心位置が高く、急ハンドル操作により横転した例もある。

ｂ．クルー･ステップ（乗員用）（図 8-10）

乗員や整備員が機体へ乗降するためのステップで、一般に大型航空機（747F 貨物専用機等）用は自走型であるが、中型航空機用はスタンド型の非自走である。

＜運転資格・作業安全上の注意事項＞

i　自走車は、大型免許が必要である。さらに社内訓練を受けた後、試験に合格して社内認定を受ける必要がある。

ii　ステップの運転席が、車体の左側上部に位置し、車両の重心が左上にあるため、左折時には、時速 5km 以下に速度を落とさないと横転する危険が高い。さらに急ブレーキ･急ハンドル操作は厳禁である。

8-3-2　パッセンジャー・ボーディング・ブリッジ（PBB）（図 8-11、8-12、8-13）

※詳細は、「11-6 不安全事象（例）」を参照

接近する PBB の車輪

パッセンジャー・ボーディング・ブリッジ（PBB）とは、旅客ターミナル・ビルと航空機を結ぶ伸縮式のトンネルのことである。乗降客はこれを利用することで、風雨、ジェット・ブラストの影響を受けることなく、また地上支援器材の各車両と交差することなく安全、快適、迅速に航空機に乗降することができる。

PBB は、駆動方式により油圧式と電気式の 2 種類に大別される。

ａ．操作方法

PBB の運転者（操作者）は、キャブに設置されている操作盤にて各種スイッチ類を操作し、航空機に対し装着（離脱）させる。運転操作には、社内資格が必要。

図 8-11　パッセンジャー・ボーディング・ブリッジ

図 8-12　パッセンジャー・ボーディング・ブリッジ
航空機との接続部

b．整備

整備を実施する者は、設備や非常時の対応等に十分熟知した作業者が行う。

整備方法は、器材の分解等を伴わない整備と分解等を伴う重整備に分けて行う。分解等を伴わない整備については、PBB が使用されていない時間帯に行い、分解等を伴う重整備については、PBB の使用を一時停止させ行う。

図 8-13　操作盤

8-3-3　カーゴ・ローダー（Cargo Loader）

カーゴ・ローダーは大別して 6 種類あり、荷台の昇降機能と ULD の移送機能を備えている。また機種や貨物搭載場所に応じ使い分けする。

＜資格・作業安全上の注意事項＞

i　車格により、普通車・大型特殊免許とともに、社内訓練を受けた後、試験に合格して社内認定を受ける必要がある。

ii　各車両のスイッチおよびレバーを操作する際は、スイッチおよびレバーを目視確認後、操作する。

iii　雨天時はプラットホームが滑りやすいため、足場の確保が必要である。
*晴天時においても、タイヤやベルトが回転しているときは、稼動部に乗ってはならない。

iv　速度制限は、15km/h。高速搬送ローダーは、30km/h。また、晴天時でも移送装置の回転中は乗ってはならない。

図 8-14　ロア・デッキ・ローダー

a．ロア・デッキ・ローダー（図 8-14）

一般にはハイリフト・ローダーと呼ばれ、航空機下部（ロア･デッキ）貨物室や上部（メイン･デッキ）貨物室への ULD の搭降載に使用する車両で、器材のローダー幅は 60.4in、96in、125in の 3 種類がある。ローダーより長い車両等が航空機近辺に装着されていると、ULD 運搬用のドーリーをローダーに装着できないため、ローダー・エクステンション（延長トレーラー）を接

表 8-2　メイン・デッキ・ローダー

呼称	マスト	荷台	対象機／貨物室(例)
MD-L	4本	1	ﾎﾞｰｲﾝｸﾞ777等
MD-T	2本	2	ﾎﾞｰｲﾝｸﾞ777 ﾎﾞｰｲﾝｸﾞ767下部貨物室等
MD-N	なし	1	ﾎﾞｰｲﾝｸﾞ777 ﾎﾞｰｲﾝｸﾞ767下部貨物室等
(注)MD-NはMD-Lを改良したものである			

続した車両もある。

b．メイン・デッキ・ローダー（図 8-15）

主に貨物機の上部貨物室（メイン・デッキ）等への ULD の搭降載に使用する車両で荷役性能は、13.5 t と 27.0 t がある。

c．ベルト・ローダー（図 8-16、8-17）

エンジンから駆動された油圧ポンプの動力でベルトを回転させ、航空機のバルク貨物室に貨物や旅客手荷物等を積み降ろすための車両である。雨天時に貨物等が濡れないようキャノピーを付けたものもあり、ベルトの長さは 7m と 4m の 2 種類がある。

d．トランス・ポーター（図 8-18）

ULD を積載し、搬送したり、ULD をトラックの荷台高さに合わせて搭載・取り降ろしを行ったり、高さの違う場所へ移動したりするのに使用する車両である。

図 8-15　メイン・デッキ・ローダー

8-3-4　フォークリフト（Forklift）

空港内で使用されるフォークリフトは、エンジン駆動式と蓄電池式の 2 種類がある。これらはいずれも貨物、手荷物の搭降載に使用されており、同級の自動車に比べて、車両重量、駆動力が大きい。

図 8-16　ベルト・ローダー（キャノピなし）

図 8-17　ベルト・ローダー（キャノピあり）

図 8-18　トランス・ポーター

特徴としては、

(1)　車両の長さは 2.5 〜 5m 位、通常は 2.5m が主に使用されている。

(2)　各装置はコンパクトにまとめられ、旋回半径が小さく、前輪駆動、後輪操向方式である。

(3)　低速走行（港内 8 〜 15km/h）が原則で、荷物積載時は前方視界が悪いため、基本は後退走行である。

(4)　前部に荷重がかかるため、車体の後部にバランス・ウエイトがある。

＜資格・安全上の注意事項＞

i　普通免許（小型特殊免許）。1,500cc 以下の車両で全長 4.7m 以下、全幅 1.7m 以下、全高 2.0m 以下、速度 15km/h 以下。

ii　大型特殊免許。

iii　構内運転：最大荷重が 1 トン以上の車両は技能講習修了済免許証を保持していなければ荷役作業に従事してはならない。

iv　その他：空港内ハンドリング会社によるが、社内資格として大型特殊免許とフォークリフト技能講習修了証を保持していなければ運転許可を与えていない会社もある。

8-3-5　テール・サポート・スタンション（図 8-19）

テール・サポート・スタンションはボーイング 747F（フレイター：貨物機）や貨客混載機用の特殊ジャッキで、貨物積み降ろし時に機体尾部（アダプティングポイント）にセットし、機体の縦軸を安定させるためのものである。

ハイドロ・シリンダーは 3 本の支柱により支えられており、移動用のキャスタは、スプリングテンション式で自重を支えるだけである。

機体尾部が上がるとハイドロ・ピストンはその動きに追随し、リザーバー・タンクよりオイルを吸い込む。逆に、機体が下がり 2 万 5 千ポンド（11,340kg）以上の圧力がかかると、プレッシャー・ストップバルブが開き、ピストンが下がるとともに、リザーバータンクへオイルが戻る。

また下降圧力が2万5千ポンド以下になるとバルブは閉じる。

＜資格・作業上の注意事項＞

i　オイル漏れがないことを確認する。

ii　牽引前にはシリンダが最下降になっていること。

iii　牽引時は、2 人で作業し、狭い場所や翼端付近を通過する際の安全確認を的確に行う。

[諸元]

キャパシティ	11,340kg (25,000lb)
最低の高さ	5,300mm (208.64ft)
ハイドロリフト	1,800mm (70.87ft)
最高の高さ	7,100mm (279.57ft)
キャスター周	1,600mm (62.94ft)

図 8-19　テール・サポート・スタンション

iv　時速 5km/h 以下で牽引する。

v　航空機尾部へは右側から接近し、途中で牽引車から切り離し、尾部下まで人力で移動する。

vi　航空機尾部への装着状況を上部踊り場から確認する際には安全ベルトを装着する。

vii　テール・サポート・スタンション使用時においても、後方への偏荷重には十分に注意すること。

図 8-20　ノーズ・テザーリング・デバイス

8-3-6　ノーズ・テザーリング・デバイス（図 8-20）

ノーズ・テザーリング・デバイスとは、搭降載作業中における機体の縦軸を安定させるため、航空機の前脚（ノーズ・ランディング・ギア）停止位置の左右にある止め具（アンカー）に、固定するデバイスである。

＜資格・作業安全上の注意事項＞

i　前脚をアンカーに繋留する際に、スリングが脚の配線用導管に掛からないように、またよじれが生じないように注意する。

ii　スリングには装着状態で前脚の左右で均等に緩みを持たせる。

iii　搭降載作業中、スリングが張りすぎないように注意する。

8-4　搭載／取り降ろし業務用 GSE

8-4-1　ドーリー／カート牽引車（Dolly Cart）

※詳細は、「11-6 不安全事象（例）」を参照

牽引車に Tow Bar 接続時は、操作線上に手を置かない！

貨物コンテナなどを乗せた各種のドーリー／カート類を牽引する車両で次のような２種類に分類される。

＜資格、作業安全上の注意事項＞

i　普通免許保持、社内資格取得が必要

ii　制限速度を守り、かつ航空機周辺での急激な発進、停止、旋回は厳禁である。

iii　ドーリー／カートの内輪差を考慮する。

a．トーイング・トラクター（TT 車）（図 8-21）

コンテナ・ドーリー、パレット・ドーリー、バルク・カート、車輪付機材、N2 カート等の非自走車を牽引する車両である。

b．自動運転トーイング・トラクター（図 8-21a）

GPS や各種センサーを使用して、指定した経路上を自動で走行するトーイング・トラクターであり、将来的には制限区域内における無人運転の実現を目指している。

c．高速トーイング・トラクター（TTC）（図 8-22）

より高速（性能的には時速 30km/h）で高速コンテナ・ドーリー等を牽引するトラック・タイプの車両である。

図 8-21　トーイング・トラクター

図 8-21a　自動運転トーイング・トラクター

8-4-2　トラック／トレーラー

トラック／トレーラーは、航空機に搭載される手荷物や貨物を搬送するための器材で、次のように分類される。

a．トラック

(1)　カーゴ・トラック（**図8-23**）

航空機に搭載するバラ積みの手荷物、貨物、郵便、航空機部品などを運搬する車両で、一般トラック、テールゲート付、荷台内コンベア付、荷台昇降装置付、荷台容積可変式などがある。

<資格、作業安全上の注意事項>

i　普通免許保持、操作には社内資格取得が必要

ii　空港内制限速度（30km/h）を守る。

iii　航空機方向に後退する際は、誘導者を配置する。

図 8-22　高速トーイング・トラクター

図 8-23　カーゴ・トラック

8-4-3　ドーリー／カート

ドーリー／カートは、航空機に搭載される手荷物や貨物を搬送するための機材で、次のように分類される。

ａ．ドーリ

⑴　コンテナ・ドーリー（**図8-24**）

航空機下部室専用コンテナの運搬用の非自走式車両で、トーイング・トラクターによって牽引される。

種類としては、標準タイプ、慣性ブレーキ付タイプ（高速型）4 輪操舵タイプ、LD-11 コンテナ専用タイプ（LD-3 コンテナ 2 台搭載可能）等がある。荷台は 1、2 または 3 個に分割されており（おのおの 1、2 または 3 テーブル／ヘッド・タイプと呼ばれる）、上面には移送ローラーを備え、主テーブル／ヘッドは回転式となっている。

また、牽引方向が一方向のものと双方向のものとがある。

図 8-24　コンテナ・ドーリー（2BED タイプ）

⑵　パレット・ドーリー（**図8-25**）

貨物機および下部貨物室用のパレット〔最大 96in(244cm) × 125in(318cm)〕を運搬する非自走式車両で、トーイング・トラクターによって牽引される。荷台上面は移走ローラー、キャスターまたはボール・ベアリングを備え、搭降載方向に縦取り型と横取り型があり、ドーリ上面が回転できるものもある。また、牽引方向が縦方向のものと横方向のものとがある。なお、各種コンテナ積載も可能なようにストッパーを設け、汎用性を持たせたものもある。

図 8-25　パレット・ドーリー

貨物専用機に搭載する長さ 20ft（601cm）のコンテナやパレットを運搬する大型非自走車両で、パレット･トレーラーとも呼ばれ（**図8-26**）、トーイング・トラクターによって牽引される。通常縦取り型で荷台上面には移走用ローラーに加え、手動式の駆動ローラーを備えている。

図 8-26　パレット・ドーリー（20FT）

b．カート

(1)　バルク・カート（**図8-27、-28**）

航空機のバルク貨物室に搭載する手荷物、貨物や、犬、猫等の生き物を運搬する非自走式車両で、バゲージ･カート、カーゴ･カートとも呼ばれる。

一般にボックス型（3方向がパネルで、積み込み口には貨物落下防止用ネット、天井には雨天シートを備えたもの、またははね上げ式の屋根兼入り口扉を備えたもの）であり、トーイング・トラクターにより牽引される。台車にボックスを搭載したものもある。

図 8-27　バルク・カート

図 8-28　バルク・カート

(2)　電動バゲージ・カート

電動で自走する手荷物運搬用車両を電動バゲージ･カートといい､主にソーティング･エリア（手荷物仕分け場）で使用する。

なお、ドーリー／カート牽引に際しての注意事項等は次のとおり。

＜資格、作業安全上の注意事項＞

i　普通免許、牽引免許保持で社内資格が必要である。

ii　牽引開始前にドーリーの各ストッパーが完全にセットされていることを確認すること。

iii　制限速度を守り、かつ航空機周辺での急激な発進、停止、旋回は厳禁である。

iv　カート／ドーリーの内輪差を考慮する。

（以下、余白）

8-5　機体サービス作業用 GSE

8-5-1　ブーム式機体洗浄作業車（図 8-29）

この器材はボーイング 777 の主翼および尾翼の上面、コクピット上面の高さまで昇降し、人間の腕のような動きをする「折れ曲がり式ブーム」が取り付けられている。さらに、ブームの先に作業者が乗るゴンドラが取り付けられ、除雪作業などの用途も備え、機動性に優れている。

図 8-29　ブーム式機体洗浄作業車

8-5-2　シザース式機体洗浄作業車（図 8-30）

作業台の地上高が 2m から最大 9m までの間で任意に止めて作業ができる。

この器材は、ボーイング 777 などの大型機の尾翼部のクリーニングに使用する。洗浄水噴射装置が装備され、必要時には 55cm 張り出すことができるプラットホーム（張出式足場）が収納されている。

図 8-30　シザース式機体洗浄作業車

8-5-3　除雪車（図 8-31）

この器材は、大型クレーンの先のゴンドラに乗ったままブームを操作し、ノズルの先端を機体の約 1m まで近づけ、80℃の温水をジェット噴射拡散散布して、機体全体に積もった雪を、2 台、約 10 分で取り除くことができる。

また、高圧の放水により作業時間の短縮が可能で、凍結防止剤も少量で済む。ゴンドラはキャビンになっており、ヒーターが入るようになっている。

図 8-31　除雪車（SPK）

8-5-4　汚水車（ラバトリー・カー）（図 8-32）

航空機の汚水タンクから汚水を抜き取り洗浄する車両で、ラバトリー・カーと呼ぶ。航空機への装着時に誘導者がいなくても安全に行われるワンマン・タイプの車輌もある。ワンマン・タイプは前後に運転席を設け、全高を低くして作業台が 1m 前方に伸びる機構を備えている。

ラバトリー･カーは汚水用タンク（約 2,000 ℓ）と清水用タンク（約 2,000 ℓ）、給排出ホースと給水装置（最大圧力 3.0kg/m^2）で構成される。

図 8-32　ラバトリー・カー

8-5-5　排水車（図 8-33）

航空機に搭載されている飲料水は、1 日以上溜め置きできないため夜間に入れ替えを実施するが、その際に飲料水を抜くために使用する自走式の排水タンクを装備した車両である。ボーイング 777 の就航に伴い航空機の排水口の位置が高くなったため、リフト装置を装備している。

図 8-33　排水車

8-5-6　給水車（ウォーター・カー）（図 8-34）

航空機に飲料水を供給するための車両で、水タンク（約 4,000 ℓ）、給排水ホース、給水装置（最大圧力 3.0kg/m^2）で構成される。ほとんどのものが自走式である。

図 8-34　給水車（ワンマン・タイプ）

最近のウォーター・カーは、従来車体タンク側に設置されていた給水操作を全部作業台上に配置してあり、これまで地上の操作盤で行っていた給水圧力・流量の操作調整を、作業台上の操作者（運転者）がすべてできるよう効率化が図られている。給水車も汚水車と同様にワンマン・タイプが導入されている。

8-5-7　電源供給

航空機の動力（電力、空調等）は、通常飛行中には航空機のエンジン、またはAPU（Auxiliary Power Unit）より得られる。航空機が駐機している場合には機体に装備されている補助動力装置（APU)、もしくは航空機に備え付けられた外部電源レセプタクルを経由して地上から電気の供給を受けている（現在の航空機用の電源は、ジェット機では主に400Hzの三相交流電源を、プロペラ機では主に28Vの直流電源を採用している)。航空機が400Hzの周波数を採用しているのは、搭載する電気機械や変圧器を製作する際、商用周波数のものと比較して重量が軽くてすむからである（鉄心やコイルの重量を1/6～1/8程度に抑えられるためである)。

駐機中の航空機への電源供給は、電源車またはランプに設置された電気供給設備より行う。近年は大気汚染改善、騒音の減少など、地球環境問題に寄与することで、APUを停止し、地上動力設備を使用することが推進されている。

a．電源車

電源車は、車両（非自走車両を含む）にディーゼル・エンジンを利用した発電機ユニット等が搭載されており、供給する電源の種類から、交流電源車、直流電源車、直交流電源車に分類される。

(1)　交流電源車

交流電源車（**図8-35、8-36、8-37**）は、航空機に供給するための電力（三相4線、AC115V/200V、400Hz）を発生させる発電気系統、発電機を駆動するためのエンジン系統、エンジンの回転数および発生電力を制御するための制御系統、異常時に機材等を保護するための安全装置系統により構成されている。

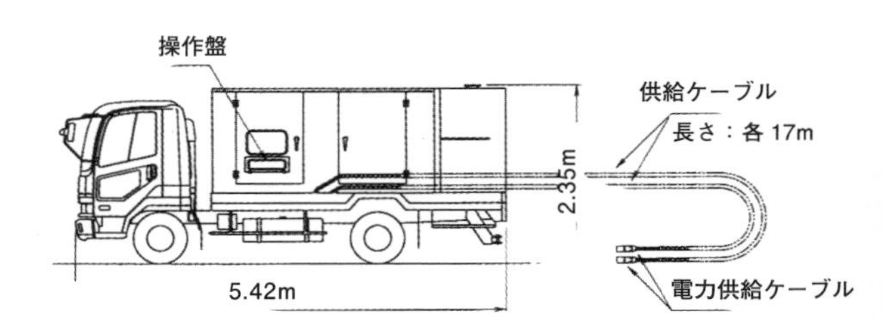

図8-35　交流電源車概略図（AC/DC変換装置搭載）

また、これらの各系統に加えて、発生させた電力を航空機へ供給するための航空機接続用ケーブル類も装備されている。

図8-36　交流電源車外観

(2)　直流電源車

直流電源車は、直流エンジン発電機を搭載したものと、専用バッテリーを搭載したものがある。

また、航空機用交流電源からDC28Vを得るために AC/DC 変換装置（**図8-38**）もある。この装置を交流電源車に搭載しておけば、AC、DC 両方の供給に対応が可能となる。

b．地上電力供給設備（図 8-39、8-40）

一般的には、電力会社または、空港ビル等より受電した高圧（6.6kV）の商用電力を電気室のトランスで低圧 440V にし、各スポットまで配電する。各スポットに設置された電力変換装置によって航空機用電源の 115/200V、400Hz、三相 4 線式に変換し、埋設配線を経由して、ピットまで配電される。そしてピット内部に収納された特殊ケーブルと電力プラグを航空機に接続し、電力が供給される。

なお、プロペラ式の小型機では、直流の 28V 電力が主電源として使用されている。

c．航空機牽引（トーイング）時の電源供給（図 8-41）

「トーイング」するために電源を必要とする理由として、主に緊急時に備え航空機のブレーキ・プレッシャーをハイドロ・ポンプにて規定の圧力まで加圧させ、また最終目的地でパーキング・ブレーキを掛けるために使用している。

図 8-37　交流電源車（AC/DC 変換装置搭載）

図 8-38　AC/DC 変換装置／外観

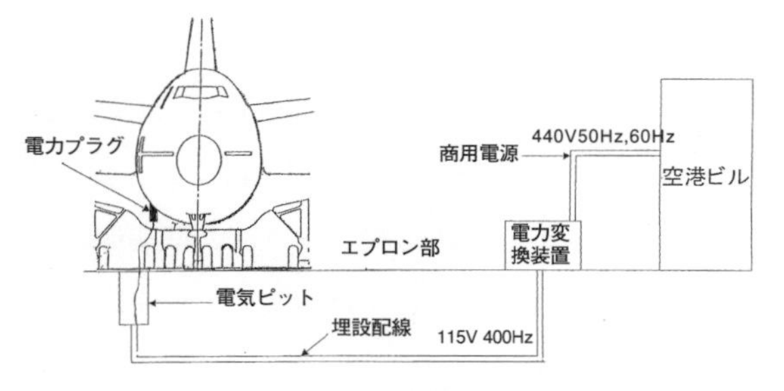

図 8-39　地上電力供給設備概略図

図 8-40　地上電力供給

図 8-41　トーイングカーによる電源供給

その他、空港内を「トーイング」する際、航空機の「ナビゲーションライト」や「アンチコリジョンライト」は航空法により点灯させる等、航空機への電源供給は「トーイング」時必要不可欠となる。

航空機を「トーイング」をする場合、上記理由などにより電源供給が必要となるため、トーイング・トラクタには走行するためのエンジンの他に、航空機に電源を供給する別のエンジンも搭載しているものが一般的に使用される。なお、このエンジンの電力変換装置は地上電力供給と同じ構造に設定されている。

8-5-8　空調気供給

エンジン、APUとも作動していないときの機内のエア・コンディショニングは、地上施設からの供給で行われる。地上空調供給方法は、エア・コンディショニング・カーによるものと、ランプに設置された空調設備を用いる場合とがある。

a．エア・コンディショニング・カー
(図 8-42、8-43、8-44)

エア・コンディショニング・カーは自走車両に、エアコン供給のために必要な設備と、これらの器材の電源としてディーゼル・エンジン発電機を搭載したもので、供給目的から次のように分類できる。

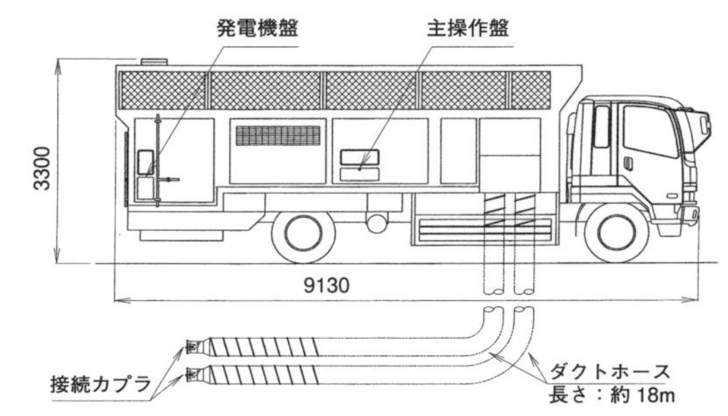

図8-42　エア・コンディショニング・カー概略図

(1)　冷暖房車

航空機に地上で冷暖房用空気を供給するための自走車両で、通常中型機（ボーイング737）には容量が60冷凍トン、大型機（ボーイング777等）には100冷凍トン程度のものが使用される。

図8-43　エア・コンディショニング・カー外観

冷暖房車は、航空機に冷暖房気を供給するための送風機、送風空気を冷却したり加熱するための熱交換器、冷却加熱の熱源となる冷凍機器やヒータ、これらの動力源となるエンジン発電機、エンジンや各機器を制御するための制御機器、異常時に機器等を保護するための安全装置等により構成されている。

また、これらに加えて、冷暖房気を航空機へ供給するための伸縮性のダクト・ホースと

図8-44　供給状況の一例

航空機に接続するカプラーも装備されている。

<資格・作業安全上の注意事項>

比較的大型の冷蔵設備になると、高圧ガス保安法の規制を受ける設備に該当する。そのため、一台1人の保安責任者の選出と、オペレーターに対して毎年の保安教育が必要となる。また、定期的な高圧ガス保安検査も受けなければならない。

(2) 冷房車

主に温暖な地域で航空機に冷房用空気を供給するための車両で、自走式のものが多いが、非自走式もある。

(3) 暖房車

主に寒冷地で航空機に暖房用空気を供給する車両で、昼間およびナイト・ステイ機の深夜暖房に使用される。

b．地上空調気供給設備（図 8-45、8-46）

一般的には、空港ビル内で、地域冷暖房プラント等から供給された冷水または、蒸気等を受給し、機械室のポンプにより各スポットへ冷水または、温水を循環させる。各スポットの空調機ユニット（熱交換器、送風機等）によって外気と熱交換する。

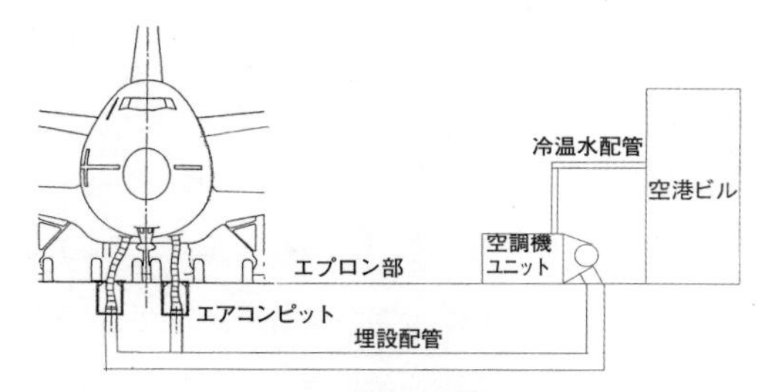

図 8-45　地上空調気供給設備概略図

ここから吐出される冷房気または、暖房気は、エプロン舗装下に埋設設置されたダクトを通して、ピットに収納されている空気接続ホースとカプラを航空機のグラウンド・コネクションに接続する。

図 8-46　地上空調気供給

空調機ユニット内には航空機に空気を送り込むための高静圧型の送風機、熱源と空気の熱のやりとりをする熱交換器、冷房気の温度を下げる冷凍機器などがパッケージされている。

地域冷水の温度は 6 ～ 7℃程度である。そのため、冷房時に必要な低温度を得るためには、冷水コイルを出た空気をさらに－ 2℃まで冷却する冷凍装置が必要となる。温水の温度は 50 ～ 60℃であるので、この熱源だけで必要な暖房気を得ることができる。

8-5-9　エア・スターター・ユニット（Air Starter Unit）

中・大型ジェット機のエンジン始動は、時には地上支援器材を使用することがある。この地上機材をエア・スターター・ユニットという。エア・スターター・ユニットから吐出される圧縮空気は、航空機接続口から流入されエンジンに装備された空気始動機まで導かれる。

エア・スターター・ユニットは、一般的に車両（非自走車両を含む）に搭載されており、圧縮空気が繰り返し吐出できるコンプレッサー装備型と、吐出回数に制限のある簡易型に分けられる。

また、コンプレッサーから吐出される圧縮空気は、専用の航空機接続用具（供給ホースおよび接続カプラ）（**図8-47**）にて航空機の接続口へ送られる。

図 8-47　航空機接続用（カプラー・ホース）接続例

なお、供給ホースは耐圧、耐熱、耐油、抗菌性に優れ、柔軟性を兼ね備えている。

(1)　コンプレッサー装備型（**図8-48、8-49**）

コンプレッサーを装備するエア・スターター・ユニットは、空気を圧縮し吐出するコンプレッサー系統、コンプレッサーを駆動するエンジン系統、圧縮空気の圧力を制御する空気圧制御系統、異常時に器機等を保護する安全系統の4系統から構成される。

これらの系統に加え、圧縮空気を航空機へ送り込むための航空機接続用具も装備されている。

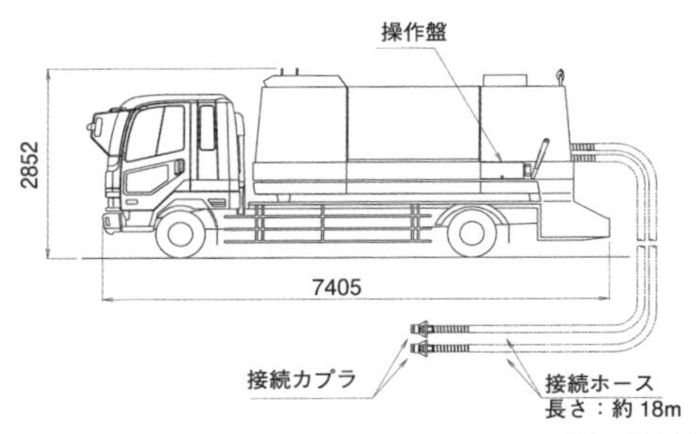

図 8-48　エア・スターター・ユニットの外観寸法例

図 8-49　コンプレッサー装備型エアスターター・ユニット

8-5-10　ブレーキ・クーリング車（図 8-50）

本装置は、台車の上に搭載されたガソリン・エンジンによりターボファンを駆動し、航空機の過熱したブレーキをタイヤの外側からの周囲の過熱空気を吸引し、ブレーキの蓄熱を奪い冷却するものである。

ダグラス（現ボーイング社）製の航空機は、ブレーキ装置にクーリングファンが装備されて

図 8-50　ブレーキ・クーリング車

いないため、主に DC-9、DC-10 に使用されている。通常の運航ではブレーキ温度は 200℃を超えないが、着陸後 10 ～ 15 分経過後で外気温が高い時（夏季）この数値を超えることがある。機種により相違はあるが、温度伝達の遅れを見込み 120 ～ 180℃以上にあるとき、クーリングが行われている。

なお、開発は日本国内で行われ、国内ほとんどの空港に便数に応じて 1 ～ 3 台配備されている。

8-6　客室サービス作業用 GSE

客室作業には、クリーニング作業、客室用品の搭載・取り降ろしおよびセッティング、その補充作業などがある。

8-6-1　機内クリーニング作業

航空機の客室内に、機内サービス品を搭載・降載するため、トラックの荷台を上昇させ、効率よく作業を実施する車両である。

＜資格・作業安全上の注意事項など＞

i　普通車・大型車免許とともに、社内訓練を受けた後、試験に合格して社内認定を受ける必要がある。

ii　速度制限は 30km/h。機体に向かって走行するときは、30m 以内接近時は 15km/h。5m 以内接近時は 8km/h となる。また、装着前にいったん停止する。

iii　所定の教育訓練（安全関係、空港管理規則、作業心得、機種概要、クリーニング作業手順など）を受講し、修了しなければならない。

iv　作業はチームを組んで実施するが、所定の腕章または作業帽を着用した作業責任者が配置され、作業の最終確認を実施する。

a．キャビン・サービス・カー（図 8-51）

機内クリーニング作業のため、航空機後方ドアに装着し、機内後方より清掃作業を行うための車両である。荷室内に清掃作業員が乗車できるよう座席を装着したり客室サービス物品を積載している。

図 8-51　キャビン・サービス・カー

b．トラッシュ・カー（図 8-52）

空港内にはトラックの荷台上部がハッチでできており、開放した状態で上部からゴミをほうり込むタイプのトラックをトラッシュ・

カーという。

また、運航中の機内サービスや、客室クリーニング後に発生するゴミを、効率的効果的に処理するためのゴミ運搬車両をダスト・ボックス（**図8-53**）という。ゴミ袋に詰められたゴミをトラックの後部荷台より積み込み、床に取り付けられたオート・コンベアによって荷台の中へ送り込みながら積み込む。オート・コンベアには衝立があり、その下には傾斜した板が取り付けられて、ゴミの排出時オート・コンベアを逆転させ、荷台のゴミを残らず排出する。

図 8-52　トラッシュ・カー

図 8-53　ダスト・ボックス

8-6-2　キャビン・サービス・カー／フード・ローダ車（図 8-54）

機用品（客室用品）業務は、乗客が機内で快適な空の旅を過ごせるように色々な物品を搭載する業務で、航空機のギャレー（調理場）に搭載する食品を運搬する車両で、荷台の中を保冷するために冷却装置が全車に備え付けられている。

荷台の中には、ケータリング工場より航空機内のギャレーにセットするカートを積載し、航空機のドアより直接積み込む。

図 8-54　フード・ローダー

＜資格・作業安全上の注意事項など＞

i　普通車・大型車免許とともに、社内訓練を受けた後、試験に合格して社内認定を受ける必要がある。

ii　速度制限は30km/h。機体に向かって走行するときは、30m以内接近時は15km/h。5m以内接近時は8km/hとなる。また、装着前にいったん停止をする。

iii　所定の教育訓練（作業心得、機種概要、

図 8-55　作業風景

搭載・降載の作業手順など）を受講し、修了しなければならない。

iv　作業はクリーニング作業などと並行して実施するが、併せて客室乗務員が出発の準備作業をしている場合もあり、互いにコミュニケーションをとる必要がある。また機内へのセット終了後、責任者の最終確認を実施する。

8-7　燃料搭載作業用 GSE

8-7-1　フューエラー（図 8-56）

フューエラーは、航空燃料タンク、送油ポンプ、流量計、フィルタ等給油に必要な装置を具備した給油車をいう。

8-7-2　サービサー（図 8-57）

サービサーは、流量計、フィルタ、ホース等給油に必要な装置を具備した給油車をいう。

図 8-56　フューエラー

図 8-57　サービサー

（以下、余白）

第９章　ヘリコプタ／小型飛行機のグランドハンドリング

9-1　ヘリコプタのグランドハンドリング

9-1-1　概要

エアラインの大型機（固定翼）と違い、ヘリコプタはほとんどの場合、機長および確認整備士（または機付長）、整備員（機付）がすべての業務を実施する。業務内容は、航空運送事業、航空機使用事業、自家用を問わず共通しており、その運用、教育訓練については多くの場合個別のOJT（実務訓練）で行っている。また、その手順やリスクについても、運航所及び手段別に、細かくマニュアルで規程されている。

作業は多種広範囲にわたり、実は大変多くの危険要因が潜んでいて、作業全体を完全に理解していないとミスを起こす原因ともなる。従ってOJTにより、安全確保が十分に達成されるまで教育されなければならない。そのため、安全の問題は重要なウエイトを占めている。

ここでは業務の概要から作業の流れ、機材の取り扱い等とともに、その一般的経験上の留意点、不具合事例について、機体飛行規程、メンテナンス・マニュアル、その他関連資料を基に示す。

一般に「ヘリコプタのハンドリング」というと、機体を格納庫からエプロン・スポットへの出し入れ（トーイング）、機体の離着陸の際の誘導（マーシャリング）、乗客の誘導および貨物の搭載等があげられる。また、ハンドリングは、各機種、作業の種類によって個々に異なった取り扱いが必要であり、これらに関わる業務は、大別すると**表9-1**「業務の領域」のようになっている。

表 9-1 「業務の領域」

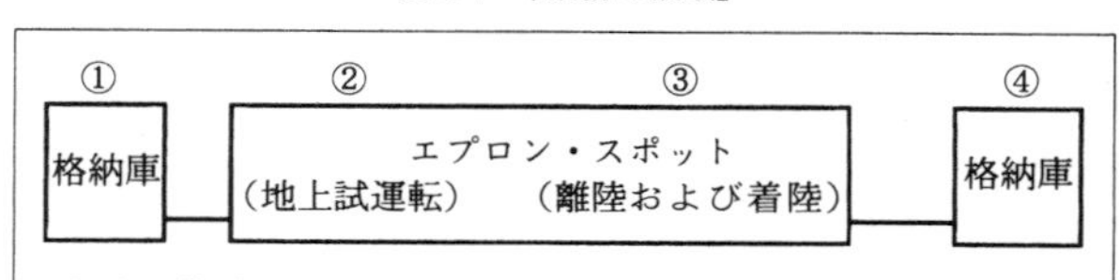

（１）　機長　→飛行前点検　→飛行後点検
（２）　機付長（確認整備士）→飛行前点検　→飛行後点検
（３）　機付（整備員）　→（機付長補佐）　→（機付長補佐）
（４）　機付（整備員）　→（機付長補佐）　→（機付長補佐）
備考：業務の都合上、整備員は1～3人配置となる場合が多い。
　一般的には小型機では機付長1人、大型機3人（機付長も含む）で運用される。

①～②機体トーイング
（機体トーイング要領）

②　一般的機体取り扱い
- ・機体外部点検（各ウインド清掃、※各カバー類の取り外し）
  ※各カバー類の取り外し（ピトー・チューブ・カバー、インテーク・カバー、エキゾースト・カバー等
- ・機内清掃
- ・燃料補給（補給量、品質検査等）

③　マーシャリング
（マーシャリング要領）

③～④機体トーイング
（機体トーイング要領）

④　一般的機体取り扱い
- 機体外部点検（各ウインドウ清掃、機外清掃等）
- 書類整理（飛行ログ、各種点検、報告書類）

備考：機体以外の特殊装備品（薬剤散布装置、物資輸送機材、撮影用カメラ、ホイスト等）に関しては個別取り扱い要領による。

備考：野外係留の場合は、上述のほかに以下項目が追加される。
- メイン・ロータ・タイダウン（テール・ロータ）の取り外し取り付け。
- 機体カバーの取り外し取り付け。
- 夏季および冬季運用では、各装備も異なる場合あり、その付随作業が伴う。

a．ハンドリング

(1)　機体トーイング

(2)　マーシャリング

(3)　乗客誘導（パッセンジャ・ハンドリング）

(4)　貨物取り扱い

(5)　野外駐機、繋留および荒天繋留「パーキング（Parking）およびムアリング（Mooring）」

(6)　燃料補給

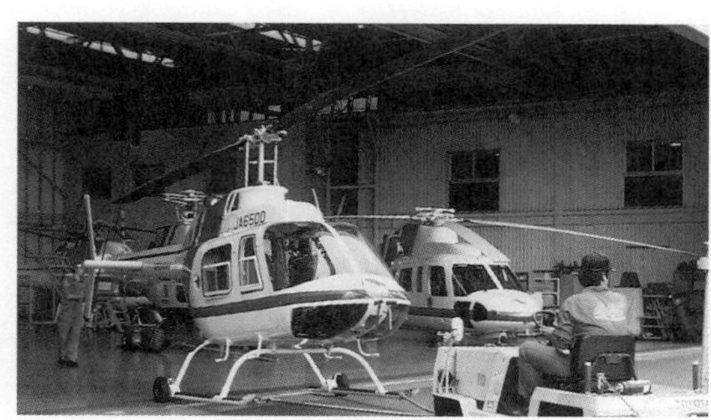

図9-1　機体トーイング風景。
離陸準備のためハンガー・アウト（ベル206B）

9-1-2　機体トーイング
（図9-1、9-2、9-3、9-4、9-5、9-6）

格納庫より駐機スポットに搬出（ハンガ・アウト）する際に移動する作業である。ヘリコプタの場合、その構造上の理由から風に対して弱いため、通常毎日、格納（ハンガ・イン）して保守、点検にあたる。

ヘリの代表的なトーイング例としては、

A）スキッド式でトーイング用車輪を用いる場合

B）スキッド式で自走式/牽引式ヘリ・ローダを用いる場合

C）車輪式の場合

それぞれの必要人員と役割、実施要領、関連機材の取り扱い、作業者として注意すべき点を以下に示す。

図9-2　機体トーイング風景。
離陸準備のためハンガー・アウト（ベル214ST）

図9-3　ハンドリング・ホイール取り付け

a．必要人員と役割

ドアの開閉はスムーズであるか。完全に開いているか。また、ロック機構は正常か（中途半端な動作・作動は避けるべきである）。

(1)　トーイング・タグ運転者又は自走式ヘリローダ操作員（事業会社の場合はトーイング資格の有する人のみ可能）

　タグ運転及び、ヘリローダの操作で、通常は作業責任者を兼ねる事が多い。

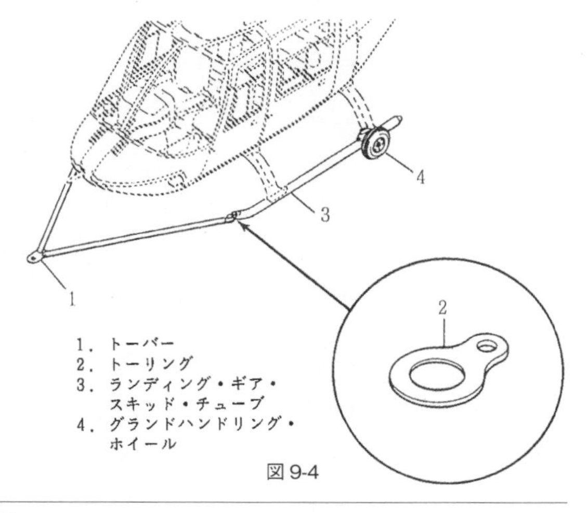

図9-4

⑵　テール・スキッド保持員（トーイング用車輪を用いる場合のみ）

後方で機体を支え、スキッドが地面を擦らぬよう機体のバランス保持及び、後方の監視員。

⑶　誘導員

機体の左右に配置し、メインロータ等と障害物との距離を監視する人員。

障害物回避の為に、メインロータをゆっくり回転させる役目も担当。

⑷　ブレーキマン（車輪式のみ）

操縦席へ乗込み、不測の事態が発生した場合、航空機のブレーキを操作する人員。

図 9-5　トーイング・バーの取り付け

図 9-6　ハンガー・イン両側監視で安全格納
（アエロスパシアル AS350B）

b・実施要領

⑴　トーイング出来る重量を確認し、必要に応じて搭載燃料や、荷物等で重量重心位置（CG）も調整する。

⑵　トーイング用車輪の取付け

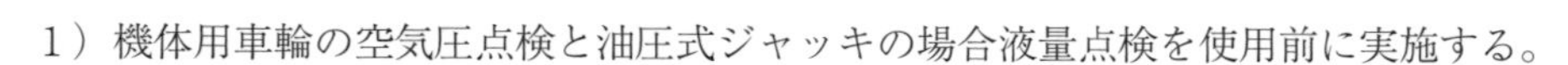

1）機体用車輪の空気圧点検と油圧式ジャッキの場合液量点検を使用前に実施する。

2）各機種のメンテナンス・マニュアルに従って取付け、ホイール・アップの際はテール・スキッド保持員を配置して、前後バランスを保ち機体転倒を防ぐ。

3）テール・スキッド保持員はホイール・アップ時及び、トーイング中に車輪が外れても逃げられる位置に体と足を配置する。

⑶　ヘリローダの取り付け

1）日常点検が完了したローダを、機体中心線に合わせて機体の下へセットする。その際、機体下面のアンテナやカメラ等へ接触しないように、前後から2名で監視する。

2）ローダをゆっくりリフト・アップさせて、胴体下面を損傷させないように、4か所のサドルが、機体支持部をしっかりホールドさせる。

3）更にローダをリフト・アップさせ、機体が左右均等に持ち上がる事に注意する。左右への傾斜はトーイング時に機体転倒を招く。

⑷　トーイング・バーの取付（自走式ローダ除く）

各機種のメンテナンス・マニュアルに従って取付け、タグ運転者は誘導員の指示に従い、航空機側の接続部とトーイング・バーに衝撃を与えないよう、ゆっくりと慎重にタグ車を接続する。

(5)　トーイング

1）タグ運転者又は自走式ヘリローダ操作者は、トーイングを開始する前に、クラクション等で各要員に注意を促した後、移動を始める。

2）移動する速度は、人がゆっくり歩く程度で、障害物の近くでは更に速度を落とす。急加減速は、機体損傷を招くだけでなく、テール・スキッド保持員の怪我に繋がるので、絶対に行ってはならない。

3）メインロータが障害物に接触する恐れのある場合は、作業責任者の指示で、誘導員等がメインロータを回しながらトーイングを行う。

4）車輪式のトーイングは、小型飛行機と同じで、ノーズ・ホィールの作動角が左右最大限界があり機体損傷防止の為、ノーズ脚部のマーキングされた以上にトーイングバーを操作しないこと。

9-1-3　マーシャリング（図 9-7）

機体地上運転（グランド・ラン）からホバリング、エア・タキシーまで含まれ、この間地上マーシャラ、消火器、GPU（外部電源）操作マンからなるクルー・チームで、機長との手信号による相互合図を行って安全を確認する（ドクターヘリ運航の現場へリポートでは現地消防士がマーシャラを担当する事もある）。

マーシャラと操縦席とのコミュニケーション・シグナルは、一般的に手信号がほとんどで、大型機の一部に ICS（Inter Communication System：機内通話システム）を使用している機体もある。また、主要空港では、タキシー中、タワーと無線コンタクトしながらエアラインの大型機と同様な扱いを受けて実施する場合もある。

図 9-7　マーシャリング風景（薬剤散布の最終合図）

シグナル方法は全部で 29 種類ほどあり、エンジン始動まで 8 種類、離陸からタキシー、停止まで 21 種類と各社とも、おおむね同様なシグナルが使われている。また固定翼と共通シグナルも多い。

a．スポットに駐機時の考慮すべき点（図 9-8）

(1)　常に風に正対させる。

(2)　周りの状況から、グランド・ランもしくは離陸に支障がないかを判断する。

図 9-8　薬剤散布機の野外繋留（アエロスパシアル AS350B）

標準的なスポットの広さは、大型で26m、中型20m、小型17mの円形である。また、スポットより障害物までは6m離れていること。(風の影響によるダウンウォッシュの方向、小型、大型機の離着陸のタキシー方向、乗客乗降の有無、他機の整備作業状況等により、あらゆる条件を考慮の上決定する。長時間係留により、その状況に変化がある場合は修正する必要もある。)

(3)　消火器、GPUは常に操縦席から視認できるよう配置し、監視員は的確な合図と迅速な行動が取れるよう心掛ける。

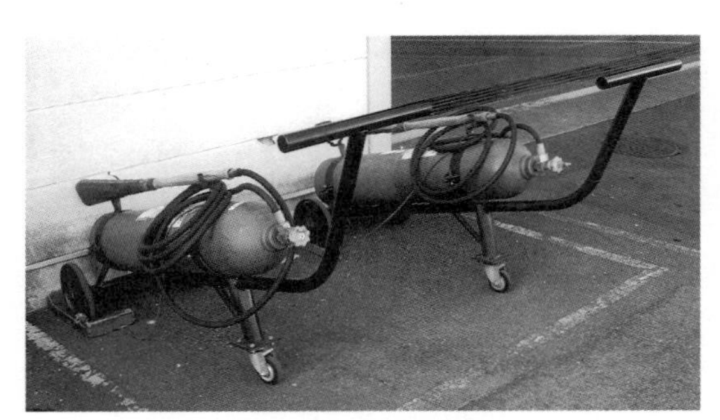

図9-9　消火器定置場

図9-10　定電圧APU（28VDC）バッテリー内蔵APU（24VDC）

b．マーシャラ（シグナルマン）の心得

(1)　操縦士（右側席）の視認が容易な機体前方で、ロータ・ディスクから外れた位置に立つ（約10～20m離れた位置）。

(2)　場外ヘリポートでの地上運転時は、常に周囲を警戒し、場合によっては後方へ移動して、テールロータの警戒を担当する（接近者に依る接触事故防止）。

(3)　（操縦席の小窓は開ける）エンジン・スタート時及び停止時、マーシャラは、他機接近に伴うダウンウォッシュに関しての監視が重要である（低回転で遠心力を失ったメインロータは構造上弱く不安定で、自機や搭乗者に接触する恐れがある）。

(4)　シグナルははっきりと明瞭に行う。緩急を付けることも大事である。また、スタート直後においては無意味なしぐさ（動作）は慎む。

c．地上機材

(1)　消火器（**図9-9**）

(2)　GPU（**図9-10**）

(3)　地上燃料ポンプ（**図9-11**）、機体・エンジン洗浄キット・各整備作業台

9-1-4　乗客誘導

機体の特性により安全通路、方法等は異なり、各機種の飛行規程、経験等により加味された安全優先方法を取り入れて実施すること

図9-11　エンジン付地上燃料ポンプ

になる。

乗客は、搭乗前に機長による安全説明指示（ブリーフィング）を受けてから機体に搭乗し、ロータ回転前（機長による地上運転）に再度各取り扱いを確認してもらう方がより安心である。運航状況により、機体への搭乗及び降機が、ローター回転中又は停止後となる場合があることを考慮する。

乗客は、ヘリコプタの搭乗・降機に際し、注意点を理解していても、実際に機体での行動となると、飛行機と違い不慣れであり、特に未経験者には思わぬ出来事が発生する場合がある。そのため乗客誘導に際しては、経験ある要員配置で臨まねばならない。

a．乗客誘導時の注意点

(1) ダウンウォッシュ（ロータからの風）により、飛ばされやすい物はあらかじめ注意して、持ち込まないか、しっかり保持するよう指導する（帽子、マフラー、紙袋、傘等）。

(2) メイン・ロータまでのクリアランスを考慮し、手荷物として長い物は持ち込ませないようにする。また、機種によって客室への誘導路が異なることを認識しておく。

(3) いかなる場合もテール・ロータ付近に近づかないよう、機体前方（機種によっては真横から）から乗客を誘導する。

9-1-5　貨物取り扱い

ほとんどの場合、乗客の荷物、あるいは機材等が主流。バッケージ・タグ等の発行はなく、単に重量と個数の確認で受託手荷物となる（定期路線は別）。機体には専用のカーゴ室（**図 9-12**）があり、乗客乗降と同時に持ち運びする。

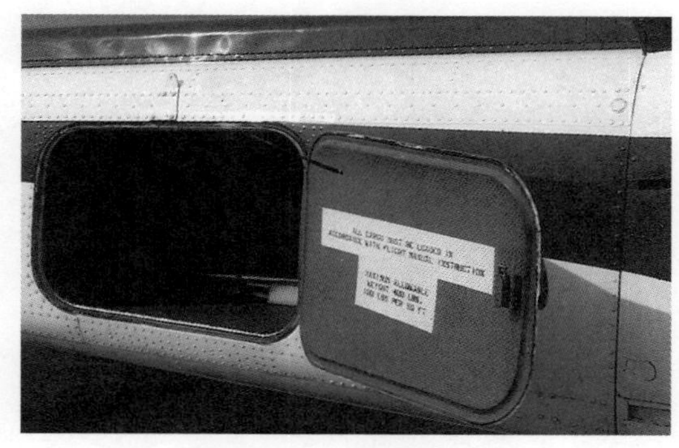

図 9-12　カーゴ室（ベル 412）

飛行中はカーゴ室にアクセスすることができない（大型ヘリの一部は可能）構造であり、荷物固縛と重量重心を機長、機付長の責務としての配置、設定が必要である。

乗客手荷物は極小さな荷物程度のみ許され、機内通路、座席下は一般には使用できない（法定、構造上の理由で緊急脱出時の妨げになるため）。

9-1-6　野外駐機、繋留および荒天候準備（パーキングおよびムアリング）

エプロン上のスポット又は場外ヘリポートに駐機し、地上運転から離陸までの飛行準備の間は、風に正対するのがエンジン、機体構造、空力上の観点から一番望ましい。

常に風の方向に機首を向け（正対）、駐機スポットでの他機間のクリアランス、機種（大型、中型、小型およびスキッド、またはホイール・タイプを確認の上）等を考慮の上、決定する。そして、定期航空（飛行機）のタワー・コントロールのスポット確保指示は、路線の運航している空港以外ではあまり指定されず、クルーで判断するのが通例である。

野外（駐機）繋留、荒天準備：通常格納庫に搬入するのが最良である。しかし、出張先でのオーバナイト・ステイまたは天候悪化予測（特に風向、風速）に対し、その対策を施す方法であり、使用事業、自家用ヘリコプタでは一般化している。

a．野外駐機、繋留での注意点（図9-8､9-13）

(1)　風向、風速の気象予報を得て的確な判断をする（駐機の場合9-1-3 a. に同じ）

(2)　ロータ・タイダウン：機体カバーをする場合、しっかりと固縛する。また、その素材は金属製のものをなるべく避け、機体を損傷しないようにしなければならない。経年使用による損傷部は、修理または交換する。

(3)　機体から長時間離れる時は防犯上の理由もありドア・キーを掛ける。

b．荒天準備

(1)　機体マニュアルより風速の限界値を基準とする。いつでも正対風とは限らず、一般に 40kt

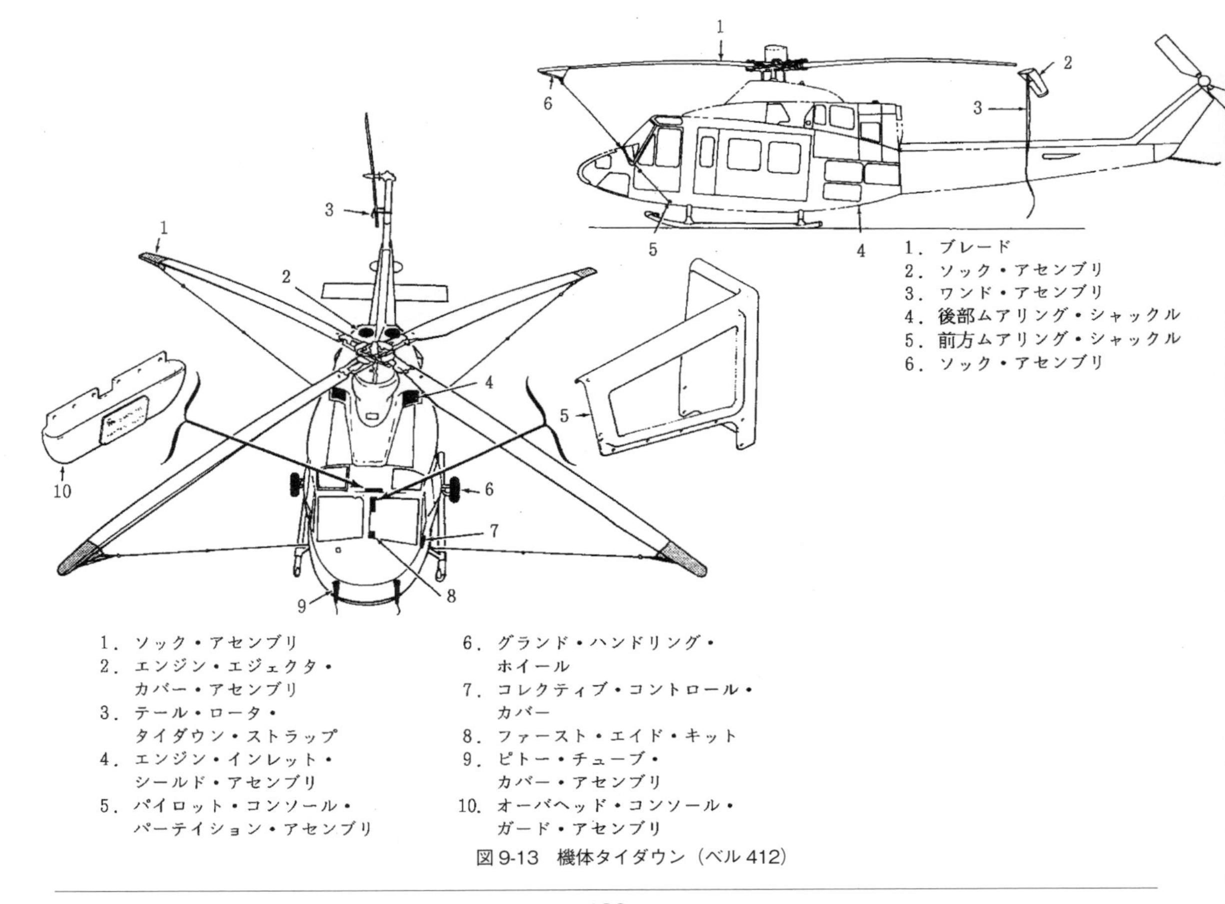

図9-13　機体タイダウン（ベル412）

（20m/s）前後の風で荒天準備をする必要がある（個々のマニュアルに記載されている）。

⑵　機体は格納することを前提とするが、やむを得ない状況に陥った時は、機体重量を重くするため、燃料をフルに入れ、キャビン内にも可能な限りバラストを積む。

9-1-7　燃料補給（Refueling）（図 9-14）

機長のフライト・プランにより決定される燃料は、機種、運航形態等により約 50 ～ 500gal 程度が搭載される。一般的に、飛行後の燃料タンクは、水混入などの安全防止上の理由で、満タンにしておくのが好ましいが、翌日以降の飛行計画に応じて決定されるのが、運用上普通である。また、給油すると自重の増加により、ヘリローダ等を用いないと牽引出来ない機種では、飛行直前に給油する場合もある。

燃料の直接の作業は、空港等の補給施設が完備しておれば給油業者に委託するが、品質、量等に関して機長又は機付き整備士が確認する。また、給油業者が居ないドクターヘリ基地や、場外ヘリポートでは、自ら点検する施設又は、機体とともに補給機器類を持参し、クルー自ら作業にあたる。

図 9-14　燃料補給（ベル 412）

9-2　小型飛行機のグランドハンドリング

小型飛行機の場合も、大枠ヘリコプタ取り扱い業務と変わりはない。ただし、個々の機体特有の規定がメンテナンス・マニュアルおよびフライト・マニュアル等で定められている。ここではその代表例と、一般論の概要を示す。

9-2-1　エアロコマンダー式 500S 型の代表例

a．トーイング（図 9-15）

機体ノーズ･ギアにトーバーを取り付け､通常 2 人で押すまたは引くことにより機体を移動できる。ノーズ・ホイールの作動角は、機体中心から左右それぞれ最大 45°である。ノーズ・ギアの損傷防止のため、ノーズ・ホイール作動角限界値が胴体ノーズキャップにマーキングされている。

機体を前方に牽引させる場合にはトーバーで引き、後方へ移動する場合には、両メイン・ギアを押しノーズ・ギアのトーバーで方向が変えられる。

b．トーイング時の注意事項

(1) 決してコントロール・システム面を押したり、引いたり、および持ち上げたりしてはならない。操舵面の「NO PUSH」領域に注意が必要である。

(2) 決して使用してはならない箇所は、ノーズ・ギア・ストラット・ボディおよびテール・スキッド取り付けポイントである。路面のぬかるみ、または降雪時は、メイン・ギアにロープを付け前方向のみ補助的に牽引力を助けることができる（メイン・ギアに付けられたロープで機体を後方に引いてはならない）。

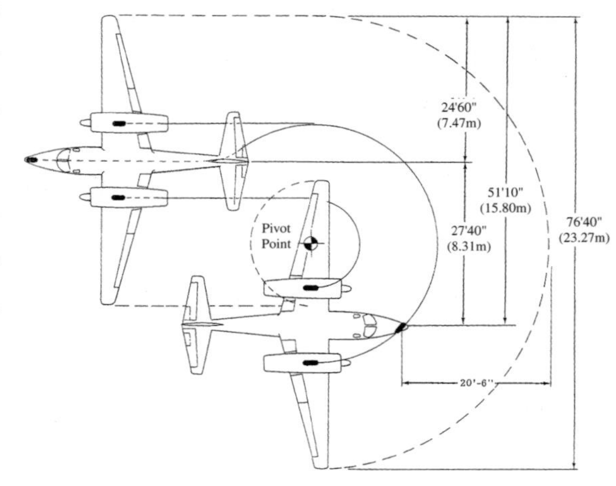

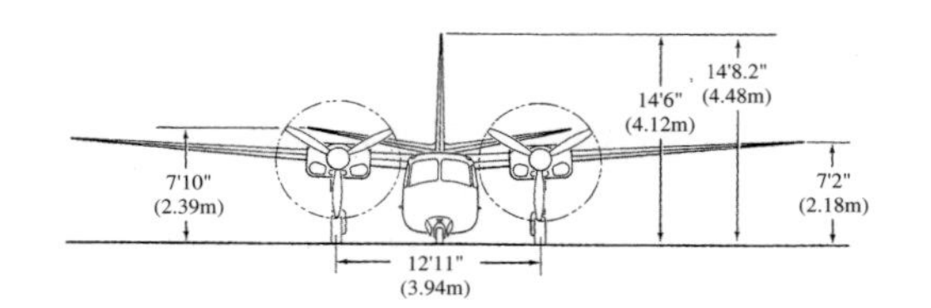

図9-15　トーイング最小旋回半径

c．パーキング

(1) 正対風でパーキング・ブレーキを掛ける。

(2) 寒冷地で結氷気象状態の時は、ブレーキ凍結の恐れがありパーキング・ブレーキは解除（リリース）にしておく。

(3) カウル・フラップを「クローズ」にし、操縦桿を「ロック」状態で、各ピトー・カバー、チョークを取り付ける。

d．ムアリング（図9-16）

(1) 40kt（20m/s）以上予想される風対策としてパーキングに加え実施する。

(2) メイン・ギアの固縛および後部胴体をテール・スキッドで固縛する。3/4in マニラ・ロープを使用する。

(3) 60kt（31m/s）以上では格納する。

9-2-2　その他一般事項

(1) プロペラ・タイダウン

レシプロ・エンジンに対してはコンプレッションがあり必要ない。フリー・タービン・エンジンの場合は「自由に動く」ため、1～2ヶ所で固縛する。

(2) 乗客またはクルーの乗降

機種により異なるが機体重心位置の関係で、尾部が下がりすぎるのを防止するため、テール・スタンドにより一時的に支柱で支える必要がある。乗降の際に後方へ重心が移動しないようにしているが、細部手順については機体取り扱いマニュアルを参照願う。

(3)　パーキングおよびムアリング

動翼（エルロン、ラダー、エレベータ等）の固縛（**図9-17**）は、直接動翼部に固定金具を付ける方法もある。

(4)　操縦席に人を乗せ、万一の場合にブレーキを踏めるようにする。

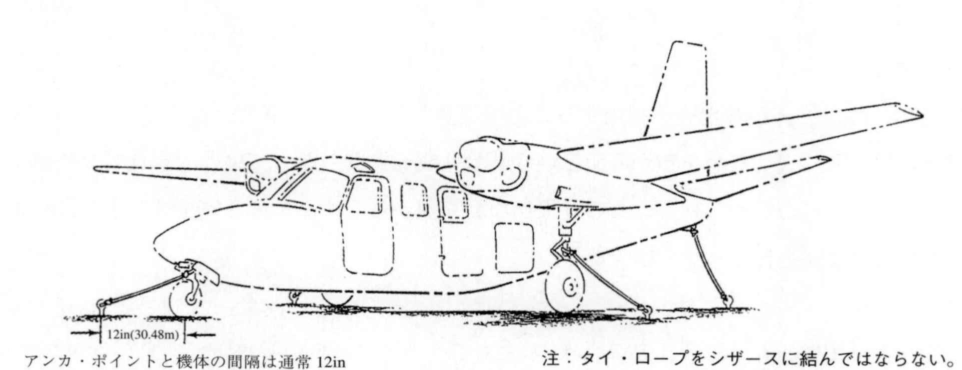

図 9-16　ムアリング

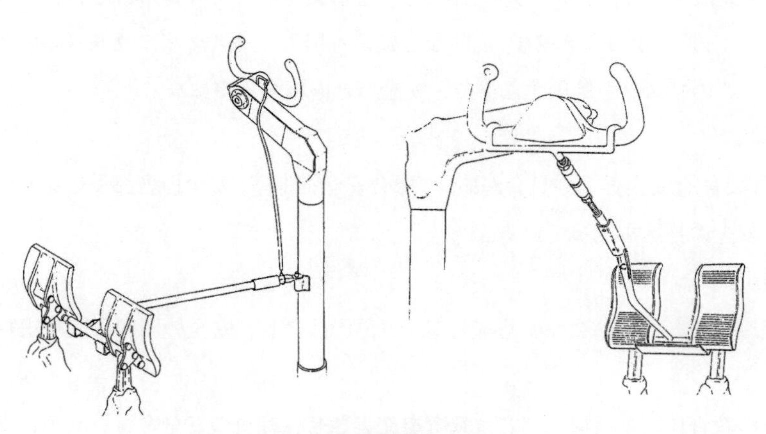

図 9-17　操縦系統ロック

第10章　安全管理

10-1　安全管理一般

ａ．安全理念

各航空会社は、旅客が航空機を利用することで運賃を得るという事業を行っている。そこには、他産業とは異なり「大切な命を預かる」という「公共交通機関」として担う大変重要な使命が与えられている。いずれの航空会社も、この「大切な命を預かる」すなわち「安全性」を常に念頭に置いて、あらゆる業務を行う事が大切である。

ｂ．体制と活動

一般的な企業体質のもとでは、「安全」は、本来あるべき姿より低いレベルで考えられがちである。利益の追求を絶対とすれば、「安全の確保」は本来両立しないものであるからである。

「安全」とは、事前に「危険」をキャッチして、それを抑える事により得られる状態でもある。従って、この「危険」から遠ざかろうとせず、危険などによる損失「リスク」に意識（心）と知力を持って正面から挑み、このリスクを制御する事で、安全へと直結する事になる。

(1)　安全推進体制

航空会社には、総合安全推進委員会があり、総合安全推進室、安全担当部長会などのネットワークを通じて、安全の推進を図っている。

(2)　安全推進運動

教育、管理および、技術の３つの基本要綱を三位一体とし、安全の問題に取り組む。

①安全教育

会社全体の教育体制を活用し、安全教育を充実させ、社員の安全意識を高め、安全の重要性を企業風土として定着させる。

②安全管理

人および物の両面から実態を把握し、安全を阻害する要素を事前に発見して、是正処置を行う。

③安全技術

航空機の運用を取り巻く環境の変化に即した、新しい技術の導入を図る。また、安全を確保するため、運航訓練と整備との連携を常に維持するよう基盤を固める。

ｃ．安全とは何か

(1)　辞書に出てくる安全

①安らかで危険のないこと（広辞苑）

②身に危険を、物に損傷、損害を受ける恐れがない様子（新明解国語辞典）

(2)　航空会社の安全

航空会社は、航空輸送として旅客や貨物を無事に目的地に到着させなければならない。そこには当然危険が存在する。この運航における航空機事故を防止することが、航空会社の安全であり、航空会社がやるべき最も重要なところである。

(3)　よく言われる表現

①許容限度を超えていないと判断される危険性である。

②そもそも安全など存在しない。常に存在するのは危険である。

③安全とは、祈りの言葉でも、スローガンでもなく行動である。

④危険をいかに的確に予測し、確実に防止する努力をするのが安全である。

⑤安全とは、一人一人が力を合わせて作り出す物で、誰かが作ってくれるものではない。

(4)　重要ポイント

いずれの航空会社も「安全第一」を重点に置いている。安全度を高めるためには、より多くの費用がかかる。しかし、それによって故障や事故が減れば損害は少なくなる。

そこで一般的には、両者（費用と事故数）の合計が最も少なくなるような範囲で、安全度を定めればよいことになる。ところが、現実はそれほど単純ではない。また、ある物については、社会的な要求によって、安全度を極めて高く設定せざるを得ない場合がある。

ただ、ここで忘れてはならないのは、費用の多少と関係なく、安全度を大きく左右する「人の意識と知識」である。安全に関する意識や知識は、まさに安全の鍵を握るもので、それが高ければ、最小の費用で最大の安全効果が得られる。また、低ければ、いかに多額の経費をつぎ込もうと、それを無駄にするばかりか、貴重な人命や機会なども失う結果になる。

d．安全運航の目的

万一、航空機事故が発生した場合、次のような問題が生じる。

(1)　命は何ものにも代えられるものではない。被害者の身体的な傷、心理的な傷は深いものとなる。このことは、事故が起こってから理解しても遅い。絶対に事故を起こしてはならない理由を、一人一人しっかりと肝に銘じておくことが大切である。

(2)　航空機事故は、ほとんどが大きな事故となるため、社会に大きな不安感を植え付けることとなり、社会的信頼の失墜に繋がる。

(3)　航空機事故を処理するために、莫大な費用がかかる。

例えば、被害者に対する賠償、補償や事故現場の処理、社員の派遣費などかなりの金額になる。もちろん、ある程度の金額は保険によってまかなわれるが、後々の保険掛け金が値上がることを考えると、やはり出費は増え、経営の危機に迫るものがある。

(4)　1機の航空機の損失は、会社の営業計画に大きく影響する。

旅客に対しては、航空機が損失したことによりスケジュール通りの運航が不可能となり、また、需要に対する便の提供もできなくなる。航空会社に対しては、1機の損失で1日1パターン分の運航、例えば、国内線の787型機において、1日6便使用すると考え、約300名×6便＝約1,800名分の供給ができなくなる。787就航区間の平均単価が、約2万円とすると、1日約3,600万円分の商品を損失することとなる。

e．事故のメカニズムと要因

(1)　メカニズム

多くの事故は、2つ以上の要因が重なって起きる。

一般的な事故発生のメカニズムは：

①航空機、装備品、施設あるいは環境などに、安全上の不備、欠陥または障害があると不安全な状態となる。

②この不安全な状態において、正しい措置、操作などの対応が実施されなかった場合に、ヒューマン・エラーによる事故に繋がる。

このように、複数の要因が連鎖的につながって事故となるのが、一般的なメカニズムである。事故の発生を未然に防ぐための機能、システムには以下のようなものが挙げられる。

i　フェール・セーフ（Fail Safe）

Fail（失敗）してもSafe（安全）である二重三重のバックアップシステム。

ii　フール・プルーフ（Fool Proof）

Fool（愚か者）の行いにも　Proof（耐える）仕組みで、誤操作しても作動しない、すなわちミスをしようとしてもできないシステム。

iii　自動化：誤操作を防ぐ自動操縦装置などの安全装置。

iv　航空機に故障が発生したときは、技術的対応として緊急操作。

v　安全阻害要因を是正する安全管理による対処。

vi　CRM（Crew Resource Management）

パイロット個人の失敗が、クルー全体の失敗につながらないチームワーク。

(2)　事故の要因

事故の要因は「人」「物」「環境、媒体」および「管理」の4つがある。その英語の頭文字から「事故、災害要因の4つのM」と言われる（**図10-1**）。

・Man　：（人間）

・Machine　：（物、機械）

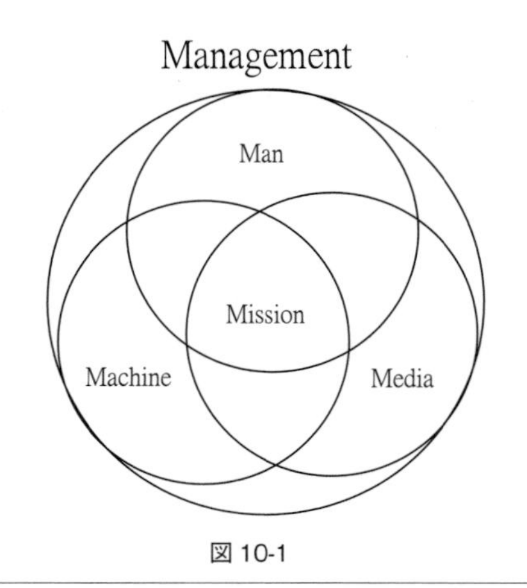

図10-1

・Media　　　：（環境、媒体）

・Management　：（管理）

さらに、5つのMと言われる場合もある。これは上述のほかに人間と機械と環境が作り出すミッション、つまり目的を入れる場合である。

航空会社のミッションは、旅客を定時に安全に快適に運んで、経営することである。そのため目的達成の過剰意欲が、このミッションを、時として大きく膨らませる可能性がある。その時に、全体のバランスがそれに相応して大きくなればよいが、そのなかの一つだけが大きくなると、人間か機械か環境かのいずれかにしわ寄せが起こる。そこで、そのバランスを見るのが、マネジメント（Management）である。

さらに、人的要因についてもう少し詳細にみてみよう。「事故要因の70%以上は人的要因によるものである」と言われている。管理の要因もまた人の問題に帰するので、事故のうち人が関与しない要因による事故、つまり、不可抗力ともいうべき事故は、極めてわずかである。

安全においては、「人的要因の排除」が最重要、かつ最大の命題である。つまりは「人はミスを犯しやすいものであり、知識や技能のレベルが極めて高く、安全意識も満足すべきレベルにあったとしても、100%の信頼性は期待できない」という悲観的結論に達する。

人間の信頼性は、知識、技能、体力、精神力といった本質的な資質に加えて、その時点の本人の状態、外界の状況が影響する。従って、安全のための人的要因に対するアプローチは、知識、技能、安全意識の向上を図ることのほかに、この意識レベル（**表10-1**）をどうやって、常に高い位置に保てるようにするかが重要な鍵になる。

f．事故防止

(1)　事故防止の概念

事故の防止は、安全を阻害する要素を探知し、未然に除去または、回避することが基本である。

(2)　ハインリッヒの法則

「1匹見たら100匹居る」これは家に住み着いたゴキブリのことである。目に見えるのはほんの一部であるということである。

表10-1　人間の信頼性と知識、技能、体力、精神力の関係

黒田　勲著『翔んでる医学』より

意識のレベル		注意の作用	生理的状態	信頼性
フェーズ	モード			
0	無意識、失神	ゼロ	睡眠、脳発作	ゼロ
Ⅰ	Sub-normal 意識ボケ	Inactive	疲労、単調、いねむり、酒に酔う	0.9以下
Ⅱ	Normal Relaxed	Passive心の内方に向かう	安静起居、休息時、定例作業時	0.99、0.99999
Ⅲ	Normal Clear	Active前向き、注意視野も広い	積極活動時	0.999999以上
Ⅳ	Hypernormal Excited	一点に凝縮、判断停止	緊急防衛反応、慌て→パニック	0.9以下

事故要因と事故の関係も、これに似ていて、他にも多くの事故要因が物陰に潜んでいる。アメリカの保険会社のハインリッヒ氏は、仕事柄アメリカの全産業について、災害発生状況を調査して、次の結果を得た。

気が付かなくても大事に至らなかったエラーをマイナー・エラー、エラーに気が付いて修正したため大事に至らなかったケースをヒヤリハットとかインシデント、大事に至ったケースはアクシデントとした。ハインリッヒの法則では、マイナー・エラー、インシデント、アクシデントの数の比は、ほぼ300：29：1としている（**図10-2**）。

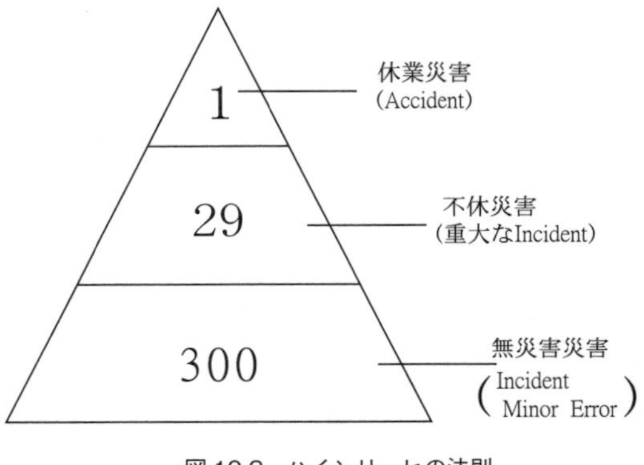

図10-2　ハインリッヒの法則

圧倒的に数の多いマイナー・エラーやインシデントにこそ、光を当てて対策を立てなければならない。人間というものは、事故が起きれば一生懸命対策を考えるが、目立たないエラーの対策には意欲がわかないようである。

目立たないエラーに光を当てて、それを的確に分析して的を得た対策を引き出すには、マネジメントの理解が必要である。

g．ヒューマン・エラーの防止

(1)　事象のチェーン（**図10-3**）

「大事故は、一つの要因のみで起こることは少なく、いくつもの事象が鎖（チェーン）の様につながったときに起こるものであるから、事故を防止するにはどれか一つの鎖の輪を断ち切ればよい」という有名なコンセプトが、ICAO（International Civil Aviation Organization：国際民間航空機関）の「事故防止マニュアル」に示されている。

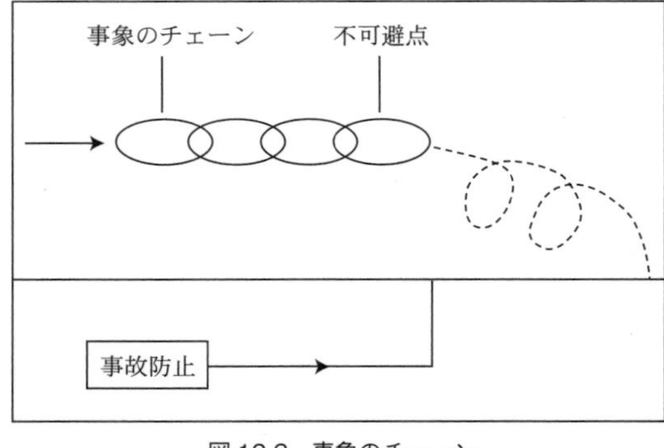

図10-3　事象のチェーン

事象のチェーン分析は、現場にいる人間の問題ではなく、どんどん上流にさかのぼるものだから、責任追及型の考えではうまくいかない。あくまでも「誰が事故を防ぐ事ができたのか」という観点が重要である。また、事象のチェーン分析は、必然的に「主原因」の考え方から「多重原因」の考え方への変革を促す。

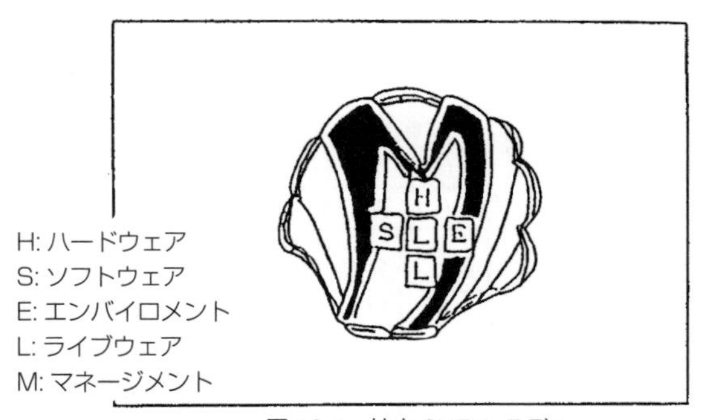

図10-4　拡大SHELLモデル

(2)　SHELLモデル（**図10-4**）

「エラーは人間（L）とそれを取り巻くハードウエア（H）、ソフトウエア（S）、エンバイロメント（E）および他の人間（L）との接点に不具合があるとき起こりやすい」

このコンセプトを手法とすると、設計、運用、訓練などにおいて、上記の接点部分を系統的に検討することによりエラーを防止する「SHELL モデル分析」が考えられる。例えば、コクピットに新しい装備を追加するような場合、パイロットを中心の“L”として“L”と“H”、“L”と“S”（ここでのソフトウエアは、手順やチェックリストなどを含む広い意味である）。“L”と“E”、“L”と“L”（ここでは、整備士とかディスパッチャを考える）の間で考えられる問題点を系統的に検討し、事前に予想される問題点を解決するといった具合である。

(3) ヒヤリ・ハット・レポート（Safety Memo）

アクシデントやインシデントが発生する前に、それらにつながり得るエラーに関しての情報があれば、未然に事故を防止できる可能性が出てくる。このような観点からエラー防止のための方法論として「エラー情報の収集法」が重要になる。しかしながら、実際には、エラーは恥ずかしいものだとか、処罰される恐れがあるといった感覚が広く一般的に存在するため、社員から自発的にエラー情報を集めることはなかなか容易ではない。

作業後に十分なデブリーフィングを行う中でヒヤリ・ハット情報を引き出す、といったマネジメントからのアプローチも重要である。実用化されている代表的なものとしては、国内の多くの企業で取り入れられているいわゆる「ヒヤリ・ハット報告」、パイロットを中心として行われている「匿名安全報告制度」等がある。それらを総称して「ヒヤリ・ハット・レポート」法と呼び、これが有効に機能するためには、

①エラー情報の共有化やエラーへの組織的対応などの十分なフィードバック

②エラーをかくす必要がないオープンで明るい安全風土、

などが重要となる。

また、一部の企業ではヒヤリ・ハット報告と相反するファイン・プレー報告にも取り組んでおり、なぜ上手くできたのかを分析することで、見逃していたらヒヤリ・ハットになっていたことを逆の方向から探っている。さらに、上手くできたポイントを広く共有することで、同じ業務に携わる際の着眼点としている。

h．整備：安全阻害要因と安全対策

(1) 実態把握

運航、整備、運送など会社の実態把握は、安全管理活動の基礎である。その手段として、日常の観察（報告、収集）点検、監査がある。また、事故、異常運航などの発生に伴って行う調査もある。

考慮すべき事項は：

①幅広く、深く情報を収集する：表面のみでなく、背景も

②総合的に、客観的な立場を保持する：先入観、独断、偏見は禁物

③徴候の早期発見：器機等の老朽度、改善状況

(2)　安全阻害要因（不具合事項）の発見

把握し実態（事実）の中に顕在あるいは、潜在する不具合事項の確認、分析、検討を行う。

考慮すべき事項：

①論理的、科学的に分析検討

②根本的要因にまでさかのぼって検討

③システム的にあらゆる方面から検討

(3)　是正（対策の授立、実施）

発見された安全阻害要因について提案、指示などの検討を行い対策の実行、周知を図る。

考慮すべき事項：

①系統的考察：事故要因の 4M と対策の 4E への適用（**表10-2**）

②対策の性質を考慮：現象面（応急的、部分的）に対するものか、根本的（恒久的、全体的）に対するものか

③機を失しない

④実行の優先順位を付ける。

⑤監督を適正に

表 10-2

要因の 4M／対策の 4E	Man 人	Machine 物 機械	Media 環境	Management 管理
Education 教育訓練				
Engineering 工学		対　策		
Enforcement 強化				
Example				

i．運送：運送業務における「安全」の分類

運送業務は、大きく分けると以下の 2 つに分類することができる。

(1)　航空機運航の安全

〔搭乗載管理→航空機事故〕

航空機を飛ばすためには、航空機の重量と重心などを確認し、これらの情報を基に、飛行距離や搭載燃料などのフライト・プランの作成が必要になる。このため、旅客数や手荷物個数を規定に基づき確実に運航担当部署に報告することが重要である。

〔危険物輸送→機体爆破／機体損傷〕

航空機に爆破物、発火、引火しやすいもの、銃砲刀剣類などの危険物を搭載することは、特例を除いて基本的に法律で禁止されている。これは、機体を爆破させたり、損傷させる恐れがあるからである。そのため、航空機運航に際しては、手荷物のみの運送を禁止したり、保安検査（X-Ray 検査）の実施を行うこと、また、貨物輸送においては荷送人との確認項目を義務づけることなど、安全運航を保つよう規定されている。

〔航空保安検査→ハイジャック〕

安全で快適なフライトを提供するために、旅客および受託手荷物について保安検査を行っている。これは、ハイジャックおよび航空機爆破などのテロ行為を未然に防止するものである。

特に、搭乗手続き済み旅客数と航空機に搭乗した旅客数に不一致が生じた場合は、テロの可能性もあり、規定に基づき適格な処置を講じなければならない。

〔搭載作業→機体損傷〕

貨物室内でのロックのかけ忘れは、飛行中にULD（コンテナやパレットの重量物）が移動し、バランス上の問題や機体を損傷するような大きな事故に発展することがあり、最悪の場合は墜落事故に至ることもあるため、絶対にあってはならない事である。

液体物の漏洩事故は、機体の腐食を進行させるため、厳重に注意しなければならない。いったん漏洩すると見えないところで腐食が始まる可能性があり、事後処理に大変手間がかかる。特に酸化性液体の漏洩は、急速に機体を腐食させるため、注意が必要である。一方、塩水のように時間をかけ腐食を進行させる液体もある。

⑵　ランプ内の安全

〔車両事故〕

航空機を損傷する事故は、航空機運航に支障をきたし、旅客にも多大なご迷惑をかけることになる。一方、車両事故は、会社にとって多大な損失をもたらし、その後の作業にも大きな影響を及ぼすこととなる。

〔人身事故〕

旅客を乗せて走行している車両には、事故を起こさないよう十分な注意が必要である。両手に手荷物を持った旅客がステップから転倒しないように、また、凍っているランプ内で旅客が転倒しないように注意するなど、旅客の安全確保は、地上のいたる場面でも必要な事である。

万一、事故が発生したら、その処理や次の作業、次便への影響が出て、逆に落ち着いて作業のできる環境が破壊されてしまう。

ｊ．運送：安全性とサービスについて

現場で仕事をするとき、「安全性」以外にもいろいろ考えなくてはならない要素が出てくる。安全性と矛盾するのではないか、といった疑問も出てくる。

しかし、航空会社の「サービス」は、この「安全性」の土台の上に成り立っており、何ごとにもまして安全性が優先される。

ｋ．運送：規程の遵守について

運送業務を実行するには、各種「規程」に基づいて業務を行わなければならない。しかし、実際職場に入り旅客と接するに当たり、さまざまな場面で「運用」にて処理することが出てくる。旅客の「ニーズ」と「期待」が常に多種多様であるためである。

営業、接客関係の「規程」では、旅客とのやりとりにおいて「運用」での処理を実施した方が良いこともある。しかし、ここで気を付けなければならないことは、航空機運航に係わる運航関係の規程、ならびにランプ内作業の安全に係わる運送関係の規程に関しては、決して逸脱してはならない、ということである。このことは、提供するサービスが「旅客の安全第一」であることを考えると十分理解することができる。

10-2　機体付近の安全（「東京国際空港制限区域内車両安全運転教本」より）

各空港は、航空法、空港管理規則、航空保安業務処理規程ならびに、道路交通法などの関係法令、規則に準拠し、制限区域における人の立ち入り、車両運転および車両使用方法などを定め、制限区域内における安全と秩序の維持、適正な管理が行われている。

ここでは特に航空機の旅客の乗降、貨物の搭載、取り卸し、燃料補給、駐機および整備等を行うための場所「エプロン」における安全について記述する。

a．航空機優先

制限区域内においては、常に航空機の運航が最優先であり、いかなる車両なども航空機の運航を妨げる行為を行ってはならない。

その理由は、

①構造上動きが機敏でない。

②視界が極めて悪い（**図10-5**）。

③多量の可燃物物質（燃料など）を搭載している。

④高価である。

等が挙げられる。では、航空機の航行の安全と車両などの安全確保のため、航空機の出発を事前に発見する方法としての着眼点は、次のものが挙げられる（**図10-6**）。

①航空機の衝突防止灯（アンチ・コリジョン・ライト）が点灯しているか。

②航空機のエンジンが始動しているか。

③PBB（パッセンジャー・ボーディング・ブリッジ）が航空機より離されているか。

④車両（パッセンジャー・ステップ車、グラウンド・パワー車、エア・スターター車）の有無。

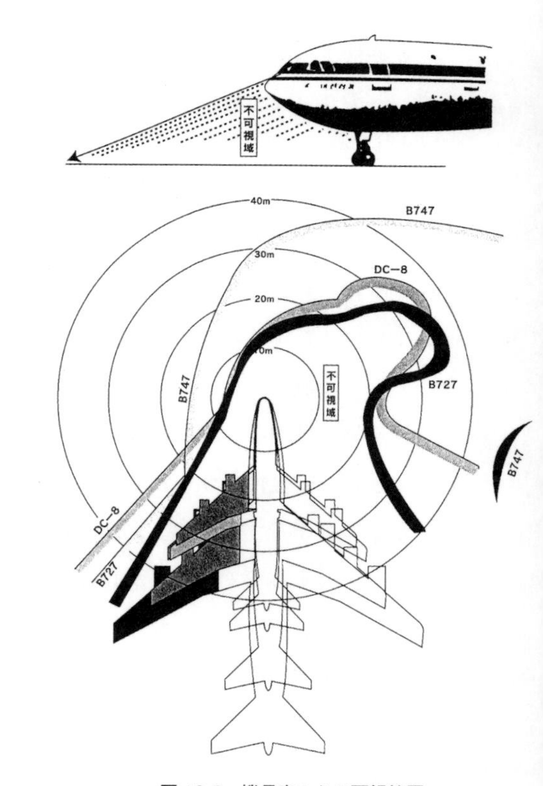

図10-5　機長席からの可視範囲

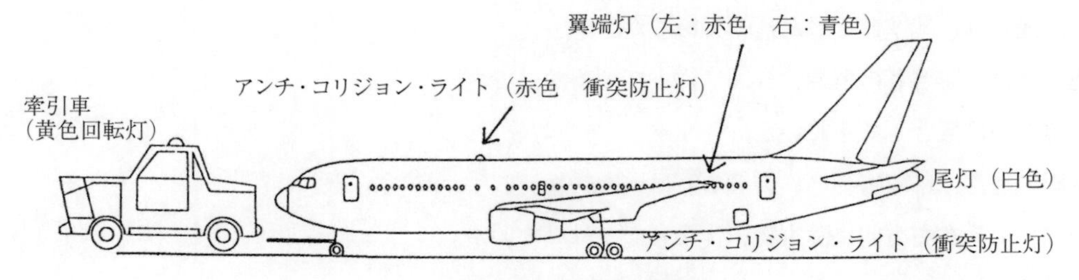

図 10-6　航空機出発時の着眼点

⑤航空機牽引車の黄色回転灯が点灯しているか。

⑥車輪止め（チョック）が外されているか。

⑦運航係員が出発 OK の合図をしているか。

b．エプロン内の安全標示（12-7-2 参照）

c．車両の制限速度（12-5/13 参照）

d．車両の高さ制限

制限区域内では、高さ制限があり、最も注意を要する。

参考：車両高の高い車両の例

パッセンジャー・ステップ、

ハイリフト・トラック（HL、CL、FDL）、

大型貨物機専用貨物搭載用メインデッキ・ローダー

e．航空機牽引時の注意事項

①黄色回転灯を点灯しなければならない

②航空機に必要な灯火（アンチ・コリジョン・ライト等）

③航空機牽引に先立ち、管制塔に対し所定の連絡を行い、その指示（経路等）に従わなければならない。

④滑走路横断に際しては、停止線でいったん停止し、管制塔に対し連絡を行い、かつ、航空機の往来のないことを確認してから横断しなければならない。

f．車両誘導法

運転者 1 名による注意では、不十分な場合、また車両、器材上や外に誘導者を配置しなければならない場合もある。運転者、器材操作者は、この方法で誘導を行うことが大切である。

⑴　誘導者の位置

①誘導者の位置は、運転者にとって進路、停止位置が見やすく、しかも誘導者の手信号を確認できる位置とする。後退時でも真後ろでの誘導をしてはならない。

②誘導者は、自分自身が安全で、緊急時でも退避できる場所に位置する。

⑵　安全の確認

次の点に留意の上、安全を確認して誘導を行う。

①車両運転は、基準にそった運転であるか。

②運転者は、誘導者の信号、合図に従っているか。

③誘導者の位置として正しいか。

④車両の進路上に障害物、作業者などはいないか。

⑤周囲、上下左右方向に障害物、作業者などはいないか。

(3)　誘導の方法

誘導者は、安全確認の後、両手と発声による合図を併用し、運転者が確認できる方法で行う。

①誘導の合図、信号および警笛発声による合図と、手信号および呼笛の要領は**表10-3、10-4**を参照。

②誘導者の義務

i　誘導者は、この細則を正しく理解し、これに従って、車両を安全に誘導を行う。

ii　危険を感じた場合は、直ちに停止させる。

iii　航空機前方下部貨物室ドアなどに、車両を誘導する場合は、プロペラまたは、ジェット・エ

表10-3　誘導の合図、信号

	手信号の方法	略図	声の合図
バック OK	運転者より、良く見える位置に立ち両手を高く挙げる。		
真直ぐ進め	両手を水平に伸ばし、手のひらを内にして招く。		オーライ オーライ
左に寄れ	両手を横に水平に伸ばし、右手の肘から上を直角に振る。		左、左、左
右に寄れ	両手を横に水平に伸ばし、左手の肘から上を直角に振る。		右、右、右
停止	手のひらを前方にして押さえるようにする。		ストップ
ゆっくり進め	右手を前に伸ばし、腕全体でゆっくり円を描く。		オーライ オーライ
停止せよ	右手を前に伸ばし、肘から先を上から下にバットおろす。		ストップ
緊急停止	両手を交差する動さを繰り返す。		ストップ

表10-4　警笛を使用する場合

安全信号	短く連続して2回吹く。	「ピッ」「ピッ」
停　止	長く1回吹き、短く1回吹く。	「ピーッ」「ピッ」

ンジン口と車両の間隔を 1 m 以上あけた位置に誘導する。

g．直接作業の作業安全

目的：車両を使用して、航空機貨物室への搭降載作業、および地上作業に従事する作業員の危険防止に努めることを目的とする。

(1)　車両運転許可

制限区域内において車両の運転をしようとする者は、「車両安全運転教本」の内容を理解した後、航空局の実施する講習を受け、試験に合格した後、立ち入り承認証に車両運転許可を受けなければならない。さらに、社内にて一般車両走行訓練を修了し、認定を受けなければならない。

(2)　作業員の服装

①保護帽（ヘルメット）の着用

作業員は、搭載、取り降ろし作業に従事するときは、保護帽を着用しなければならない。保護帽はあご紐を必ずかけ、正しく着用しなければならない。

②作業服の着用

作業員は、着用している作業服のボタン、ファスナーおよび靴の紐などを正しく締め、ベルト・コンベヤーへの巻き込みや、車両などの突起物にからむことがないか、常に注意しなければならない。

(3)　作業員の車両などへの上乗り

①上乗りの禁止

②カート車およびフォークリフトのフォークおよびパレットに作業員を上乗りさせて運行させてはならない。

③車両の荷台に作業員を上乗りさせて運行してはならない。ただし、安全対策が施されている場合は、この限りではない。

④その他、車両などの座席以外に上乗りさせて運行させてはならない。

(4)　車両別の危険防止

①フォークリフト

i　フォークまたは、フォークにより支持されている荷の下に、作業員は入ってはならない。

ii　フォークが動いている 1.5m 以内には近づかない。

iii　荷役作業中のフォークリフトは、後進が基本であるため、フォークリフトの後方には近づかない（要注意）。

②ベルト・ローダー

i　ベルト・コンベヤーの始動に際しては、他の作業員がベルトに上乗りしていないか、また、ベルトに巻き込まれることがないか、良く確認の上、操作しなければならない。

ii　ベルト・コンベヤーが動いているときは、ベルトへの上乗りはしてはいけない。また、ベルトに手袋などが巻き込まれないように注意しなければならない。

③トーイング・トラクター（TT車）

i　作業員は、TT車に牽引されたドーリーやカートは、回転する場合は遠心力が働くため、思わぬところでドーリーやカートが接近することがあるので、十分に注意しなければならない。

ii　カートを切り離して作業を行う場合は、カートのブレーキやチョークを完全に施し、作業員の危険防止を図らなければならない。

h．指差呼称および危険予知

電車が入線する前と出発した後、前方および後方を指差して「ヨーシ」と発声しながら安全確認を実施している光景をよく目にする。ただ、指を差しているのではなく、意識を集中し、目視ながら不安全な状態はないか、安全は保たれているかを確認している（指差呼称）。

日常、職場においても作業開始前ミーティングをもち、その作業にどんな危険が潜んでいるか察知し、ポイントをしぼり対策を決め、その日の行動目標とする（危険予知）。そして、作業を安全に誤りなく進めていくために、要所要所にて自分の確認すべき箇所を指差しながら、「ヨーシ」と発声して確認することが重要である（指差呼称）。

i．航空機のブラストの影響

航空機の動静を常時監視し、ブラスト等による危害を避ける**図10-7**を参考に危険地帯はもとより、ブラストの影響範囲を熟知し、危害を避けるよう余裕をもって運行すること。なお、22m/secは$1m^2$に30kgの圧力がかかる状態であり、普通自動車はその動揺または傾斜等の状況により転覆の恐れがある。人間の場合は、壮者がこの圧力を予期して身構えるとき、かろうじて耐えられる圧力である。

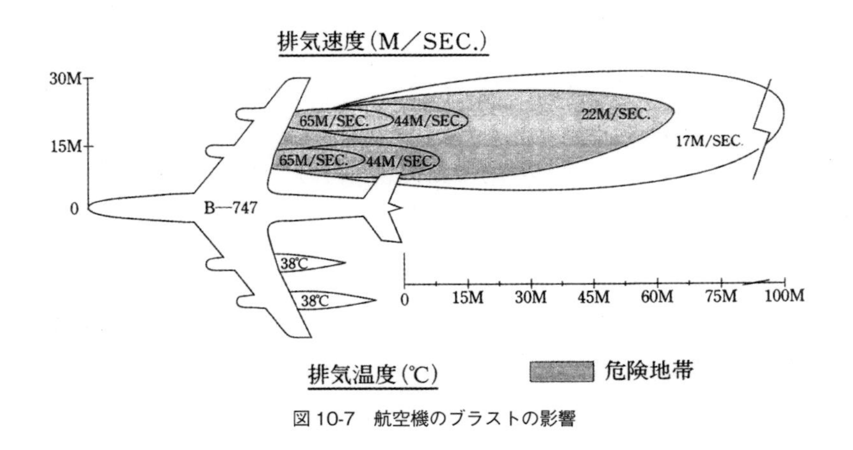

図10-7　航空機のブラストの影響

j．航空機のトーイングおよびタキシングの危険区域（図 10-8）

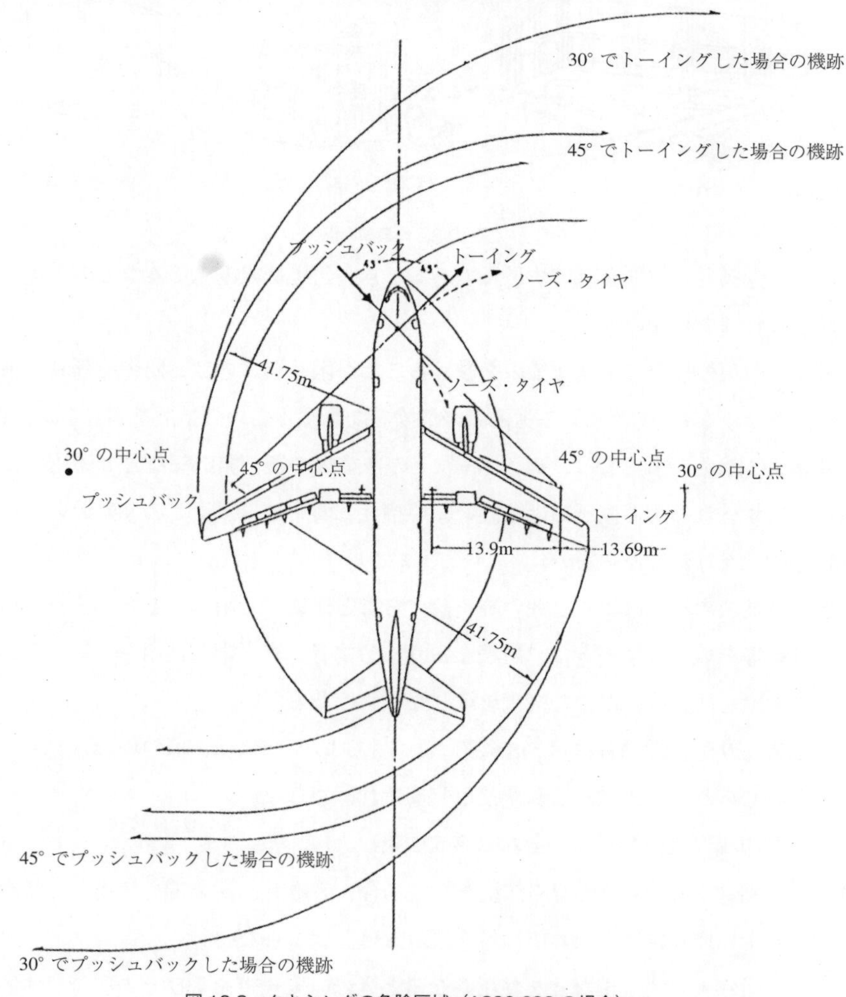

図 10-8　タキシングの危険区域（A300-600 の場合）

10-3　高所作業の安全

近年航空機は大型化が進み、垂直尾翼の一番高いところで、20m を超えている機種もある。ビルディングと比較すると 4 階部分に匹敵し、航空機の整備、修理、塗装、機体外部クリーニングなどの作業において、その作業域や作業方法により、格納庫内に設置されている固定高所設備を使用するか、移動可能な高所作業台または、高所作業車を使用するかが選択される。次に、これに係わる関係法令について一部記述する。

a．墜落などによる危険防止

(1)　作業床の設置など（安全基準第 518 条）（**図10-9**）

①事業者は、高さ 2m 以上の箇所（作業床の端、開口部などを除く）で作業を行う場合において、

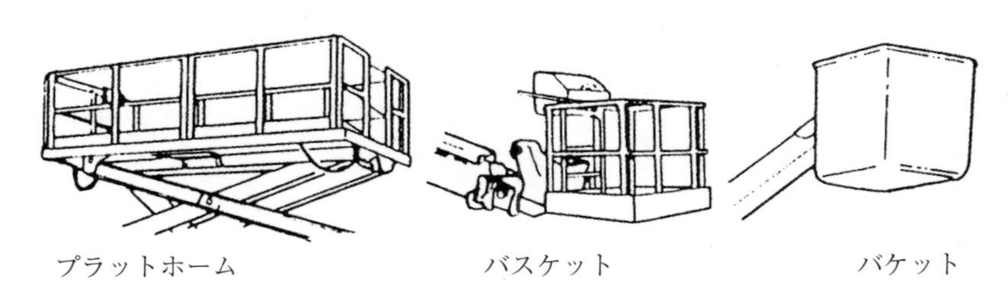

図 10-9　作業床の例

墜落により労働者に危険を及ぼす恐れのあるとき、足場を組み立てるなどの方法により作業床を設けなければならない。

②事業者は、前項の規定により作業床を設けることが困難なときは、防網を張り、労働者に安全帯を使用させるなど、墜落による労働者の危険を防止するための措置を講じなければならない。

③安全基準第 519 条、事業者は、高さ 2m 以上の作業床の端、開口部などで墜落により労働者に危険を及ぼす恐れのある箇所には、囲い、手摺り、覆い等（以下この条において「囲い等」という）を設けなければならない。

④事業者は、前項の規定により、囲い等を設けることが著しく困難なとき、または作業の必要上臨時に囲い等を取り外すときは、防網を張り、労働者に安全帯を使用させるなど、墜落による労働者の危険を防止するための措置を講じなければならない。

⑤安全基準第 520 条、労働者は第 518 条第（2）項および前条（4）項の場合において、安全帯等の使用を命じられたときは、これを使用しなければならない。

(2)　安全帯などの取付設備など（安全基準第 521 条）

①事業者は、高さ 2m 以上の箇所で作業を行う場合、労働者に安全帯を使用させるときは、安全帯などを安全に取り付けるための設備を設けなければならない。

②事業者は、労働者に安全帯などを使用させるときは、安全帯およびその取付設備等の異常の有無について、随時点検しなければならない。

(3)　悪天候時の作業禁止（安全基準第 522 条）

事業者は、高さが 2m 以上の箇所で作業を行う場合、強風、大雨、大雪などの悪天候のため、当該作業の実施について危険が予想されるときは、当該作業に労働者を従事させてはならない。

以上が 2m 以上の高さにおける作業環境の安全対策措置である。この他に 10m 未満と、10m 以上の箇所において作業する場合で、特に高所作業車を使用して行うときの安全対策は、さまざまな規制が関係法令に規定されている。

b．高所作業車などに関する規制（一部抜粋）

(1)　事業者はクレーンの運転その他の業務で制令で定めるものについては、都道府県労働基準局長の当該業務に係わる免許を受けたもの、または都道府県労働基準局長もしくは、都道府県労働基準局長の指定する者が行う当該業務に係わる技能講習を修了した者、その他労働省令で定める資格を有する者でなければ当該業務に就かせてはならない。

(2)　作業床の高さが10m以上と、10m未満の高所作業車の運転（道路上走行させる運転を除く）の業務については、おのおの制令および規則により規制されている。免許に係わる技能講習修了証の交付を受けた者でなければ、その操作をしてはならない。

(3)　事業者は、高所作業車について、1月以内ごとに1回、定期に次の事項について自主検査を行わなければならない。

①制動装置、クラッチおよび操作装置の異状の有無。

②作業装置および油圧装置の異状の有無。

③安全装置の異状の有無。

(4)　事業者は、危険または有害な業務で、労働省令で定めるものに労働者を就かせるときは、労働省令で定めるところにより、当該業務に関する安全または、衛生のための特別の教育を行わなければならない。

(5)　事業者は、特別教育を行ったとき、当該特別教育の受講者、科目等の記録を作成して、これを3年間保存しておかなければならない。

c．航空機作業に係わる高所作業車の操作資格

平成2年10月に就業制限が変更され、要約すると次のとおりとなった。

①移動可能な高所作業台（通常可動ドックという）で行う作業者については、技能講習必要なし。

②高所作業車の床上が2m未満の箇所で作業を行う場合も技能講習必要なし。

③作業床上が2mから10m未満の車両は、特別教育を受講すれば操作可能（特別教育は事業者が行わなければならない)。

④作業床上が10m以上の車両は、免許に係わる技能講習修了証の交付を受けた者でなければ操作してはならない。(建設業労働災害防止協会発行抜粋)

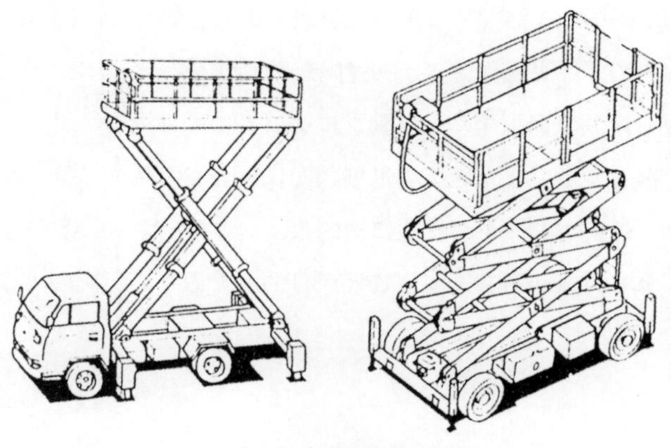

図10-10　垂直昇降型の例

10-4　消火器

航空機は、運航中にエンジン、APU、貨物室などから火災が発生した場合、機内に搭載されている消火剤、あるいは操縦席からの操作で消火できるようになっている（一部の小型機は除く）。

ここでは、航空機が地上において、火災発生時の対応のため、特にエンジン、APU等から発生したとき、地上にいる整備士、またはグランドハンドリング作業者が自力で消火できるものについて示す。

a．スポット配備の消火器（図10-11）

空港管理規則に規程化はされていないが、各空港の運用スポットとエンジン・ランナップ場のGSE置き場区域内に、各航空会社により指定された消火器（少なくとも50lbのCO_2または、ドライケミカル消火器）が配備されている。

これは、エンジン始動、APU始動または、燃料補給時に火災が発生した場合の対応として航空会社が自主的に配備しているものである。保守管理は、日常点検のほか6ヵ月ごとの重量測定を行うことにより、内部の消火剤の点検が義務づけられている。

図10-11　スポット配備消火器

b．格納庫内の消火

格納庫内には、固定式泡モニター設備を設けることと消防法上規定化されている。その容量は、格納庫の大きさによりその規模が決定される。

この設備は、遠隔操作の泡モニター・ノズル（**図10-12**）を、機体および床面の消火活動が可能な位置に配置するものである。当該部分で万一火災が発生した場合には、格納庫内の「現地操作盤」またはコントロール室内の「中央操作盤」から遠隔起動操作を行う。

基本的に常時は、放射区域を選択すると自動プログラムにより泡モニターが選定され、首振りながら放射区域内に泡を散布する。また火災の進展状況に応じて、個々の泡モニターを手動モードに切り替え、旋回、俯仰、放射パターンを任意に制御し、泡を放出することが可能となっている。

火災が発生したら機体を外気から遮断することが目的となるため、次のような設備および容量が必要となる。

⑴　設備

①消火用水・・・・・・清水

②非常電源・・・・・・自家発電設備

③泡モニター設備

泡消火薬剤・・・・・水成膜泡消火薬剤　3%泡水溶液混合方式

泡モニター・ノズル・・天井部泡モニター、ステージ下泡モニター

⑵　容量

航空機1機（ボーイング777クラス）消火活動30分間可能としたとき、

泡消火薬剤貯蔵タンク・・・2,000 ℓ × 4基

機体に放射を開始する概略所要時間は、泡モニターの天井まで、常時泡水溶液が加圧充水されているために泡ノズルから直ちに放射が開始されるが、ポンプが起動してから定格運転になるまで時間を要する（約20秒）。

図10-12　遠隔操作のモニター・ノズル

10-5　防具

航空機地上作業において、その作業内容により、人身事故を未然に防止するため、さまざまな防具が使用されている（**図10-13**）。以下は、最近使用されている防具を示す。

⑴　整備作業時に使用されるもの

ヘルメット、防護メガネ、防塵マスク、防毒マスク、手袋、フード、フルハーネス

⑵　機体洗浄時に使用されるもの

防水服（フード、長靴、手袋、ゴム手袋など）、ヘルメット、防護メガネ、防塵マスク、フルハーネス

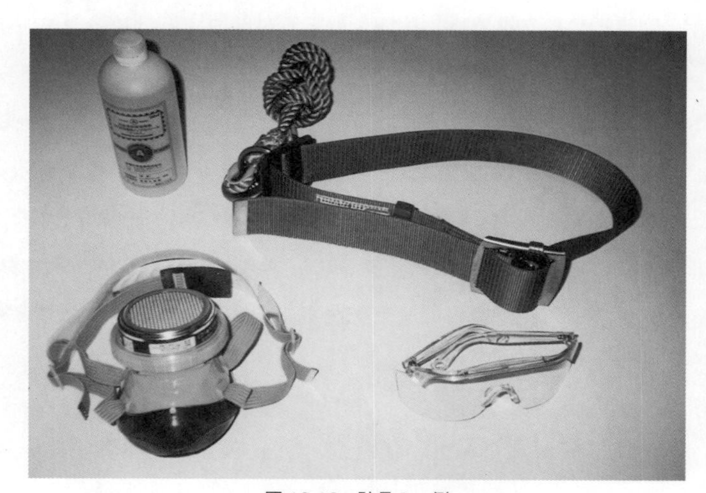

図10-13　防具の一例

第11章　品質管理

11-1　品質管理一般

11-1-1　品質管理とは

企業は、企業活動を通して商品やサービスを提供して、社会の発展に寄与し、存続・発展していかなければならない。しかし、社会が必要としている商品やサービスを、適切な価格で、しかもタイムリーに提供できなければその存在価値は認められず、自由競争の環境のもとで存続していくことができなくなってしまう。

JIS（日本工業規格）では、品質管理について「買い手の要求に合った品質の品物を作り出す手段と体系」と説明している。つまり、品質管理とは「顧客の要求する品質を満たした商品やサービスを、適切な価格で、タイムリーに提供すること」を目的にするものであるということができる。

従って、品質管理を行うことによって、企業は社会に貢献することができ、その結果、自らも繁栄することができることになる。

11-1-2　航空輸送の品質

航空輸送の品質というのは、一般に「安全性」、「定時性」、「快適性」であると言われている。言い換えると「旅客に快適に旅行していただき、確実に目的地にお届けすること」である。

最近の航空業界は、国内・外ともに今までとは違った厳しい競争時代に入っている。航空会社も旅客に選ばれる航空会社であるために、「旅客に満足される良質なサービスの提供」を最重要課題とし、サービス面でよりいっそうの品質向上に取り組んでいる。

さて、航空輸送の品質を考えるとき、「安全性」、すなわち安全運航の確保は、航空会社にとって企業存立の基盤であり、「絶対安全」を肝に銘じ片時も忘れてはならない。

この場合の安全は、特に旅客に対するものであるが、「人命尊重」の基本的立場に返って考えれば、ランプ上で航空機の運航を支援するグランドハンドリングを実施する人たちの安全も、また「絶対安全」でなければならない。

11-1-3　サービスの品質

「サービスの品質とは、顧客の期待に対する満足である」と言われている。

また、一般的には「品質とは要求条件との適合である」と言われ、品質とは、単純に良ければ良いということではない。

そこで、顧客の期待の多様化に対応して、いろいろなグレードの商品をそろえる必要がある。企業としてどのような客層を狙うのか、それによってサービス品質が決まってくる。このように狙いを決めることを「サービスの戦略」という。例えば、ファースト、ビジネス、エコノミーといったクラスに分けることによってサービス内容（品質）が決まってくる。

11-1-4　物的サービスと人的サービス

サービスは、主に物的サービスと人的サービスの2つに分けられる。

物的サービスとは、設備、飲食物、居住性、技術、機械、装置、仕事の進め方、手順、人のやりくり、情報の質、量、価格およびタイミングをさす。

これらの物的サービスが良くなければ、良い人的サービスを提供することは難しい。また、物的サービスが十分標準レベルに達していても、旅客には当たり前のこととしか受け取られない。当たり前の物的サービスを、満足をもって受け取ってもらうには、人的サービスの充実が必要不可欠である。

人的サービスとは、サービスの受け手が、サービスの提供者について感じる「フィーリング」（良い、または悪い）である。

サービスの評価は、受け手が、あらかじめどのようなことを、どの程度期待しているかによって決まるものである。サービスとは、旅客のニーズに応えることである。

11-1-5　社内サービス

「社内サービス（仲間へのサービス）」は、旅客へのサービスの原点である。

各部門間、「上司→部下」、「部下→上司」の関係においても、お互いにサポートしてサービスを支えあっている。社内サービスが確立し、お互いに尊重し合い、援助し合い、サービスが組織の中で上へ、下へ、横へと与えられるとき、このノウハウやサービス精神が、外部の旅客に良いサービスを提供する際の出発点となる。

11-2　作業の安全と品質

グランドハンドリング作業は、常に災害・事故と背中合わせにあり、油断できない仕事が多い。

災害・事故の大部分は、直接何らかの形で旅客に迷惑をかけることとなり、サービス品質の低下につながる。

作業中に発生する不具合には、人身災害、航空機の損傷、車両・機材の損傷、取り扱い貨物・手荷物・郵便物の損傷・誤送などがある。書類手続きの関係で、これらの不具合を同列に取り扱ってはいない場合もあるが、グランドハンドリング会社は、「作業」そのものを「商品」として売っているので、人身災害や航空機・車両機材の損傷も含め、基本的には同列に対処しなければならない。

特に航空機の損傷は、航空会社に直接大きな損害を与え、場合によっては、安全運航に影響を及ぼす。また、これらの不具合は、すべてコストにはね返ってくることから、作業の安全は作業品質そのものといえる。

11-3　品質管理の効用とコスト

わが国は「品質管理の国」と言われている。あらゆる分野において品質管理が実施され、その製品は世界中に輸出されている。海外に進出した日系企業も、日本式品質管理を武器に、低コストの製品を大量に生産している。

JIS（日本工業規格）では、「買い手の要求に合った品質の品物またはサービスを経済的に作り出す手段の体系」であると定義されており、経済面を無視した品質向上を目指すものではない。

品質管理の効用は、生産分野では不良率の低減による生産コストダウンであり、サービス分野にあっては、顧客の満足度アップによる売上の増加である。

一方、品質管理のコストとは、何もしなかったときに発生する不具合をカバーするためのコスト（欠陥コスト）に対し、この不具合の発生を防止するためのコストである。つまり、欠陥コストが品質管理のコストである。

通常、「欠陥コスト＞欠陥防止コスト」の関係が成立する。すなわち、欠陥コストより少ないコストでその欠陥を防止できるということである。そうでなければ、品質管理の意味がない。

この欠陥コストすなわち正しい仕事をするためのコストには、次のようなものがある。

①品質管理担当部門の費用

②未然防止活動の費用

③品質教育の費用

④手順書作成の費用

⑤検査の費用

11-4　不具合対策の先取り（ヒューマン・エラーの防止対策）

不具合対策を先取りするには、作業の実施結果のフィードバックだけでなく、それぞれの各業務段階に必要な情報、考え方、手法などがインプットされなければならない。このことがシステム化され、不具合作業の原因を取り除くため、全部門が有機的な連携のもとに、継続的、体系的に取り組む必要がある。

グランドハンドリング作業は、物を作って販売するということがない。作業そのものが商品であり、品質である。従って、不具合作業や災害・事故を未然に防止し、正しい作業、間違いのない作業をすることが品質の維持・向上につながる。

さて、この不具合作業や災害·事故の発生要因であるが、その大部分は人的要因（ヒューマン·ファクター）によるヒューマン・エラーが原因となっている。

つまり、作業基準・作業手順の遵守、確認の励行などと対策が立てられる。なぜ基準が守られなかったか、確認をしなかったかとなると、うっかり、怠慢、不注意などが原因とされ、それを防ぐ具体的な手立てが見出せないのが現状であり、最後にこのヒューマン・エラーの壁に突き当たる。

基本的に「人間は誰でも間違いをおかすものである」との認識に立ち、人間の弱点をカバーし回避する方策を、あらゆる場面に組み込んでいく必要がある。「間違いを起こす可能性があるところでは必ず間違いが起こる」（マーフィーの法則）と言われるように、間違いを起こす可能性（ヒューマン・エラーの芽）を、作業者それぞれの持ち場で摘み取っていかねばならない。

＜ヒューマン・エラーの要因＞

(1) 作業者の個人特性 ——→ 人間の弱点

(2) 作業の管理体制

（教育、訓練、指導、作業指示を含む）

(3) 作業特性および環境条件

(4) 人間 - 機械系の人間工学設計

（人間は誰でも間違いをおかすものである）

①錯覚・錯誤があること。

②疲労すること（体力の限界があること）。

③機能の恒常性に欠ける（ばらつきがある、正確さの限界）。

④速度・スピードに限界がある（0.2 秒程度の反応時間がある）。

⑤環境に対して許容限界を持っている。

⑥感情に左右されやすい。

⑦固定化した生理リズムを持っている。

⑧居眠り、不注意などの欠点を持つ。

⑨情報処理能力の限界（情報伝達容量の限界）。

⑩計画能力と知覚能力の限界。

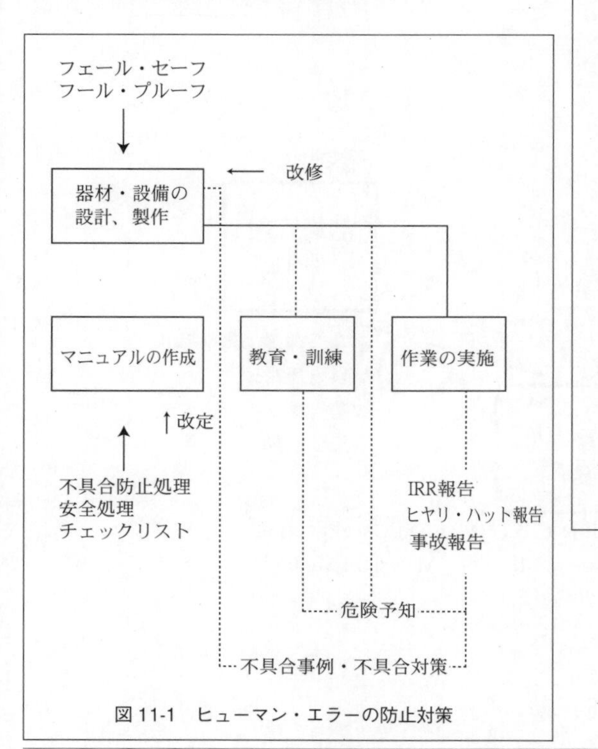

図 11-1　ヒューマン・エラーの防止対策

11-5　品質管理の実施

品質管理は、品質を保証するための手段である。顧客の要求を満足するサービス品質を確実に提供できるように、それぞれの業務をバックアップする考え方である。

従って品質管理は、すべての業務の中で活かさなければならない。品質管理の実施状況を具体的に評価するには、次のような業務や制度が整備されていることが必要である。

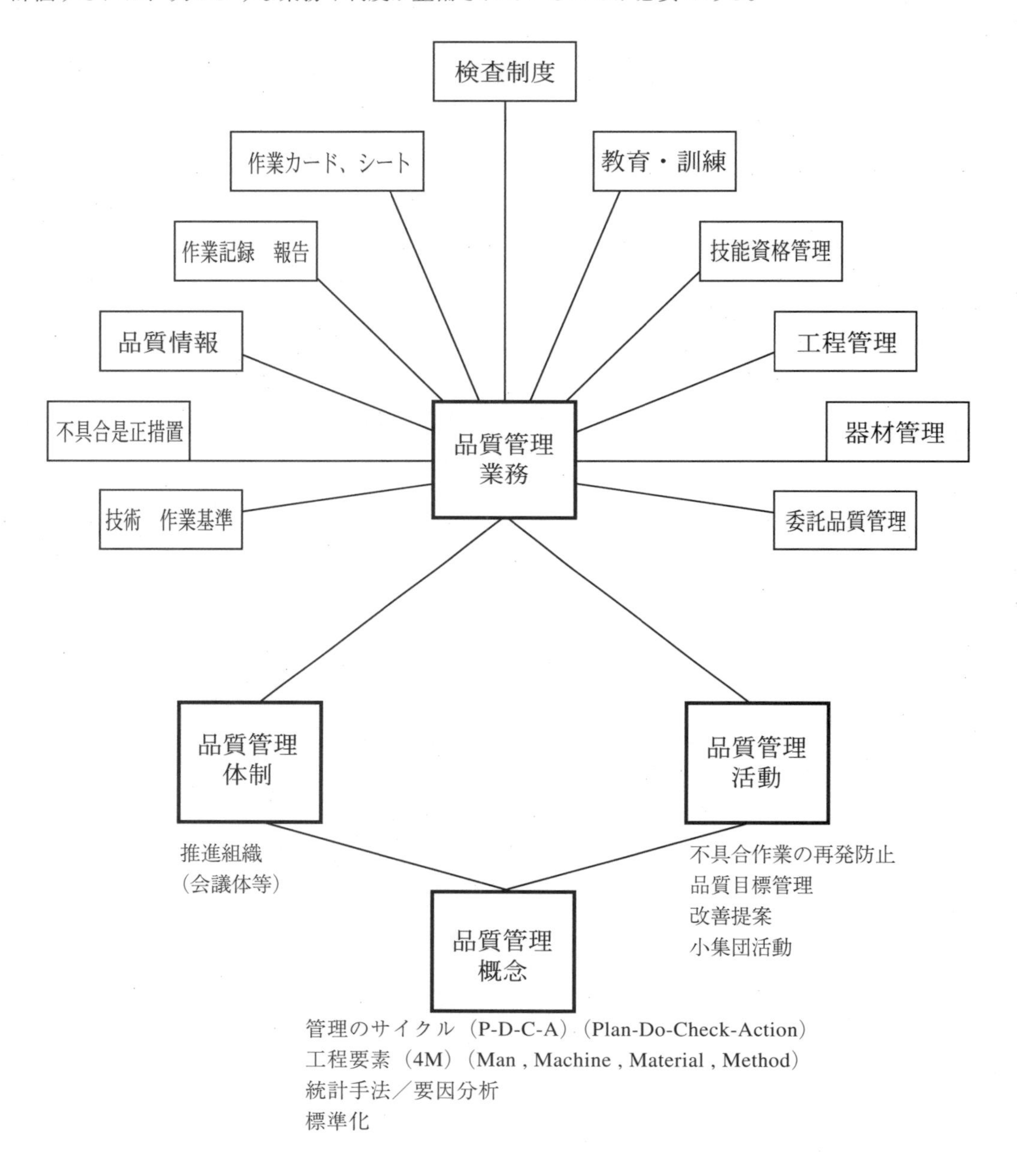

図11-2

11-6　不安全事象（例）

回転体の危険エリアに絶対入らない！

【事例　①】発生事例

プロペラ回転中は、人身傷害に繋がるプロペラ回転面の前方・後方の延長面上には絶対に立ち入らないこと。

整備作業で使用したメイン・チョークを外す必要があったが、チョークをエンジン・スタート前に外し忘れて、プロペラ回転中にもかかわらず、慌てて矢印の方向から外しに行った。

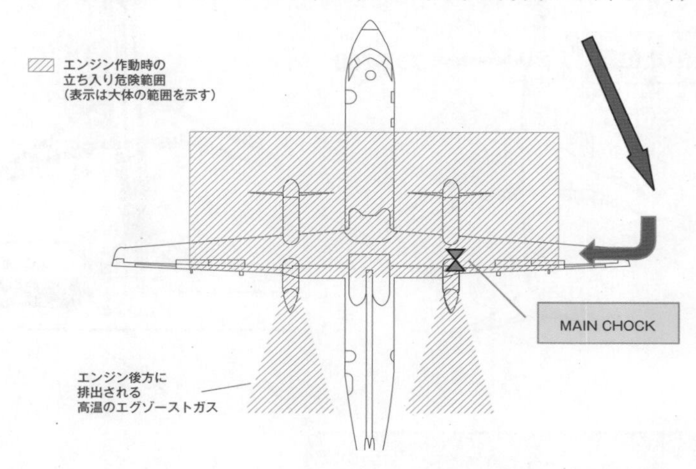

トーイング時は適正な監視員と適正な指示が重要！

【事例　②】機材損傷

空港内のランナップエリアからスポットまでトーイングする際に機体の旋回に伴う、膨らみが生じていたが、監視員の指示とトーイングマンとの連携が十分図る事ができず、左翼端を照明灯に接触。

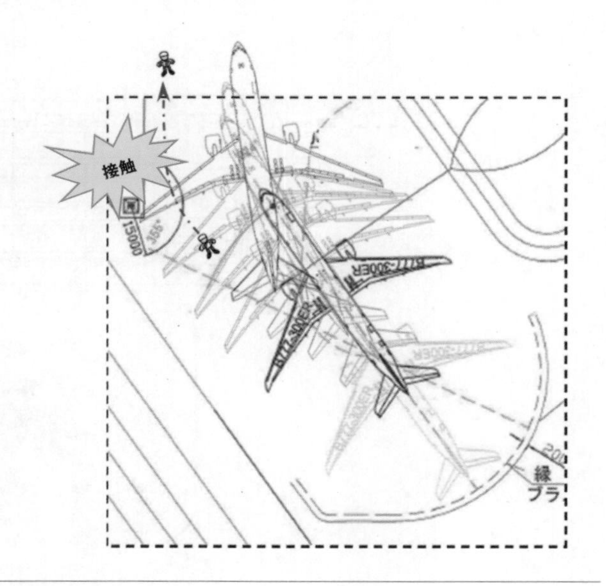

機体の型式と停止位置表示の確認が重要

【事例　③】機材損傷

機体をハンガー内にトーイングし、停止位置を当該機が 737-700 型機と思い込み、本来の停止位置ではない所に停止したため、その後にハンガー内の扉を閉めた際に機体と扉が接触した。

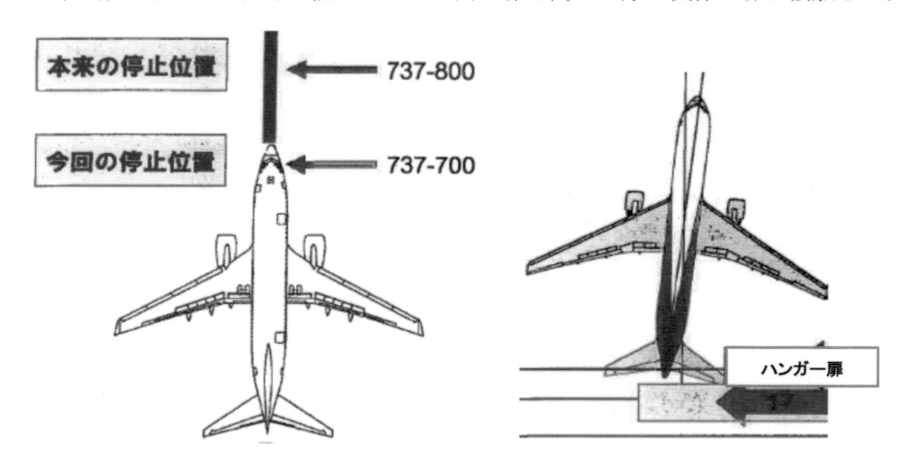

貨物室内は、足元注意！！

【事例　④】受傷事例

貨物室内コンテナ・ロックの確認時にフロアの中央部分の開口部に足元を取られ、足を強打して怪我をした。

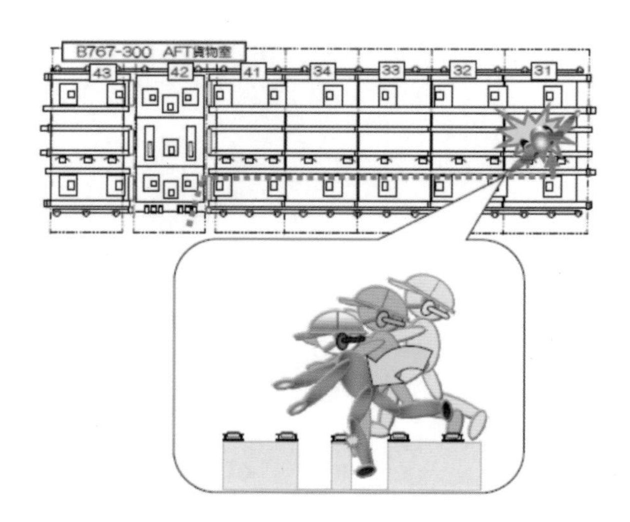

貨物室内のコンテナを動かす時は周りに一声掛けて動かす事

【事例　⑤】受傷事例

ハイリフト・ローダー担当者が後方貨物室の最終点検を実施した。33L/34L のコンテナ同士が重なっていたため 34L のコンテナを後方に押した際、他の作業者がラテラル・ガイドのロック状態を確認しようと操作していたところ、移動してきたコンテナに手を挟まれ怪我をした。

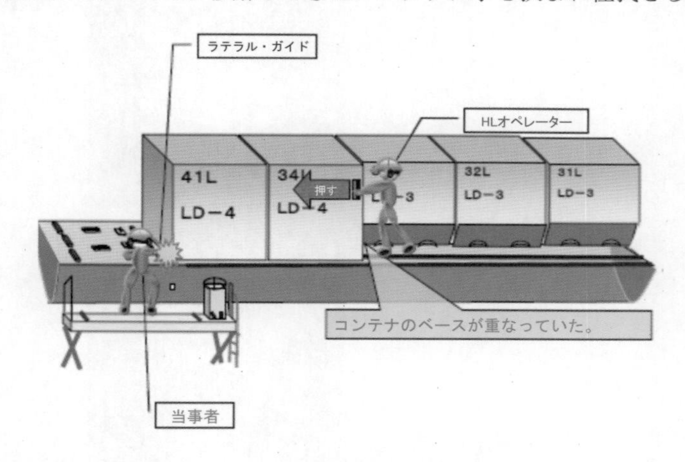

コンテナを動かす時は周りの作業者に一声掛けて動かす事

【事例　⑥】受傷事例

ハイリフト・ローダー担当者がハイリフト・ローダー延長部分にドーリー移送待ちのコンテナがあるにもかかわらずハイリフト・ローダーメインプラットホームから 2 台のコンテナを延長部に移送したため、搬送担当者が死角となり、ドーリー移送待ちのコンテナと延長部分のコンテナに手を挟まれて怪我をした。

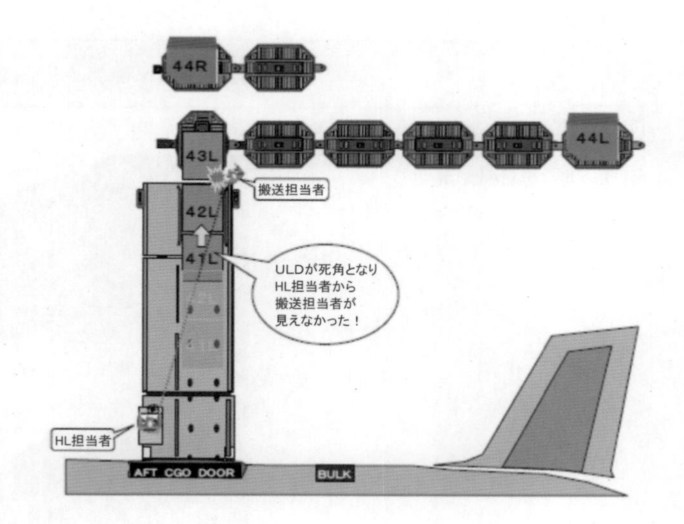

767 Pax Door Close の時は手の位置に注意

【事例　⑦】受傷事例

767のPassenger DoorをCloseする際にハンドル収納エリア内に指が入りけがをした。ハンドルは握らず、手のひらで押す！

【悪い例】

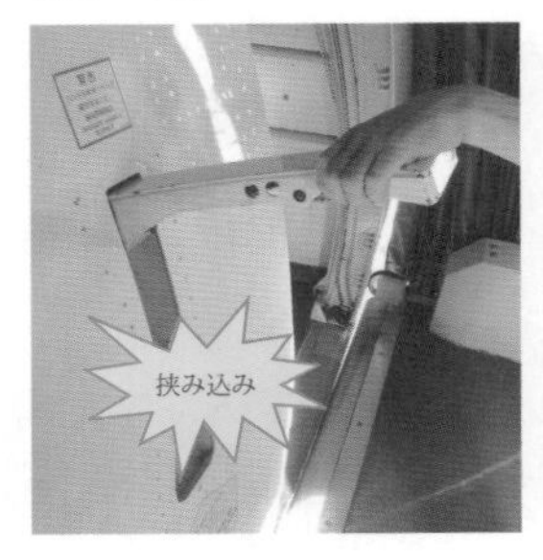

【良い例】

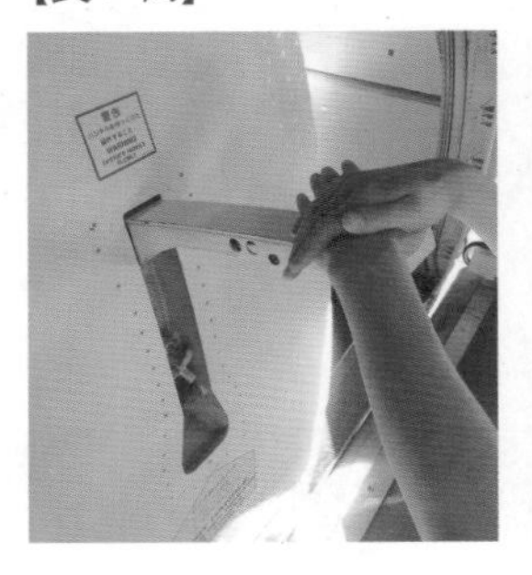

ハイリフト・ローダー車昇降時は、周囲の確認を確実に！

【事例　⑧】機材損傷

カーゴドアをCloseする際にハイリフト・ローダーの手すりに接触させた。

車両の高さが高い車両は、固定橋の下は通過禁止

【事例　⑨】　器材損傷

パッセンジャー・ステップを移動させる際に当該車両が通行してはいけない（高さ制限のある）走行ルートを通行したため、パッセンジャー・ステップとPBB固定橋に接触し、空港施設と器材を損傷させた。

パッセンジャー･ステップは、空港内で通行が禁止されているエリアがあるため運転前に走行ルートを確認して運転を行うこと。

接近するPBBの車輪

【事例　⑩】受傷事例

他の作業者がパッセンジャー・ボーディング･ブリッジ（PBB）が走行中にPBBの可動範囲内に入り車輪に足を巻き込まれけがをした。

トーイング・トラクターに Tow Bar 接続時は、操作線上に手を置かない！

【事例　⑪】受傷事例

手荷物カートをトーイング・トラクターに接続しようとしたところ、車両とカートの間に手が挟まりけがをした。

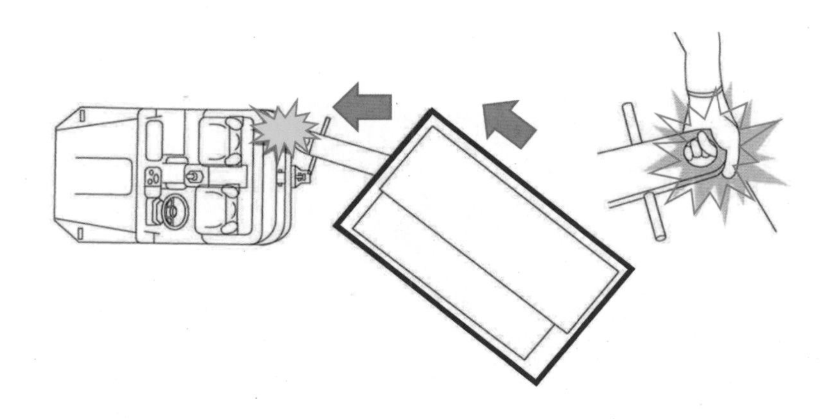

（以下、余白）

第12章　資料編

「その他グランドハンドリング関連情報」

12-1　ULD の種類とタイプおよび IATA ID コード

12-2　グランドハンドリング・サービス・ポイントの寸法および位置

12-3　フライト・スケジュールの重要性

12-4　空港のスリーレター・コードおよびエアライン・コード

12-5　空港規則（制限区域内の車両安全）

12-6　空港内ランプ、誘導路などの標示、標識

別添 1　東京国際空港グリッド・マップ

別添 2　車両通路の指示標示等の定義

別添 3　エプロン内安全のためのマーキング定義

（注）各機種ごとのデータについては、IATA から毎年発行されている “Airport Handling Manual” を参照下さい。

12-7　GSE 略称一覧

12-8　危険物輸送

12-1　ULD の種類とタイプおよび IATA ID コード

ULD（Unit Load Device）は、貨物、郵便、手荷物などを、それぞれこの ULD にまとめて航空機で輸送する入れ物（コンテナ）である。ULD には、航空機のタイプ（ボーイング 777、787、767、エアバス A320 等、バラ搭載の航空機は除く）や条件（貨物室内のコンテナ・ロック位置など）により、搭載できる ULD とできない ULD がある。

また、ULD タイプは、エアバス A320 型タイプ用の LD-3-46 タイプと、ボーイング 777、787、767 で使用する LD-3 タイプ、PLT タイプといわれるタイプのほかに、ボーイング 767 で使用する LD-2、LD-4 タイプなどがあり、これらの ULD は、IATA で規格化されている。

次の表は、各機種に搭載できる ULD のタイプ別の表である。

注）IATA：International Air Transport Association（世界の民間航空事業に携わる定期航空会社の団体）

各機種に搭載できる ULD のタイプ別表

ULD タイプ／機種	PLT	LD-4	LD-3	LD-2	LD-3-46	LD-3 最大搭載台数
ボーイング 777-300	○	○	○	○	○	44
ボーイング 777-200	○	○	○	○	○	32
ボーイング 787-9	○	○	○	○	○	36
ボーイング 787-8	○	○	○	○	○	28
ボーイング 767-300	×	○	○	○	○	15
ボーイング 767-300ER	○	○	○	○	○	15
エアバス A350	○	×	○	×	○	36
エアバス A320	×	×	×	×	○	LD-3-46/7

※ボーイング 767 タイプへの LD-3-46 搭載は機内での固縛が必要

（以下、余白）

CONTAINER

（「ANA Dimension Guide」より）

IATA ID Code (IATA Code)	Illustration / 内寸：Internal Dimension: cm(inch)	内容量：Int Volume: m3(ft3) / 外寸 L×W×H：External Dimension L×W×H: cm(inch) / ドアーサイズ L×H：Door Size L×H: cm(inch)	自重：Tare Wt: kg(Lbs) / 搭載可能機種 Loadable Aircraft	重量制限（自重含）：Weight Lim. Inc ULD Tare Wt: kg(Lbs)
DKH (AKH) (LD-3-46WF) DC	241(95) / 97(38) / 95(37) / 143(56) / 140(55) / 147(58)	3.2（113）	125～135（276～298）	
		244 × 153 × 117 (96 × 60.4 × 46)	B777 B787 B767 A320 A321 A380	1,134 (2,500)
		143 × 95 (56 × 37)		
DKH (LD-3-45WF) DC	241(95) / 97(38) / 95(37) / 147(58) / 140(55) / 147(58)	3.1（109）	125～135（276～298）	
		244 × 153 × 114 (96 × 60.4 × 45)	B777 B787 B767 A320 A321 A380	1,134 (2,500)
		147 × 95 (58 × 37)		
AKH (LD3-45WF) DC	213(84) / 97(38) / 95(37) / 137(54) / 140(55) / 143(56)	3.0(106)	111（245）	
		215 × 148 × 144 (84.6 × 58.2 × 44.8)	B777 B787 B767 A320 A321 A380	1,134 (2,500)
		137 × 95 (54 × 37)		

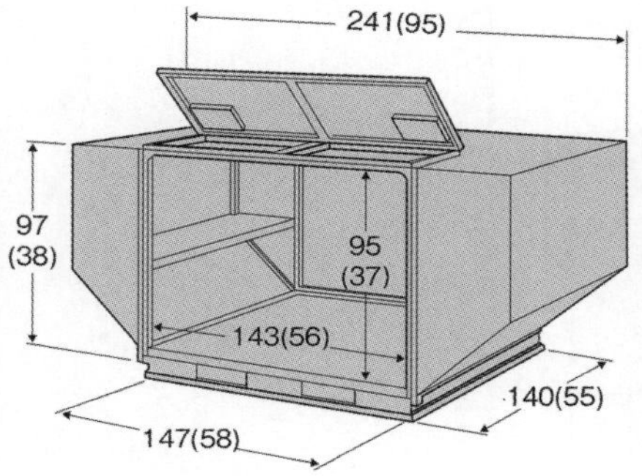

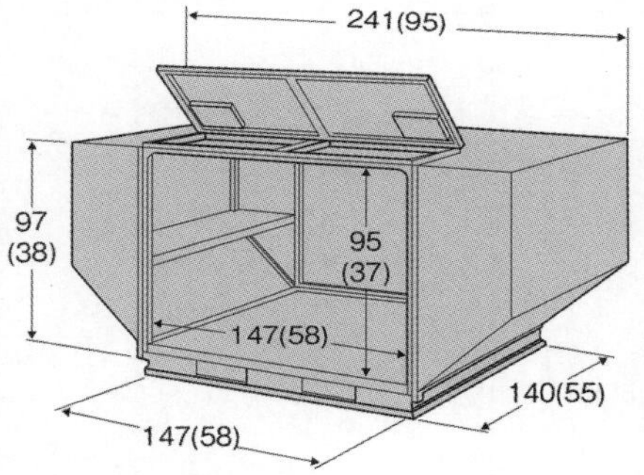

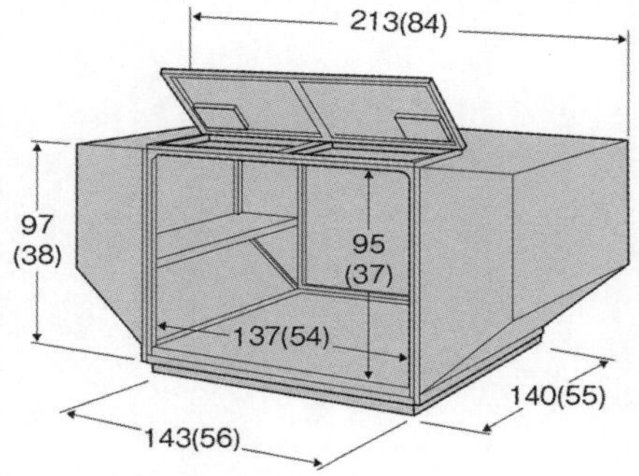

＊国際 IC (International)　国内 DC (Domestic)

CONTAINER

IATA ID Code (IATA Code)	Illustration 内寸：Internal Dimension: cm(inch)	内容量：Int Volume: m3(ft3) 外寸 L × W × H：External Dimension L × W × H: cm(inch) ドアーサイズ L × H：Door Size L × H: cm(inch)	自重：Tare Wt: kg(Lbs) 搭載可能機種 Loadable Aircraft	重量制限（自重含）：Weight Lim. Inc ULD Tare Wt: kg(Lbs)
AKH (LD3-45WF) IC	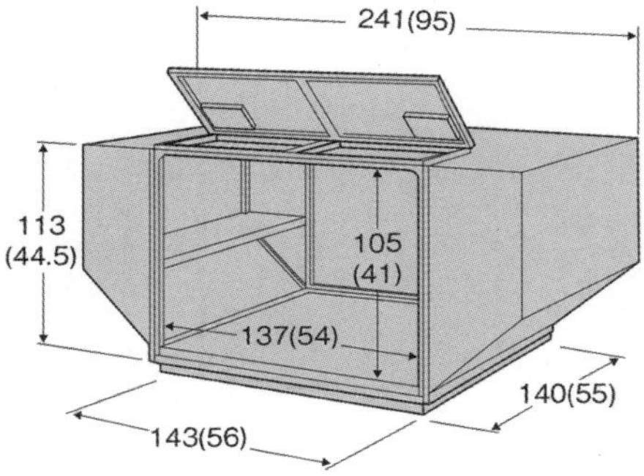 241(95) 113 (44.5) 105 (41) 137(54) 140(55) 143(56)	3.3(116) 156 × 153 × 114 (61.5 × 60.4 × 45) 137 × 105 (54 × 41)	95(209) B777 B787 B767 A320 A321 A380	1,134 (2,500)
DKN (LD-3F) DC	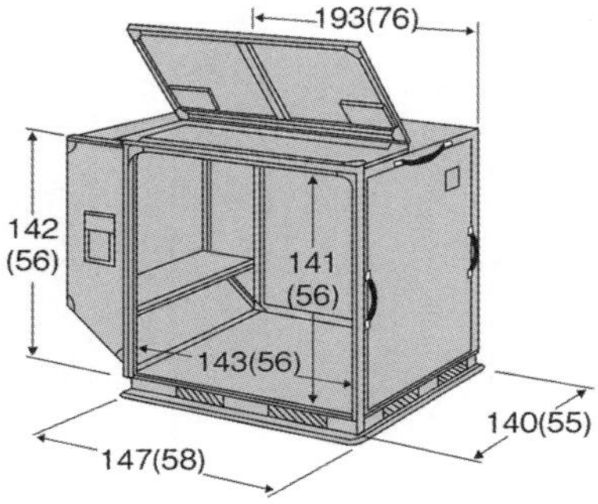 193(76) 142 (56) 141 (56) 143(56) 140(55) 147(58)	3.8(134) 156 × 153 × 163 (61.5 × 60.4 × 64) 143 × 141 (56 × 56)	125～135（276～298） B777 B787 B767 A380	1,587 (3,500)
DKN (LD-3F) LIGHT WEIGHT TYPE DC	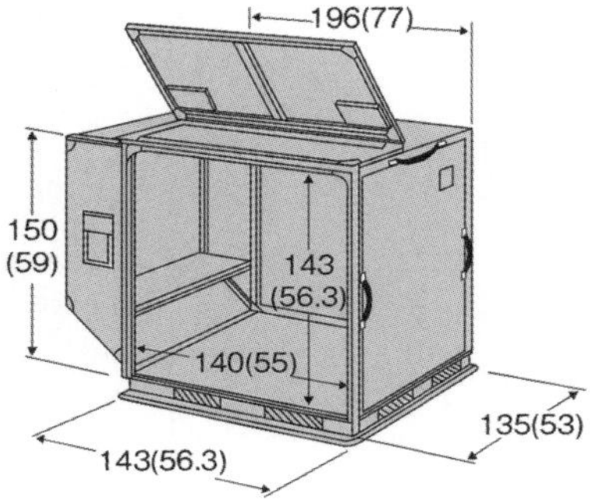 196(77) 150 (59) 143 (56.3) 140(55) 135(53) 143(56.3)	4.0(141) 156 × 153 × 163 (61.5 × 60.4 × 64) 140 × 143 (55 × 56.3)	113（250） B777 B787 B767 A380	1,587 (3,500)

*国際 IC (International)　国内 DC (Domestic)

CONTAINER

IATA ID Code (IATA Code)	Illustration 内寸：Internal Dimension: cm(inch)	内容量：Int Volume: m3(ft3)	外寸L×W×H：External Dimension L×W×H: cm(inch)	ドアーサイズL×H：Door Size L×H: cm(inch)	自重：Tare Wt: kg(Lbs)	搭載可能機種 Loadable Aircraft	重量制限（自重含）：Weight Lim. Inc ULD Tare Wt: kg(Lbs)
DKN (LD-3F) GOH IC DC	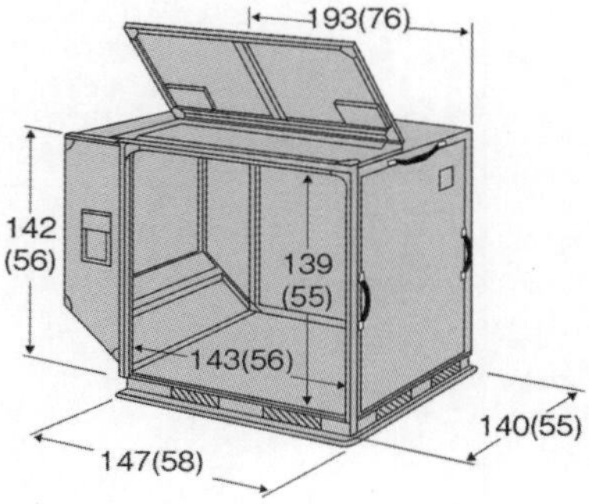 193(76) 142 (56) 139 (55) 143(56) 140(55) 147(58)	3.8(134)	156 × 153 × 163 (61.5 × 60.4 × 64)	143 × 139 (56 × 55)	162（357）	B777 B787 B767 A380	1,587 (3,500)
AKN (LD-3F) GOH IC DC	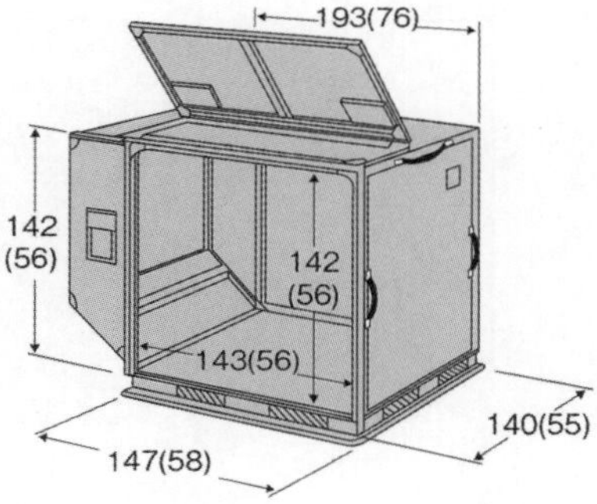 193(76) 142 (56) 142 (56) 143(56) 140(55) 147(58)	3.8（134）	156 × 153 × 163 (61.5 × 60.4 × 64)	143 × 142 (56 × 56)	120（242）	B777 B787 B767 A380	1,587 (3,500)
AKE (LD-3) LIGHT WEIGHT TYPE IC	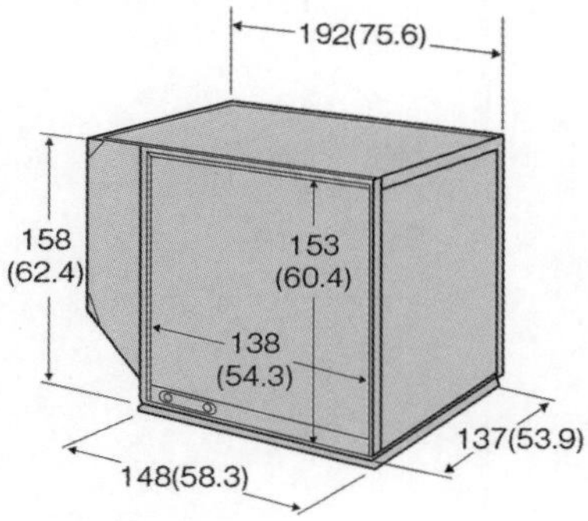 192(75.6) 158 (62.4) 153 (60.4) 138 (54.3) 137(53.9) 148(58.3)	4.4（156）	156 × 153 × 163 (61.5 × 60.4 × 64)	138 × 153 (54.3 × 60.4)	71（157）	B777 B787 B767 A380	1,587 (3,500)

＊国際 IC (International)　国内 DC (Domestic)

CONTAINER

IATA ID Code (IATA Code)	Illustration 内寸：Internal Dimension: cm(inch)	内容量：Int Volume: m3(ft3) 外寸 L × W × H：External Dimension L × W × H: cm(inch) ドアーサイズ L × H：Door Size L × H: cm(inch)	自重：Tare Wt: kg(Lbs) 搭載可能機種 Loadable Aircraft	重量制限（自重含）：Weight Lim. Inc ULD Tare Wt: kg(Lbs)
DQP (LD-4F) DC	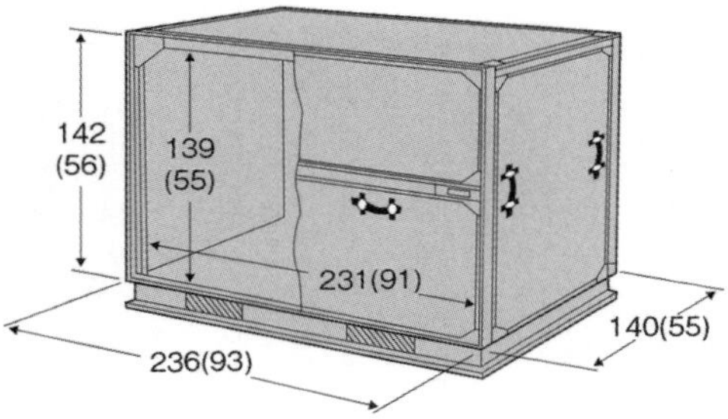 142 (56) 139 (55) 231(91) 236(93) 140(55)	5.1（180）	190～200（419～441）	
		244 × 153 × 163 (96 × 60.4 × 64)	B777 B767	2,449 (5,400)
		231 × 139 (91 × 55)	B787	2,449 (5,400) ※横積みの場合 ※ Lateral loading
				1,587 (3,500) ※縦積みの場合 ※ Longitudinal loading
DQP (LD-4) IC	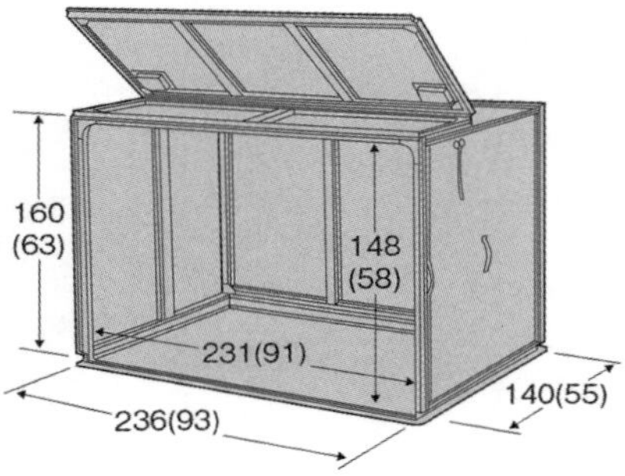 160 (63) 148 (58) 231(91) 236(93) 140(55)	5.5（194）	120～130（265～287）	
		244 × 153 × 163 (96 × 60.4 × 64)	B777 B767	2,449 (5,400)
		231 × 148 (91 × 58)	B787	2,449 (5,400) ※横積みの場合 ※ Lateral loading
				1,587 (3,500) ※縦積みの場合 ※ Longitudinal loading
DQF (LD-8) IC	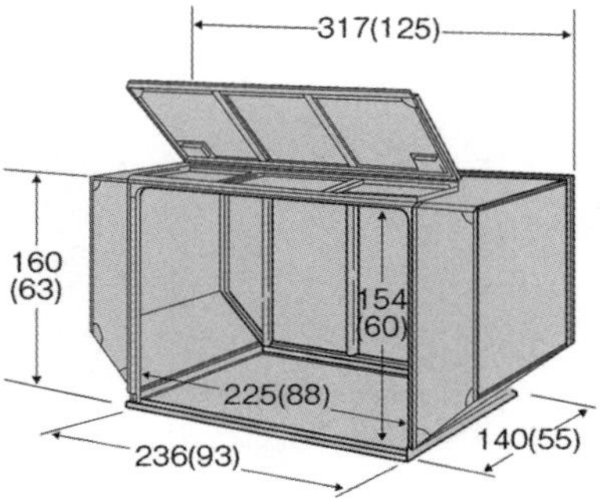 317(125) 160 (63) 154 (60) 225(88) 236(93) 140(55)	7.2（253）	145～155（320～342）	
		244 × 153 × 163 (96 × 60.4 × 64)	B777-200 B777-300 B787-8 B767	2,449 (5,400)
		225 × 154 (88 × 60)		

*国際 IC (International)　国内 DC (Domestic)

CONTAINER

IATA ID Code (IATA Code)	Illustration / 内寸：Internal Dimension: cm(inch)	内容量：Int Volume: m3(ft3) / 外寸 L × W × H：External Dimension L × W × H: cm(inch) / ドアーサイズ L × H：Door Size L × H: cm(inch)	自重：Tare Wt: kg(Lbs) / 搭載可能機種 Loadable Aircraft	重量制限（自重含）：Weight Lim. Inc ULD Tare Wt: kg(Lbs)
DLP (DWB) (LD-11F) DC	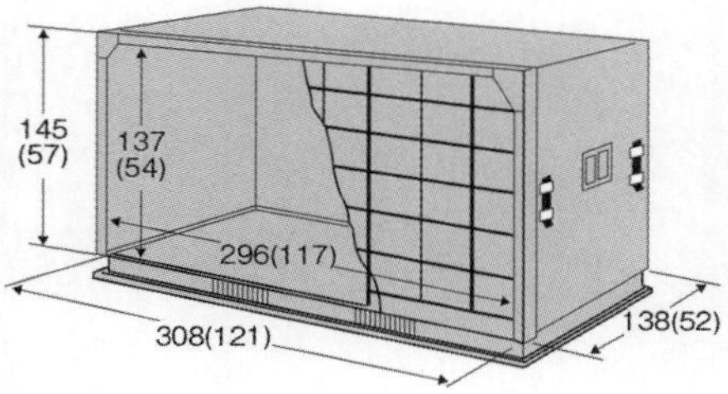	6.8（240）	240～250（529～551）	
		318 × 153 × 163 (125 × 60.4 × 64)	B777 B787 B767 B767ER B767F	3,175 (7,000)
		296 × 137 (117 × 54)	A380	3,174 (7,000)
DLF (LD-6F) DC	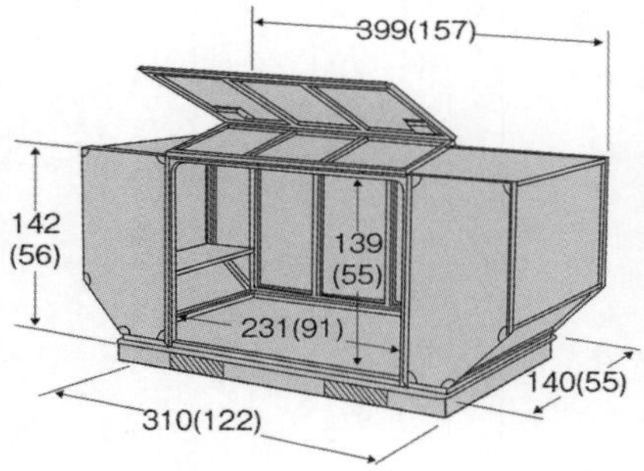	8.7(307)	270～280（595～617）	
		318 × 153 × 163 (125 × 60.4 × 64)	B777 B787	3,175 (7,000)
		231 × 139 (91 × 55)	A380	3,174 (7,000)
DAP (LD-9F) DC	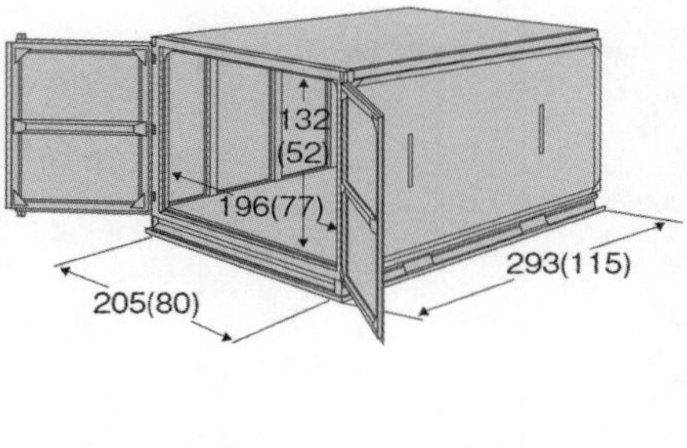	10.3（364）	417～430（920～948）	
		224 × 318 × 163 (88 × 125 × 64)	B777 B787	4,676 (10,310)
		196 × 132 (77 × 52)	B767ER B767F	5,102 (11,250)

＊国際 IC (International) 国内 DC (Domestic)

CONTAINER

IATA ID Code (IATA Code)	Illustration / 内寸：Internal Dimension: cm(inch)	内容量：Int Volume: m3(ft3) / 外寸 L × W × H：External Dimension L × W × H: cm(inch) / ドアーサイズ L × H：Door Size L × H: cm(inch)	自重：Tare Wt: kg(Lbs) / 搭載可能機種 Loadable Aircraft	重量制限（自重含）：Weight Lim. Inc ULD Tare Wt: kg(Lbs)
DAP (LD-9F) SIDE DOOR OPEN TYPE DC	130 (51) 284(112) 293(115) 205(80)	10.3（364）	360～370（794～816）	
		318 × 224 × 163 (125 × 88 × 64)	B777 B787	4,676 (10,310)
		284 × 130 (112 × 51)	B767ER B767F	5,102 (11,250)
DAF (LD-26) DC	399(157) 150 (59) 155 (61) 302(119) 310(120) 208(82)	12.5（441）	275～285（606～628）	
		318 × 224 × 163 (125 × 88 × 64)	B777 B787	4,676 (10,310)
		302 × 150 (119 × 59)	A380	4,676 (10,200)
UMA (M-1) DC	225(88) 231(91) 202(80) 306(120) 228(90)	15.9（561）	439（968）	
		318 × 244 × 244 (125 × 96 × 96)	B767F	MAIN 3,394 (7,483) ～ 6,803 (15,000)
		225 × 228 (88.4 × 89.7)	B777F	MAIN 4,082 (9,000) ～ 6,803 (15,000)

*国際 IC (International)　国内 DC (Domestic)

CONTAINER

IATA ID Code (IATA Code)	Illustration 内寸：Internal Dimension: cm(inch)	内容量：Int Volume: m3(ft3)	外寸 L × W × H：External Dimension L × W × H: cm(inch)	ドアーサイズ L × H：Door Size L × H: cm(inch)	自重：Tare Wt: kg(Lbs)	搭載可能機種 Loadable Aircraft	重量制限（自重含）：Weight Lim. Inc ULD Tare Wt: kg(Lbs)
AMF **(LD-36)** IC	396(156) 155 (61) 148 (58) 293(115) 315(124) 227(89)	12.5（441）	318 × 244 × 163（125 × 96 × 64）	302 × 150（119 × 59）	280（617）	B777 B787 A380	5,102（11,250）

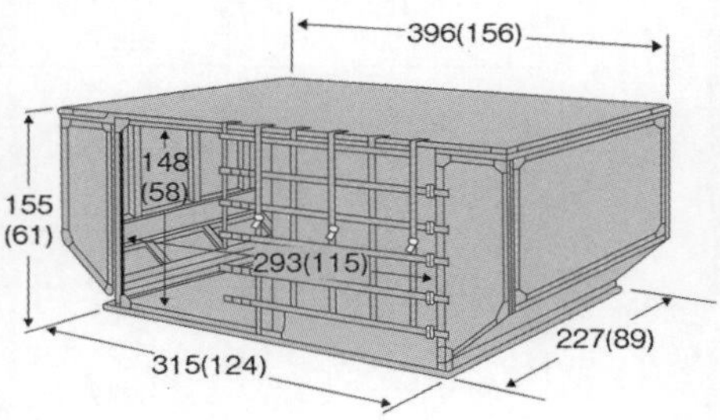

＊国際 IC（International）　国内 DC（Domestic）

（以下、余白）

SPECIAL CONTAINER

IATA ID Code (IATA Code)	Illustration / 内寸：Internal Dimension: cm(inch)	内容量：Int Volume: m3(ft3) / 外寸 L × W × H：External Dimension L × W × H: cm(inch) / ドアーサイズ L × H：Door Size L × H: cm(inch)	自重：Tare Wt: kg(Lbs) / 搭載可能機種 Loadable Aircraft	重量制限（自重含）：Weight Lim. Inc ULD Tare Wt: kg(Lbs)
MQP (LD-4F) DC	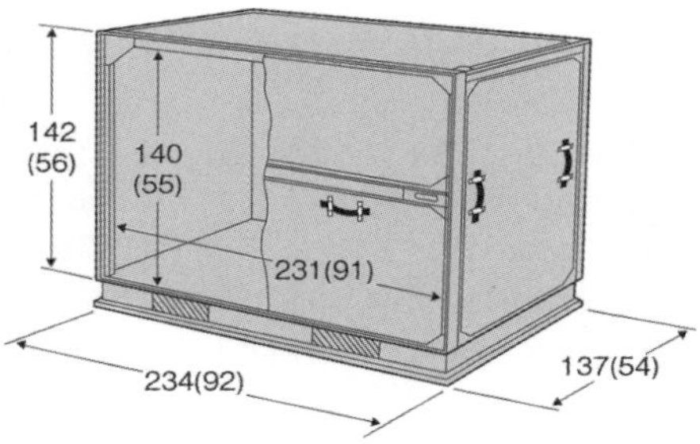 142(56) 140(55) 231(91) 234(92) 137(54)	4.9（173）	240～250（529～551）	
		244 × 153 × 163 (96 × 60.4 × 64)	B777 B767	2,449(5,400)
		* INSULATED（簡易保冷コンテナ）	B787	2,449 (5,400) ※横積みの場合 ※ Lateral loading
		231 × 140 (91 × 55)	B787	1,587 (3,500) ※縦積みの場合 ※ Longitudinal loading
MKN (LD-3F) DC	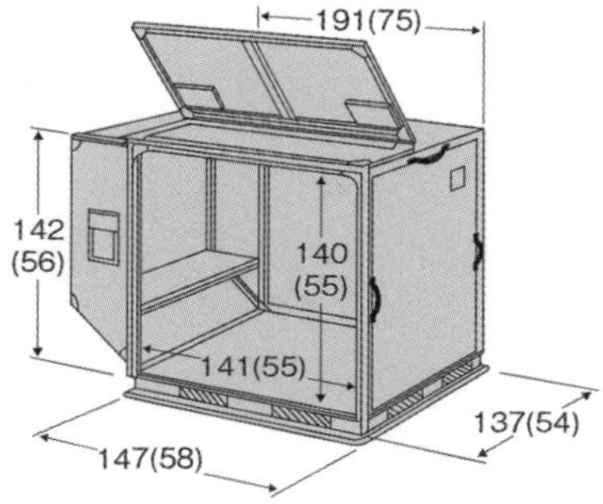 191(75) 142(56) 140(55) 141(55) 147(58) 137(54)	3.8（134）	150～160（331～353）	
		156 × 153 × 163 (61.5 × 60.4 × 64)	B777 B787 B767 A380	1,587 (3,500)
		* INSULATED（簡易保冷コンテナ）		
		141 × 140 (55 × 55)		
MKN (LD-3F) DC	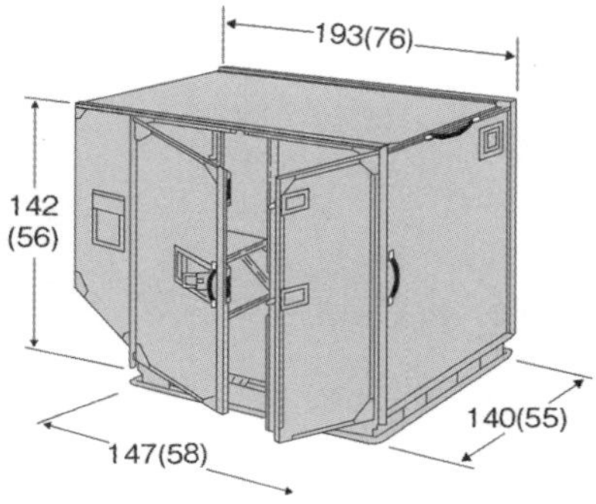 193(76) 142(56) 147(58) 140(55)	3.8（134）	125～135（276～298）	
		156 × 153 × 163 (61.5 × 60.4 × 64)	B777 B787 B767 A380	1,587 (3,500)
		* INSULATED（簡易保冷コンテナ）		
		143 × 141 (56 × 56)		

＊国際 IC (International)　国内 DC (Domestic)

SPECIAL CONTAINER

IATA ID Code (IATA Code)	Illustration / 内寸：Internal Dimension: cm(inch)	内容量：Int Volume: m3(ft3) / 外寸 L × W × H：External Dimension L × W × H: cm(inch) / ドアーサイズ L × H：Door Size L × H: cm(inch)	自重：Tare Wt: kg(Lbs) / 搭載可能機種 Loadable Aircraft	重量制限（自重含）：Weight Lim. Inc ULD Tare Wt: kg(Lbs)
MKN (LD-3F) DC	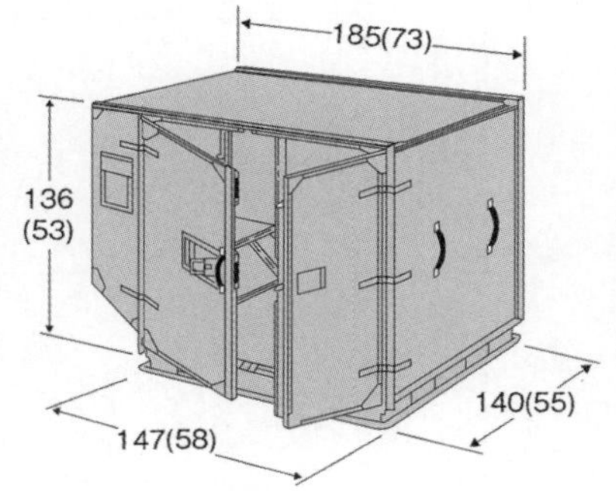 185(73) 136(53) 147(58) 140(55)	3.0（106）	280～290（617～639）	
		156 × 153 × 162 (61.5 × 60.4 × 63)	B777 B787 B767 A380	1,587 (3,500)
		* FANTYPE（保冷、ドライアイス冷却及びドライアイス又は蓄冷剤兼用コンテナ）		
		143 × 141 (56 × 56)		
RKN (LD-3F) IC DC	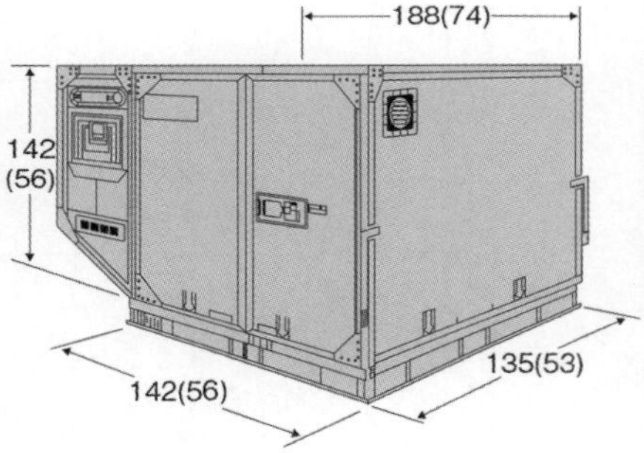 188(74) 142(56) 142(56) 135(53)	3.5（123）	260～270（573～595）	
		156 × 153 × 163 (61.5 × 60.4 × 64)	B777 B787 B767 A380	1,587 (3,500)
		* Inside Temp -20～+20℃ * Coolant DRY - ICE* FANTYPE		
		142 × 140 (56 × 55)		
RAP (LD-9) IC	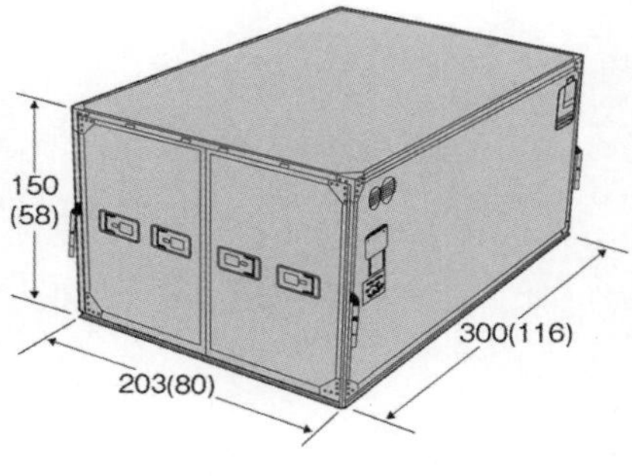 150(58) 203(80) 300(116)	8.9（314）	450～460（992～1,014）	
		318 × 224 × 163 (125 × 88 × 64)	B777 B787	4,676 (10,310)
		* Inside Temp -20～+20℃ * Coolant DRY - ICE* FANTYPE	B767ER B767F	5,102 (11,250)
		278 × 145 (109 × 57)	A380	4,626 (10,200)

＊国際 IC (International)　国内 DC (Domestic)

SPECIAL CONTAINER

IATA ID Code (IATA Code)	Illustration / 内寸：Internal Dimension: cm(inch)	内容量：Int Volume: m3(ft3) / 外寸 L × W × H：External Dimension L × W × H: cm(inch) / ドアーサイズ L × H：Door Size L × H: cm(inch)	自重：Tare Wt: kg(Lbs) / 搭載可能機種 Loadable Aircraft	重量制限（自重含）：Weight Lim. Inc ULD Tare Wt: kg(Lbs)
AAX IC	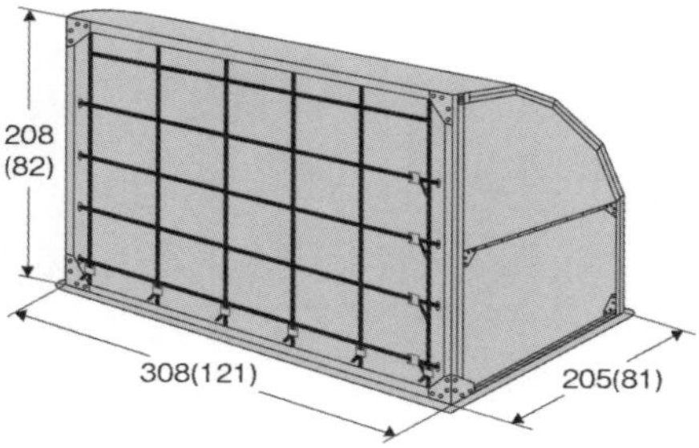 208 (82), 308(121), 205(81)	13.7（484）	309（681）	
		318 × 224 × 243 (125 × 88 × 96)	B767F	MAIN 4,857 (10,710) ～ 8,915 (19,656)
		295 × 233 (116 × 92)	B777F	MAIN 4,082 (9,000) ～ 6,803 (15,000)
AMA IC	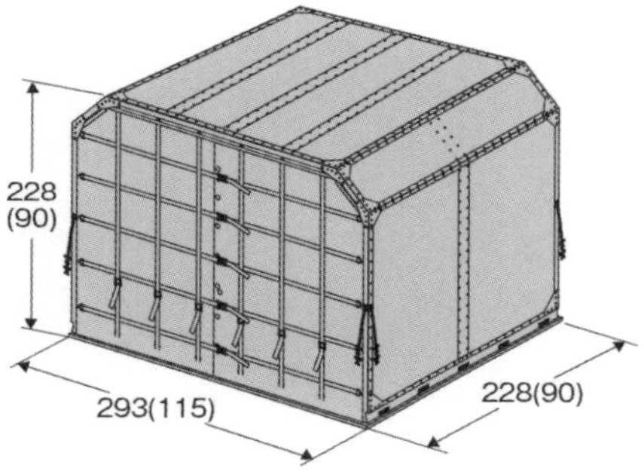 228 (90), 293(115), 228(90)	17.1(604)	287(633)	
		318 × 244 × 244 (125 × 96 × 96)	B767F	MAIN 3,394 (7,483) ～ 6,803 (15,000)
		293 × 228 (115 × 90)	B777F	MAIN 4,082 (9,000) ～ 6,803 (15,000)

*国際 IC (International)　国内 DC (Domestic)

（以下、余白）

MOTORBIKE SKID（バイクスキッド）

IATA ID Code (IATA Code)	Illustration / 内寸：Internal Dimension: cm(inch)	内容量：Int Volume: m3(ft3) / 外寸L×W×H：External Dimension L×W×H: cm(inch) / ドアーサイズL×H：Door Size L×H: cm(inch)	自重：Tare Wt: kg(Lbs) / 搭載可能機種 Loadable Aircraft	重量制限（自重含）：Weight Lim. Inc ULD Tare Wt: kg(Lbs)
DC	220(87)	220 × 74 × 49.5 (87 × 29 × 19)	175 ～ 185（385 ～ 407） B777 B787 B767 A380	

＊国際 IC (International) 国内 DC (Domestic)

ANA MEDIUM BOX（AMB）

IATA ID Code (IATA Code)	Illustration / 内寸：Internal Dimension: cm(inch)	内容量：Int Volume: m3(ft3) / 外寸L×W×H：External Dimension L×W×H: cm(inch) / ドアーサイズL×H：Door Size L×H: cm(inch)	自重：Tare Wt: kg(Lbs) / 搭載可能機種 Loadable Aircraft	重量制限（自重含）：Weight Lim. Inc ULD Tare Wt: kg(Lbs)
DC	組み立て時 75(29) 56(22) 53.3 (20) 折りたたみ時	78 × 59.4 × 53.3 (30 × 23 × 20)	6(13) All Aircraft (Bulk)	80 (176)

＊国際 IC (International) 国内 DC (Domestic)

WATERPROOF PAN（防水パン）

IATA ID Code (IATA Code)	Illustration 内寸：Internal Dimension: cm(inch)	内容量：Int Volume: m3(ft3) 外寸 L × W × H：External Dimension L × W × H: cm(inch) ドアーサイズ L × H：Door Size L × H: cm(inch)	自重：Tare Wt: kg(Lbs) 搭載可能機種 Loadable Aircraft	重量制限（自重含）：Weight Lim. Inc ULD Tare Wt: kg(Lbs)
LD3 TYPE DC	127(50) 116(45) 36 (14)	0.5(17) 136 × 127 × 38 (53 × 50 × 15)	25(55) B777 B787 B767 A320 A321 A380	
LD4 TYPE DC	207(81) 116(45) 36 (14)	0.8(17) 220 × 127 × 38 (86 × 50 × 15)	40(88) B777 B787 B767	

*国際 IC (International)　国内 DC (Domestic)

TUNA PAN（ツナパン）

IATA ID Code	Illustration	Int Volume / External Dimension / Door Size	Tare Wt / Loadable Aircraft	Weight Lim.
DC	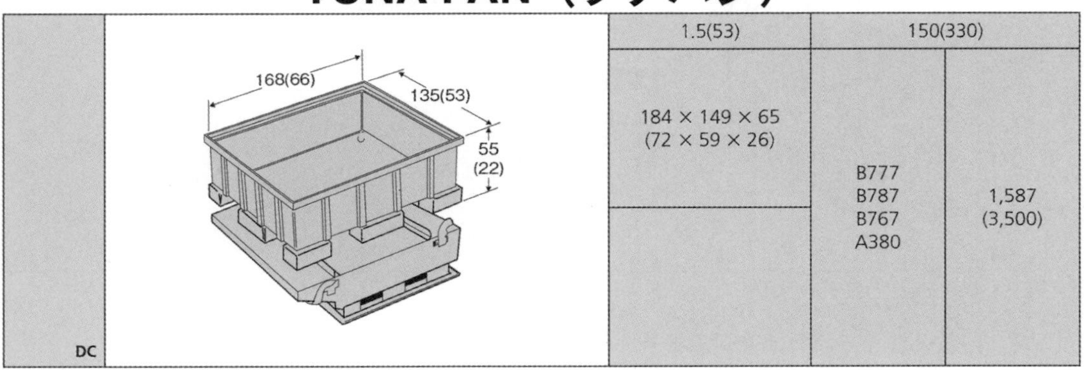	1.5(53) 184 × 149 × 65 (72 × 59 × 26)	150(330) B777 B787 B767 A380	1,587 (3,500)

*国際 IC (International)　国内 DC (Domestic)

PALLET

IATA ID Code (IATA Code)	Illustration / 内寸：Internal Dimension: cm(inch)	内容量：Int Volume: m3(ft3) / 外寸L×W×H：External Dimension L×W×H: cm(inch) / ドアーサイズL×H：Door Size L×H: cm(inch)	自重：Tare Wt: kg(Lbs) / 搭載可能機種 Loadable Aircraft	重量制限（自重含）：Weight Lim. Inc ULD Tare Wt: kg(Lbs)
PLA	163(64) 136(54) 300(118)		100(220)	
		318 × 153 × 163 (125 × 60.4 × 64)	B787	3,175 (7,000)
			B777	2,449 (5,400)
IC DC			A380	3,174 (7,000)
PAG PAJ	163(64) 208(82) 302(118)		100(220)	
		318 × 224 × 163 (125 × 88 × 64)	B777 B787	4,676 (10,310)
			A380	4,626(10,200)
			B767ER	5,102(11,250)
			B767F	MAIN 1,950(4,300)～6,803(15,000) LOWER 5,102(11,250)～6,032(13,300)
IC DC			B777F	MAIN 3,233(7,128)～6,803(15,000) LOWER 4,676(10,310)
PMC	163(64) 228(89) 302(118)		110 (242)	
		318 × 244 × 163 (125 × 96 × 64	B777 B787 B767ER	5,102 (11,250)
			A380	5,103 (11,250)
			B767F	MAIN 3,394(7,483)～6,803(15,000) LOWER 5,102(11,250)～6,803(15,000)
IC DC			B777F	MAIN 3,527(7,775)～6,803(15,000) LOWER 5,102(11,250)

＊国際 IC (International)　国内 DC (Domestic)

PALLET

IATA ID Code (IATA Code)	Illustration 内寸：Internal Dimension: cm(inch)	内容量：Int Volume: m3(ft3) 外寸 L × W × H：External Dimension L × W × H: cm(inch) ドアーサイズ L × H：Door Size L × H: cm(inch)	自重：Tare Wt: kg(Lbs) 搭載可能機種 Loadable Aircraft	重量制限（自重含）：Weight Lim. Inc ULD Tare Wt: kg(Lbs)
PRA (16 FEET) IC	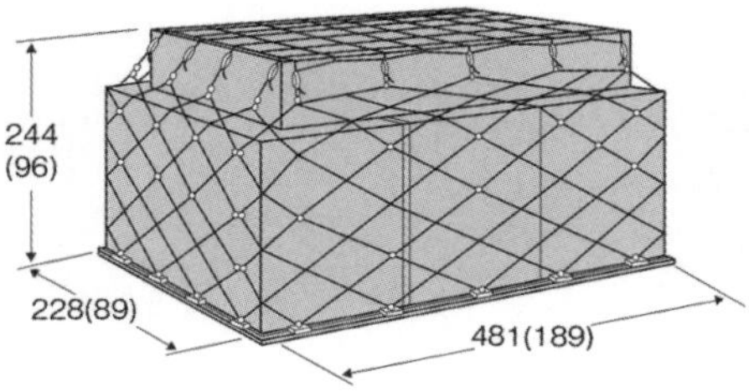 244 (96) 228(89) 481(189)		469(1,034)	
		498 × 244 × 244 (196 × 96 × 96)	B767F	MAIN 6,803 (15,000) ～ 10,437 (23,010)
			B777F	MAIN 6,401 (14,112) ～ 11,339 (25,000)
PGA (20 FEET) IC	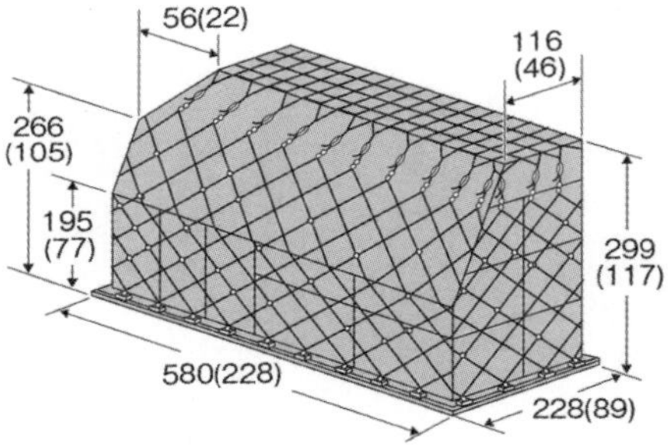 56(22) 116 (46) 266 (105) 195 (77) 299 (117) 580(228) 228(89)		500(1,100)	
		606 × 244 × 299 (239 × 96 × 118)	B777F	7,788 (17,170) ～ 11,339 (25,000)

*国際 IC (International)　国内 DC (Domestic)

（以下、余白）

12-2　グランドハンドリング・サービス・ポイントの寸法および位置

（「Airport Handling Manual」より）

h. エアバス A380

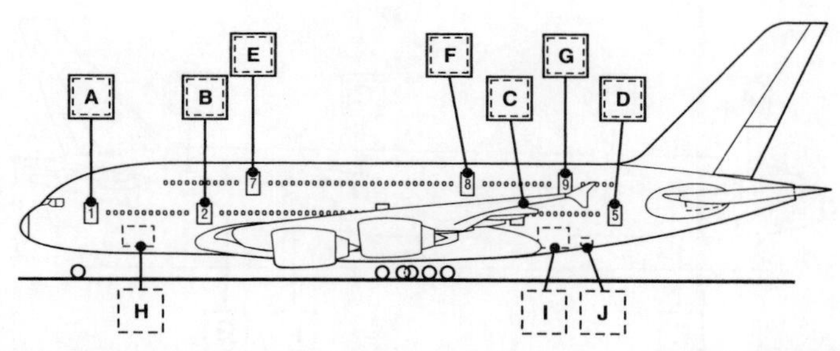

Door Number	Distance from A/C Nose		Door Size		Sill Height Mean			
	Metres	Inches	Metres	Inches	Metres	Inches	Metres	Inches
A	6.34	249	1.08 × 1.93	43 × 76	5.27	201	n/a	n/a
B	16.50	649	1.08 × 1.93	43 × 76	5.24	201	n/a	n/a
C	44.74	1761	1.08 × 1.93	43 × 76	5.15	201	n/a	n/a
D	53.63	2111	1.08 × 1.93	43 × 76	5.11	201	n/a	n/a
E	20.94	824	1.08 × 1.93	43 × 76	7.98	310	n/a	n/a
F	40.29	1586	1.08 × 1.93	43 × 76	7.92	310	n/a	n/a
G	49.18	1936	1.08 × 1.93	43 × 76	7.88	310	n/a	n/a
H	11.73	415	1.80 × 2.74	71 × 108	3.23	119	n/a	n/a
I	48.07	1893	1.80 × 2.74	71 × 108	3.10	119	n/a	n/a
J	51.09	2011	0.9 × 1.13	35 × 44	3.44	130	n/a	n/a

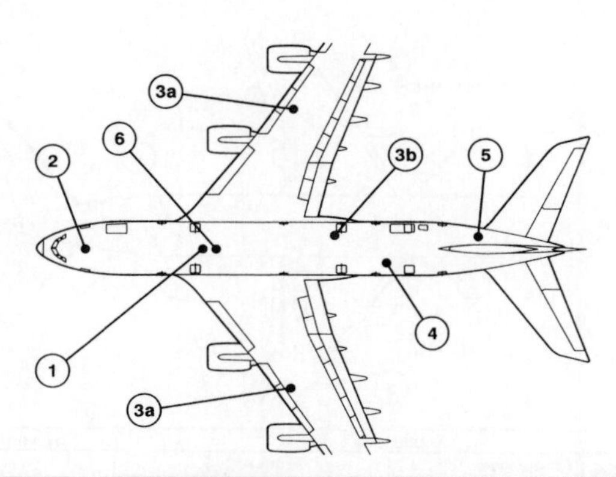

System	Distance				Height from Ground Nominal		Notes
	Aft of Nose		From A/C ℄				
	Metres	Inches	Metres	Inches	Metres	Inches	
1. Air Conditioning	21.00	827	On A/c centre-line		2.22	87	
2. Electrical	6.30	248	On A/c centre-line		2.55	100	
3a. Fuel	32.40	1276	18.90R/L	744R/L	5.60	221	
3b. Fuel Panel	40.30	1587	2.50R	98R	2.20	87	
4. Potable Water	48.10	1894	0.60L	24L	2.52	99	
5. Lavatory System	54.90	2161	0.60R	24R	3.70	146	
6. Pneumatic	23.15	911	On A/c centre-line		2.07	82	

d. ボーイング 777-200/200ER

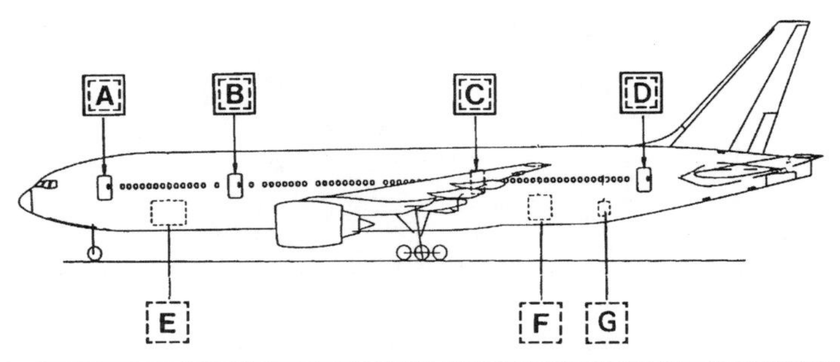

Door	Distance from A/C Nose		Door Size		Sill Height			
					Minimum		Maximum	
Number	Metres	Inches	Metres	Inches	Metres	Inches	Metres	Inches
A	6.74	266	1.07 × 1.88	42 × 74	4.71	185	5.00	197
B	17.07	672	1.07 × 1.88	42 × 74	4.88	192	5.07	200
C	36.32	1,430	1.07 × 1.88	42 × 74	5.16	203	5.30	209
D	49.53	1,950	1.07 × 1.88	42 × 74	5.28	208	5.53	218
E	11.80	465	2.69 × 1.70	106 × 67	2.81	111	3.05	120
F(s)	41.25	1,624	1.78 × 1.70	70 × 67	3.23	127	3.40	134
*F(l)	41.77	1,645	1.70 × 2.69	67 × 106	3.23	127	3.41	134
G	46.32	1,824	0.91 × 1.14	36 × 45	3.39	133	3.61	142

* F(l) = Large Cargo Door optional.

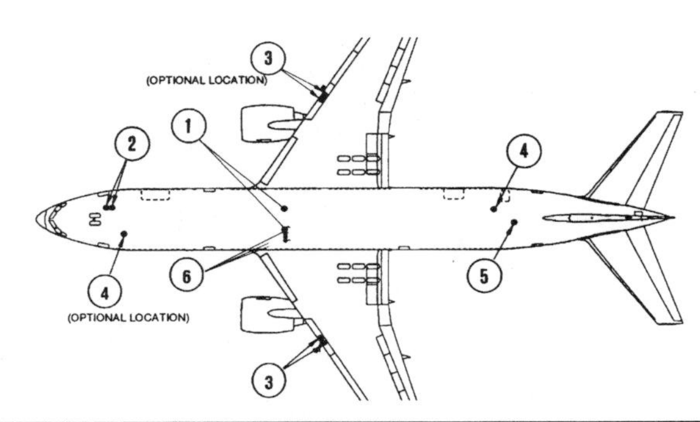

System	Distance				Height from Ground		Notes
	Aft of Nose		From A/C ℄				
	Metres	Inches	Metres	Inches	Metres	Inches	
1. Air Conditioning	24.40	961	1.06LR	42LR	2.40	94	
2. Electrical	7.07	278	1.14R	45R	2.74	108	
3. Fuel	28.33	1,115	12.16L(R)	479L(R)	5.22	206	RH Optional
4. Potable Water–AFT	44.90	1,768	1.04L	41L	3.03	119	
* Potable Water–FWD	8.75	344	1.25R	49R	2.67	105	* Optional
5. Lavatory	47.05	1,853	0.30L	12L	3.09	122	
6. Pneumatic	24.35	959	1.72L	68L	2.37	94	

c. ボーイング 767-300/300ER

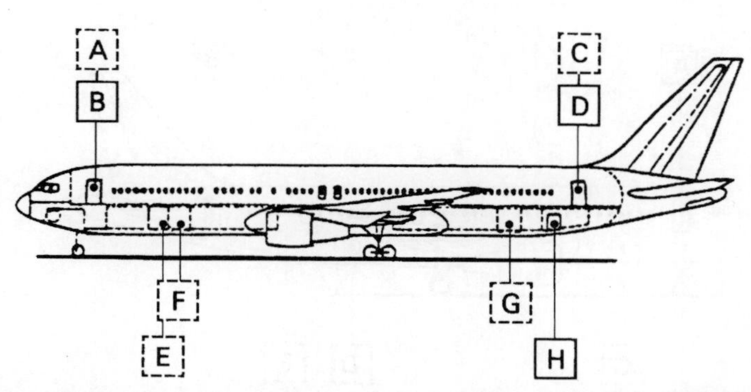

Door Number	Distance from A/C Nose		Door Size		Sill Height			
					Minimum		Maximum	
	Metres	Inches	Metres	Inches	Metres	Inches	Metres	Inches
A	5.72	225	1.07 × 1.83	42 × 72	4.14	163	4.50	177
B	5.72	225	1.07 × 1.88	42 × 74	4.14	163	4.50	177
C	42.55	1,675	1.07 × 1.83	42 × 72	3.99	157	4.39	173
D	42.55	1,675	1.07 × 1.88	42 × 74	3.99	157	4.39	173
E	11.30	445	3.40 × 1.70	134 × 67	2.29	90	2.57	101
F	12.32	485	1.78 × 1.70	70 × 67	2.29	90	2.57	101
G	37.29	1,468	1.78 × 1.70	70 × 67	2.18	86	2.52	99
H	40.62	1,599	0.97 × 1.09	38 × 43	2.21	87	2.59	102

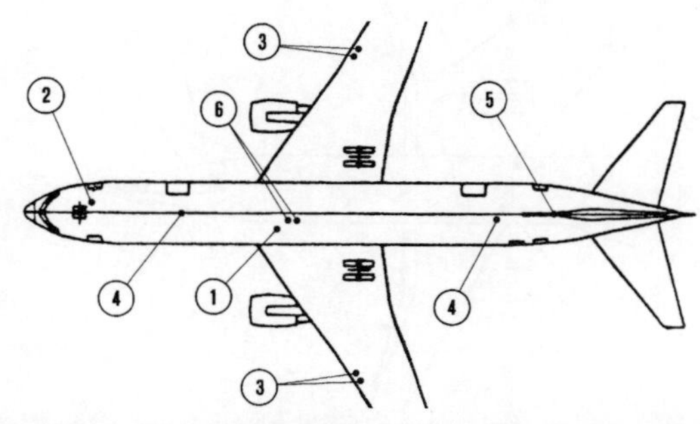

System		Distance				Height from Ground		Notes
		Aft of Nose		From A/C ℄				
		Metres	Inches	Metres	Inches	Metres	Inches	
1. Air Conditioning		20.85	821	1.37L	54L	2.18	86	
2. Electrical		5.69	224	1.02R	40R	2.29	90	
3. Fuel		27.53	1,084	13.84L	545L	4.29	169	RH Fuel Ports Opt.
4. Potable Water		13.89 39.34	547 1,549	0.08L 0.08L	3L 3L	1.93 1.83	76 72	Fwd Drain Aft Fill
5. Lavatory	Forward	N/A	N/A	N/A	N/A	N/A	N/A	
	Overwing	N/A	N/A	N/A	N/A	N/A	N/A	
	Aft	44.02	1,733	0.0	0.0	2.67	105	
6. Pneumatic		21.72	855	0.91L	36L	2.06	81	

f. エアバスインダストリー A320

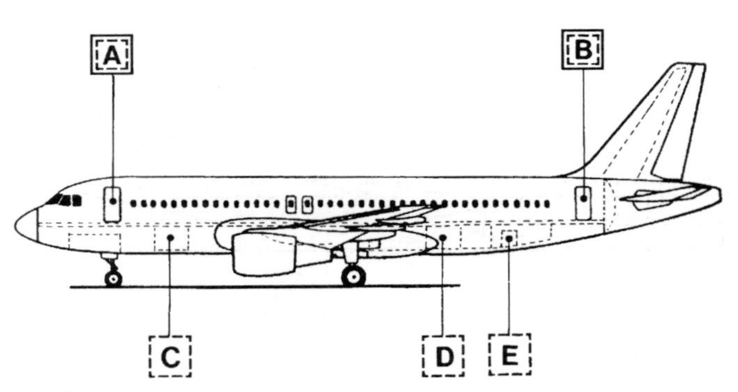

Note: *Compartment door E is optional.*

Door Number	Distance from A/C Nose		Door Size		Sill Height			
					Minimum		Maximum	
	Metres	Inches	Metres	Inches	Metres	Inches	Metres	Inches
A	5.02	198	0.81 × 1.85	32 × 73	3.42	135	3.47	137
B	29.64	1,167	0.81 × 1.85	32 × 73	3.55	140	3.73	147
C	8.16	321	1.82 × 1.23	71.5 × 48.3	2.03	80	2.09	82
D	22.69	893	1.82 × 1.23	71.5 × 48.3	2.11	83	2.25	88.5
E	26.29	1,035	0.86 × 0.94	34 × 37	2.35	92.5	2.51	99

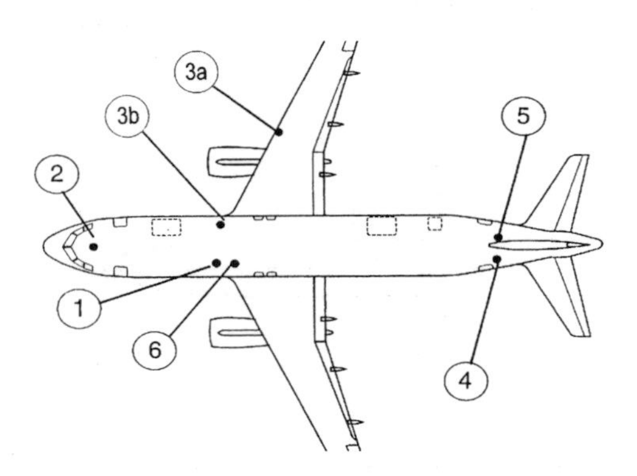

* For gravity toilet only.

System	Distance				Height from Ground		Notes
	Aft of Nose		From A/C ℄		Nominal		
	Metres	Inches	Metres	Inches	Metres	Inches	
1. Air Conditioning	12.45	490	1.11L	44L	1.73	68	
2. Electrical	2.55	100	On A/c centre-line		2.00	79	
3a. Fuel	17.50	689	10R	694R	3.50	138	
3b. Fuel Panel	12.45	490	1.11R	42R	1.75	69	
4. Potable Water	27.80	1,094	0.42L	16.5L	2.60	102	
5. Lavatory System	3.40 28.60	134 1,126	1.20L 0.80	47R 32R	2.35 2.79	93 110	Gravity unit Vacuum unit
6. Pneumatic	13.00	512	0.84L	33L	1.76	69	

Note: *Recirculation gravity units install upto 1987, after this date vacuum units installed*

g. ボーイング 737-800

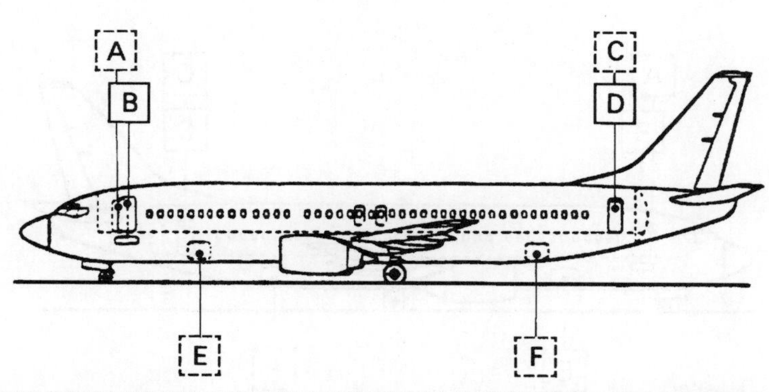

Door Number	Distance from A/C Nose Metres	Distance from A/C Nose Inches	Door Size Metres	Door Size Inches	Sill Height Minimum Metres	Sill Height Minimum Inches	Sill Height Maximum Metres	Sill Height Maximum Inches
A	—	—	0.76×1.65	30×65	2.59	102	2.74	108
B	—	—	0.86×1.83	34×72	2.59	102	2.74	108
C	—	—	0.76×1.65	30×65	2.95	116	3.10	122
D	—	—	0.86×1.83	34×72	2.95	116	3.10	122
E	—	—	0.88×1.21	35×48	1.30	51	1.45	57
F	—	—	0.78 ～ 0.88×1.21	31 ～ 35×48	1.63	64	1.78	70

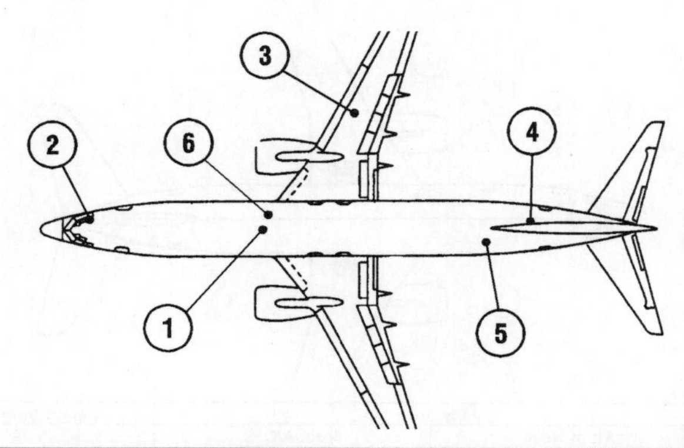

System		Distance Aft of Nose Metres	Distance Aft of Nose Inches	Distance From A/C ℄ Metres	Distance From A/C ℄ Inches	Height from Ground Metres	Height from Ground Inches	Notes
1. Air Conditioning		15.11	595	0.0	0.0	1.17	46	
2. Electrical		2.59	102	0.94	37	1.93	76	
3. Fuel		19.20	756	7.70	303	2.87	113	
4. Potable Water		30.51	1,201	0.30	12	1.9	77	
5. Lavatory	Forward	N/A	N/A	N/A	N/A	N/A	N/A	
	Centre	N/A	N/A	N/A	N/A	N/A	N/A	
	Overwing	N/A	N/A	N/A	N/A	N/A	N/A	
	Aft	28.88	1,137	0.79	31	1.80	71	
6. Pneumatic		15.67	617	0.91	36	1.30	51	

a．ボーイング 737-500

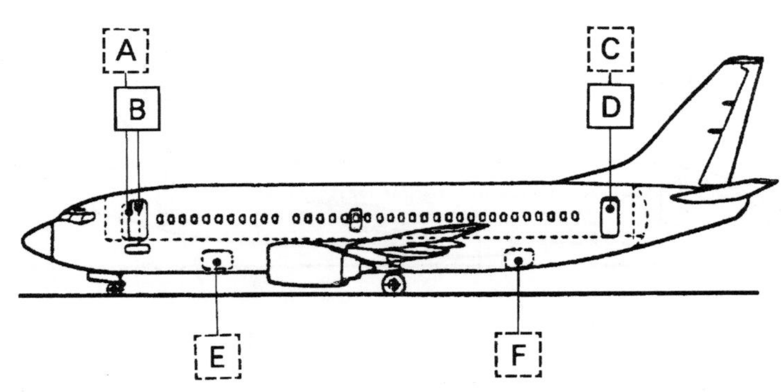

Door Number	Distance from A/C Nose		Door Size		Sill Height			
					Minimum		Maximum	
	Metres	Inches	Metres	Inches	Metres	Inches	Metres	Inches
A	4.67	184	0.76 × 1.65	30 × 65	2.62	103	2.77	109
B	5.03	198	0.86 × 1.83	34 × 72	2.62	103	2.77	109
C	26.04	1,025	0.76 × 1.65	30 × 65	2.62	103	2.67	105
D	26.04	1,025	0.76 × 1.83	30 × 72	2.62	103	2.67	105
E	8.53	336	1.30 × 1.22	51 × 48	1.27	50	1.40	55
F	22.10	870	1.22× 1.22	48× 48	1.37	54	1.37	54

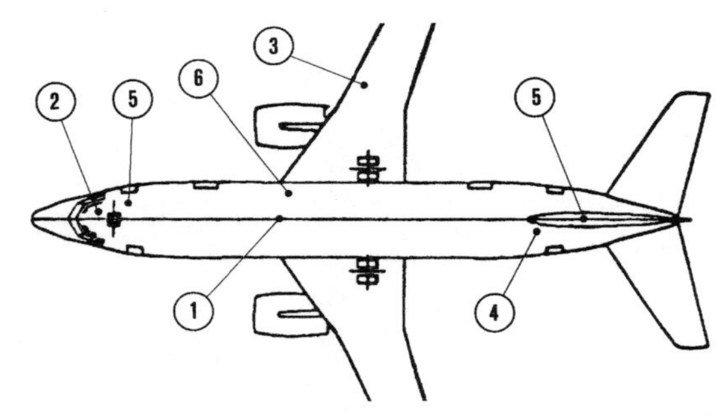

System		Distance				Height from Ground		Notes
		Aft of Nose		From A/C ℄				
		Metres	Inches	Metres	Inches	Metres	Inches	
1. Air Conditioning		12.14	478	0.0	0.0	0.99	39	
2. Electrical		2.59	102	0.89R	35R	1.63	64	
3. Fuel		15.47	609	7.16R	304R	2.44	96	
4. Potable Water		25.83	1,017	0.30L	18L	1.93	73	
5. Lavatory	Forward	3.35	140	1.17R	46R	1.78	70	
	Centre	N/A	N/A	N/A	N/A	N/A	N/A	
	Overwing	N/A	N/A	N/A	N/A	N/A	N/A	
	Aft	26.82	1,056	0.25R	10R	2.39	94	
6. Pneumatic		12.45	490	0.91R	36R	1.12	44	

12-3　フライト・スケジュールの重要性

グランドハンドリングの業務は、それぞれのオフィスに設置されているパソコンや配布されているモバイル・デバイス（携帯端末）からフライト・スケジュール（出発時刻、到着時刻、機種、シップ・ナンバー、スポット等）を把握することから始まる。

出発時刻、到着時刻はあらかじめ各航空会社で決められているが、その時々の状況（天候、整備状況、作業状況、トラブル等）に応じて変更されることがあるため、定時運航を目的に、作業者は常に最新のフライト・スケジュールを把握し、作業が円滑に行われるよう努めなければならない。

（例）東京国際空港における日本航空のフライトスケジュール確認画面

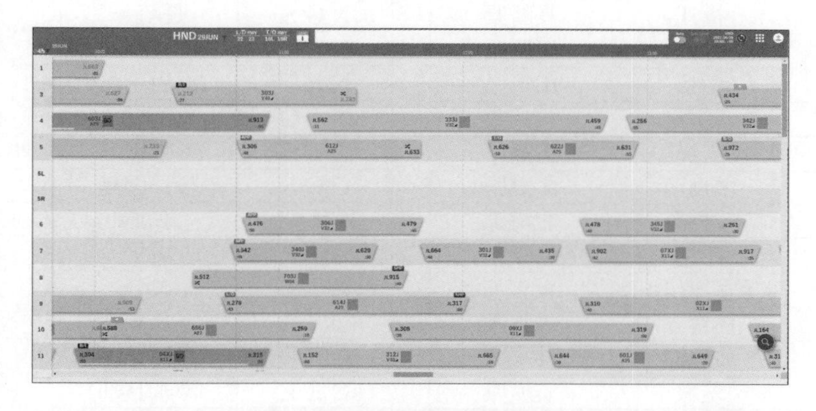

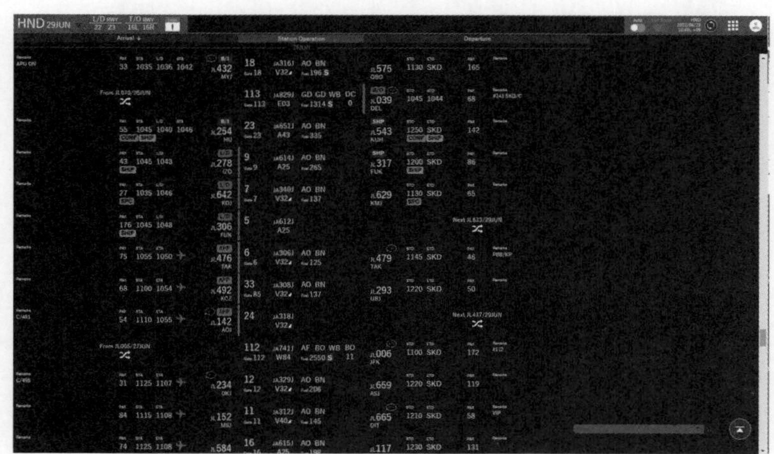

APP：アプローチ　L/D：ランディング　T/O：テイクオフ　B/I：ブロック・イン

B/O：ブロック・アウト　PAX：搭乗旅客数　STA：スケジュール上の到着予定時刻

STD：スケジュール上の出発予定時刻　ATA：実際の到着時刻　ETA：到着予定時刻

ETD：出発予定時刻

12-4　空港のスリーレター・コードおよびエアライン・コード

(1)　日本の空港のスリーレター・コード

略　語	空　港	所在地
ＡＧＪ	粟国	沖縄県
ＡＫＪ	旭川	北海道
ＡＯＪ	青森	青森県
ＡＳＪ	奄美	鹿児島県
ＡＸＴ	秋田	秋田県
ＣＴＳ	新千歳	北海道
ＦＫＪ	福井	福井県
ＦＫＳ	福島	福島県
ＦＳＺ	静岡	静岡県
ＦＵＪ	福江	長崎県
ＦＵＫ	福岡	福岡県
ＧＡＪ	山形	山形県
ＨＡＣ	八丈島	東京都
ＨＩＪ	広島	広島県
ＨＩＷ	広島西	広島県
ＨＫＤ	函館	北海道
ＨＮＡ	花巻	岩手県
ＨＮＤ	東京国際(羽田)	東京都
ＨＳＧ	佐賀	佐賀県
ＨＴＲ	波照間	沖縄県
ＩＢＲ	茨城	茨城県
ＩＥＪ	伊江島	沖縄県
ＩＫＩ	壱岐	長崎県
ＩＳＧ	石垣	沖縄県
ＩＴＭ	大阪国際(伊丹)	大阪府
ＩＷＪ	石見	島根県
ＩＷＫ	岩国	広島県
ＩＺＯ	出雲	島根県
ＫＣＺ	高知	高知県
ＫＩＪ	新潟	新潟県
ＫＩＸ	関西国際	大阪府
ＫＪＰ	慶良間	沖縄県
ＫＫＪ	北九州	福岡県
ＫＫＸ	喜界	鹿児島県
ＫＭＩ	宮崎	宮崎県
ＫＭＪ	熊本	熊本県
ＫＭＱ	小松	石川県
ＫＯＪ	鹿児島	鹿児島県
ＫＴＤ	北大東	沖縄県
ＫＵＨ	釧路	北海道
ＫＵＭ	屋久島	鹿児島県

略　語	空　港	所在地
ＭＢＥ	紋別	北海道
ＭＭＢ	女満別	北海道
ＭＭＤ	南大東	沖縄県
ＭＭＪ	松本	長野県
ＭＭＹ	宮古	沖縄県
ＭＳＪ	三沢	青森県
ＭＹＥ	三宅島	東京都
ＭＹＪ	松山	愛媛県
ＮＧＯ	中部国際	愛知県
ＮＧＳ	長崎	長崎県
ＮＫＭ	名古屋小牧	愛知県
ＮＲＴ	成田国際	千葉県
ＮＴＱ	能登	石川県
ＯＢＯ	帯広	北海道
ＯＧＮ	与那国島	沖縄県
ＯＩＭ	大島	東京都
ＯＩＲ	奥尻	北海道
ＯＩＴ	大分	大分県
ＯＫＡ	那覇	沖縄県
ＯＫＤ	札幌（丘珠）	北海道
ＯＫＥ	沖永良部	鹿児島県
ＯＫＩ	隠岐	島根県
ＯＫＪ	岡山	岡山県
ＯＮＪ	大館能代	秋田県
ＲＢＪ	礼文	北海道
ＲＩＳ	利尻	北海道
ＲＮＪ	与論	鹿児島
ＳＤＪ	仙台	宮城県
ＳＨＢ	中標津	北海道
ＳＨＩ	下地島	沖縄県
ＳＹＯ	庄内	山形県
ＳＨＭ	南紀白浜	和歌山県
ＴＡＫ	高松	香川県
ＴＪＨ	コウノトリ但馬	兵庫県
ＴＫＮ	徳之島	鹿児島県
ＴＫＳ	徳島	徳島県
ＴＮＥ	種子島	鹿児島県
ＴＯＹ	富山	富山県
ＴＲＡ	多良間	沖縄県
ＴＳＪ	対馬	長崎県
ＴＴＪ	鳥取	鳥取県

略　語	空　港	所在地
ＵＢＪ	山口宇部	山口県
ＵＥＯ	久米島	沖縄県
ＵＫＢ	神戸	兵庫県
ＷＫＪ	稚内	北海道
ＹＧＪ	米子	鳥取県

⑵　日本に関係ある海外の空港のスリーレター・コード

略語	空港名	国
ＡＫＬ	オークランド	ニュージーランド
ＡＭＳ	アムステルダム・スキポール	オランダ
ＡＮＣ	アンカレッジ	アメリカ
ＡＴＨ	アテネ・エレフテリオス・ヴェニゼロス	ギリシャ
ＡＴＬ	アトランタ・ハーツフィールド	アメリカ
ＰＥＫ	北京	中国
ＢＫＫ	バンコク	タイ
ＢＮＥ	ブリスベーン	オーストラリア
ＢＯＭ	ムンバイ（ボンベイ）	インド
ＢＯＳ	ボストン・ローガン	アメリカ
ＢＲＵ	ブリュッセル	ベルギー
ＢＵＤ	ブタペスト	ハンガリー
ＣＡＩ	カイロ	エジプト
ＣＡＮ	広州・白雲	中国
ＣＣＵ	カルカッタ	インド
ＣＤＧ	パリ・シャルル・ド・ゴール	フランス
ＣＥＢ	セブ	フィリッピン
ＣＧＫ	ジャカルタ・スカルノ・ハッタ	インドネシア
ＣＨＣ	クライストチャーチ	ニュージーランド
ＣＪＵ	済州島	韓国
ＣＭＢ	コロンボ	スリランカ
ＣＮＳ	ケアンズ	オーストラリア
ＣＮＸ	チェンマイ	タイ
ＣＰＨ	コペンハーゲン	デンマーク
ＣＶＧ	シンシナティ	アメリカ
ＤＡＣ	ダッカ	バングラディッシュ
ＤＣＡ	ワシントン	アメリカ
ＤＥＬ	デリー・インディラ・ガンディ	インド
ＤＥＮ	デンバー	アメリカ
ＤＦＷ	ダラス・フォートワース	アメリカ
ＤＬＣ	大連・周水子	中国
ＤＰＳ	バリ島・デンパーサール	インドネシア
ＤＴＷ	デトロイト・メトロポリタン	アメリカ
ＤＸＢ	ドバイ	アラブ
ＦＣＯ	ローマ・レオナルドダビンチ	イタリア
ＦＲＡ	フランクフルト・マイン	ドイツ
ＧＩＧ	リオデジャネーロ	ブラジル
ＧＭＰ	ソウル・金浦	韓国
ＧＲＵ	サンパウロ	ブラジル
ＧＵＭ	グアム	アメリカ
ＧＶＡ	ジュネーブ	スイス
ＨＡＮ	ハノイ・イノバイ	ベトナム
ＨＥＬ	ヘルシンキ	フィンランド
ＨＧＨ	杭州・肖山	中国
ＨＫＧ	香港	中国
ＨＫＴ	プーケット	タイ
ＨＮＬ	ホノルル	アメリカ
ＩＡＤ	ワシントン・ダレス	アメリカ
ＩＡＨ	ヒューストン	アメリカ
ＩＣＮ	ソウル・仁川	韓国
ＩＳＢ	イスラマバード	パキスタン
ＩＳＴ	イスタンブール・アタチェルク	トルコ
ＪＦＫ	ニューヨーク・ジョン・F・ケネディ	アメリカ
ＪＮＢ	ヨハネスブルク・ヤンスマッツ	南アフリカ
ＫＨＨ	高雄	台湾
ＫＨＩ	カラチ	パキスタン
ＫＨＶ	ハバロフスク	ロシア
ＫＭＧ	昆明	中国
ＫＯＡ	ハワイ島・コナ	アメリカ
ＫＵＬ	クアラルンプール	マレーシア
ＬＡＳ	ラスベガス・マッカラン	アメリカ
ＬＡＸ	ロサンゼルス	アメリカ
ＬＧＡ	ニューヨーク・ラガーディア	アメリカ
ＬＧＷ	ロンドン・ガトウィック	イギリス
ＬＨＲ	ロンドン・ヒースロー	イギリス
ＬＩＮ	ミラノ・リナーテ	イタリア
ＭＡＤ	マドリード・バラハス	スペイン
ＭＥＬ	メルボルン	オーストラリア
ＭＥＸ	メキシコシティー	メキシコ
ＭＮＬ	マニラ・ニノイ・アキノ	フィリッピン
ＭＳＰ	ミネアポリス・セントポール	アメリカ
ＭＸＰ	ミラノ・マルペンサ	イタリア
ＯＲＤ	シカゴ・オヘア	アメリカ
ＯＲＹ	パリ・オルリー	フランス
ＰＤＸ	ポートランド	アメリカ
ＰＥＮ	ペナン	マレーシア

略語	空港名	国
PER	パース	オーストラリア
PHX	フェニックス	アメリカ
PPT	パペーテ・ファアア	タヒチ
PUS	釜山・金海	韓国
PVG	上海・浦東	中国
RGN	ヤンゴン・ミンガラドン	ミャンマー
SEA	シアトル・タコマ	アメリカ
SFO	サンフランシスコ	アメリカ
SGN	ホーチミン・タンソンニャット	ベトナム
SHA	上海・虹橋	中国
SHE	藩陽	中国
SIN	シンガポール	シンガポール
SJC	サンノゼ	アメリカ
SPN	サイパン	アメリカ
SVO	モスクワ・シェレメチボ	ロシア
SYD	シドニー・キングスフォード・スミス	オーストラリア
SZG	サルツブルク	オーストリア
TAO	青島・流亭	中国
TXL	ベルリン・テーゲル	ドイツ
THR	テヘラン	イラン
TPE	台北（桃園）	台湾
TSA	台北（松山）	台湾
TSN	天津	中国
VIE	ウィーン	オーストリア
VVO	ウラジオストック	ロシア
XIY	西安	中国
XMN	厦門	中国
YMQ	モントリオール	カナダ
YVR	バンクーバー	カナダ
YYC	カルガリー	カナダ
YYZ	トロント・ピアスン	カナダ
ZRH	チューリッヒ	スイス

(3)　世界の主要航空会社エアライン・コード（2 レター& 3 レター）

2 letter coce	3 letter code	エアライン名	国
AA	AAL	アメリカン航空	アメリカ
AC	ACA	エア・カナダ	カナダ
AF	AFR	エールフランス航空	フランス
BA	BAW	英国航空	イギリス
CX	CPA	キャセイパシフィック航空	中国（香港）
DL	DAL	デルタ航空	アメリカ
EK	UAE	エミレーツ航空	アラブ首長国
IB	IBE	イベリア航空	スペイン
KE	KAL	大韓航空	韓国
KL	KLM	KLMオランダ航空	オランダ
LH	DLH	ルフトハンザドイツ航空	ドイツ
MH	MAS	マレーシア航空	マレーシア
QF	QFA	カンタス・オーストラリア航空	オーストラリア
SQ	SIA	シンガポール航空	シンガポール
SU	AFL	アエロフロート・ロシア航空	ロシア
TG	THA	タイ国際航空	タイ
UA	UAL	ユナイテッド航空	アメリカ
VS	VIR	ヴァージン・アトランティック航空	イギリス

(4)　日本の航空会社エアライン・コード（2 レター& 3 レター）

2 letter coce	3 letter code	エアライン名	国
JC	JAC	日本エアコミューター	日本
7G	SFJ	スターフライヤー	日本
IJ	CQH	スプリング・ジャパン	日本
BC	SKY	スカイマークエアラインズ	日本
EH	AKX	ANAウイングス	日本
GK	JJP	ジェットスター・ジャパン	日本
HC	HAC	北海道エアシステム	日本
HD	ADO	北海道国際航空	日本
JH	FDA	フジドリームエアライン	日本
JL	JAL	日本航空	日本
KZ	NCA	日本貨物航空	日本
6J	SNJ	ソラシドエア	日本
MM	APJ	ピーチアビエーション	日本
MZ	AHX	天草エアライン	日本
NH	ANA	全日本空輸	日本
NQ	AJX	エアージャパン	日本
NU	JTA	日本トランスオーシャン航空	日本
(NU)	RAC	琉球エアーコミューター	日本
OC	ORC	オリエンタルエアブリッジ	日本
XM	JLJ	ジェイエア	日本

（注）空港および都市の 3 レター・コードについては“IATA 3Letter Code for Cities/Airports”を参照下さい。
http://nationsonline.org/oneworld/airport_code2.html

12-5　空港規則（制限区域内の車両安全）

12-5-1　空港規則

＊空港規則は各空港の施設環境・運用方法等により異なるが、東京（羽田）における、グランドハンドリングに関する主要なものを抜粋した（「東京国際空港制限区域内車両安全運転教本」より）

資料提供：車輌安全推進協議会

1. 東京国際空港制限区域安全管理規程は、航空法、空港管理規則及び航空保安業務処理規程ならびに道路交通法等の関係法令、規則等に準拠し、東京国際空港制限区域における人の立ち入り、車両運転及び車両使用方法等を定め、もって、同区域内における安全と秩序の維持ならびに同区域の適性な管理を図ることを目的とする。

2. （用語の定義）

この規定における用語の定義を次のとおり規定する。

(1) 「東京国際空港制限区域」（以下「制限区域」という。）とは、滑走路を含む着陸帯、誘導路、エプロン、その他人の立ち入り及び車両の使用等を禁止または制限する区域として東京国際空港長（以下「空港長」という。）が定め、立入禁止柵等で区切られた区域をいう。

東京国際空港制限区域図（車両通路図）を**別添 1** に示す。

(2) 「航空機走行区域」とは、航空機の離着陸及び地上移動のために利用される飛行場内の区域であって、エプロンを除くものをいう。

(3) 「エプロン」とは、航空機の旅客の乗降、貨物の搭載、取卸し、燃料補給、駐機及び整備等を行うための場所をいう。

(4) 「エプロン誘導路」とは、エプロン上に設けられた誘導システムの一部で、航空機がエプロンを移動し、通り抜けるために供せられる経路をいう。

(5) 「スポット誘導経路」とは、航空機が誘導路またはエプロン誘導路から航空機導入線へ移動するために供される経路をいう。

(6) 「車両通路」とは、航空機の運航の支援に従事する車両等の通行のためにエプロン内及びターミナル沿いに設定された通路、サービスレーン及び誘導路横断通路をいう。

(7) 「サービスレーン」とは、エプロン誘導路及びスポット 1 番からスポット 4 番後方、及びスポット 69 番からスポット 73 番後方を横断する車両通路をいう。

(8) 「誘導路横断通路」とは、誘導路を横断する車両通路をいう。

(9) 「場周道路」とは、空港用地周囲に配置され、空港施設の維持管理及び保守点検のため制限区域内に設けられた道路をいい、消防車等の緊急車両の通行にも使用される。

(10) 「保安区域」とは、旅客ターミナルビル内の出発旅客動線（旅客保安検査場入口からエプロンへの出口又は固定橋可動橋を通過し航空機搭乗口に至る区域）及び到着旅客動線（航空機乗降口又はエプロンからの入口から受託手荷物受取場を経てロビーへの出口に至る区域）をいう。

⑾「保安道路」とは、空港基本施設の日常点検等のため制限区域内に設けられた道路をいい、消防車等の緊急車両の通行にも使用される。

⑿「標準IDカード」とは、空港長が制限区域及び保安区域への立入りを承認した者、及び制限区域内車両運転を許可した者、並びに税関所長が税関区域への立入りを許可した者に対し交付するIDカードをいう。

⒀「車両運転許可証」とは、空港長が制限区域内において車両の運転を許可した者に対し、標準IDカードの所定の欄に行う許可表示をいう。

⒁「ビジター立入承認証」とは空港長が24時間未満の制限区域、及び保安区域の立入りを承認した者、及び税関所長が原則1週間以内の税関区域への立入りを許可した者で、標準IDカード所有者の同行を条件として交付する「ビジター立入者IDカード」及び「ビジター立入者識別票」、並びに空港長が24時間未満の制限区域内での使用を承認した車両に交付する「ビジター用車両IDカード」及び「ビジター用車両識別票」をいう。

⒂「工事立入承認証」とは、空港長が制限区域及び保安区域への工事による立入りを承認した者、及び税関所長が税関区域への工事による立入りを許可した者に対し交付する「工事立入者IDカード」及び「工事立入者識別票」、並びに空港長が制限区域内の工事に係る使用を承認した車両に対し交付する「工事用車両IDカード」及び「工事用車両識別票」をいう。

⒃「東京国際空港制限区域内車両使用承認証」（以下「車両使用承認証」という。）とは、空港長が制限区域内において使用を承認した車両として、その使用者に対し交付する証書をいう。

⒄「車両用標識旗」とは、制限区域内でビジター立入もしくは工事立入承認を受けた車両に標示する旗をいう。

⒅「車両識別票」とは、制限区域内で、臨時または工事等により使用を承認した車両であることを識別するためのカードをいい、車両用標識旗とともに使用される。

⒆「車両使用承認番号票」（以下「ランプステッカー」という。）とは、空港長が制限区域内において使用を承認した車両であることを標示するための表示板をいう。

⒇「検査合格証」とは、空港長が制限区域内において使用を承認した未登録自走車両に対して検査実施年月等を明記し、検査基準に適合していることを示すシールをいう。

(21)「登録車両」とは、道路運送車両法に基づき自動車登録ファイルに登録された車両または軽自動車検査ファイルに記録された車両をいう。

(22)「未登録自走車両」とは、登録車両以外の車両で自力走行できる構造の車両をいう。

(23)「未登録非自走車両」とは、登録車両以外の車両で自力走行できない構造の車両をいう。

(24)「PBB（Passenger Boarding Bridge）」とは、ターミナルビル等から旅客が直接、航空機の乗降を行うため設けられた固定橋及び可動橋をいう。

⑵5 「GSE（Ground Support Equipment）」とは、地上における航空機の運航を支援するために用いる車両及び機材をいう。

⑵6 「高カテゴリーILS制限区域」とは、カテゴリーⅡ及びカテゴリーⅢ運航に必要なILS電波の精度を確保するために、「東京国際空港SSP事務処理要領」において制定された区域をいう。

3.（立ち入り区域の区分）

制限区域のうち、立ち入りできる区域を次のとおり区分する。ただし、航空管制官（以下「管制官」という）の許可を得て航空機のけん引及びプッシュバック等のため滑走路または誘導路に立ち入る場合はこの限りでない。

⑴　第一種地区…制限区域内全域

⑵　第二種地区…エプロン、場周道路及び車両通路

⑶　第三種地区…エプロン、及び車両通路

4.（承認証等の管理）

この規程により許可または承認を受けた事業所等の代表者は、立入承認証、車両使用承認証（ランプステッカーを含む。）、車両用標識旗及び車両識別カード（以下「承認証等」という。）並びに検査合格証（シール）を、厳重に管理するものとする。また、許可または承認された区域外での使用及び目的外の使用並びに他人への貸与もしくは譲渡を行ってはならない。

5.（承認証等の表示）

制限区域へ立入る場合は、承認証等及び検査合格証を下記のとおり外部から容易に視認できるよう表示し、係員の要求があった場合はそれを提示しなければならない。

⑴　標準IDカード………胸部

⑵　ビジター立入者承認証（ビジター立入者IDカード・ビジター立入者識別票）………左上腕部

⑶　工事立入用承認証（工事立入者IDカード・工事立入者識別票（短期含む））………左上腕部

⑷　車両使用承認証………車両内の備え付け可能な場所(形状等により備え付け困難な車両を除く。)

⑸　車両用標識旗………車両外の表示可能な場所

⑹　車両識別票（ビジター・工事）………車両に携行する。

⑺　ランプステッカー………登録車両、未登録自走車両は原則として前後に、また、未登録非自走車両（カート、ドーリー類）は、いずれか見やすい1箇所。

⑻　検査合格証（シール）………未登録自走車両は、原則として車両の右前（前面ガラスを含む。）または右側面の外部から見やすい位置。

6. 車両運転許可試験等受験資格

車両運転許可講習及び試験を受けることができる者は、次のとおりとする。

(1) 第21条の規定によりランプパスの交付を受けることができる者で、車両の運転を行わなければ本来の業務が達成できない者。

(2) 各都道府県公安委員会発行の有効な運転免許証、有効な国際運転免許証または外国運転免許証（以下「国際運転免許証等」という。）を取得している者。

7. 車両運転許可証の交付

空港長は、業務上必要があると認められるもので、かつ、車両運転許可講習を受け、車両運転許可試験に合格した者に対し、車両運転許可証を交付するものとする。

8. 安全運転の義務

制限区域内において車両の運転をする者は、常に周囲の状況を把握し、航空機の航行、航空機乗組員、旅客、作業者及び車両相互間の安全を阻害しないよう適切な運転操作を行わなければならない。

(1) （航空機優先）について

(2) エプロンにおける交通優先順位は航空機が第一位であって、他の車両・機材（GSE）はこれを避けなければならない。

(3) その理由としては……？

①構造上動きが機敏でない。

②視界がきわめて悪い。

③多量の可燃性物質（燃料等）を搭載している。

④高価なこと。等である

(4) 航空機の航行の安全と車両等の安全確保のため航空機の出発を事前に発見することは最も大切なことである。その着眼点は？

①航空機の衝突防止灯（アンチコリジョン・ライト）が点灯しているか。

②航空機のエンジンが始動しているか。

③PBB（パッセンジャー・ボーディング・ブリッジ）が航空機より離されているか。

④車両（パッセンジャー・ステップ車、グランド・パワー車、エア・スタータ車）の有無。

⑤航空機牽引車の黄色回転灯が点灯しているか。

⑥航空機の車輪止（チョーク）が外されているか。

⑦運航係員が出発OKの合図をしているか。

9. 車両点検の義務

制限区域内において車両を運転する場合は、その都度事前に車両の点検を実施し、安全に運転できることを確認しなければならない。

10. 積載制限及びけん引できる非自走車両の台数

制限区域内においては、車両の定員及び荷物の規定積載量を越えて乗車または荷物の積載を行ってはならない。また、けん引できる非自走車両の台数は6台を越えてはならない。

11. 車両の操作及び走行

制限区域内において車両を操作し、または走行する場合は次に掲げる事項を遵守しなければならない。

⑴ 原則として、指定された立入り地区内の車両通路、場週道路及び保安道路を走行すること。

⑵ 移動する航空機の前方通路上で停止し、または駐車しないこと。

⑶ 航空機が前方または後方から接近し、その航行を妨げる恐れがある場合は、その進路を外すとともに、安全間隔を保って停止し、当該航空機に進路を譲ること。

⑷ 事故につながるような急激な運転操作は行わないこと。

⑸ 航空機の始動等のために必要な車両を除き、エンジン始動中及び始動直前の航空機の前方または後方で車両の操作を行わないこと。

⑹ 航空機のグランドハンドリングのため、やむを得ないものを除き、航空機の下部において車両の操作を行わないこと。

⑺ 高さ3.8mを越える車両で、滑走路の延長を横断する場合は、停止線手前で一旦停止し、航空機の離着陸がないことを確認した後通行すること。

⑻ 車両は夜間において走行する場合は前照灯等を点灯すること。この場合、前照灯のビームは常に下向きにして走行しなければならない。また、停止しているときは、前照灯を消灯しておくこと。

⑼ 航空機の運航者は、航空機がスポットに出入りする場合、付近の車両の交通規制を行わなければならない。

⑽ 車両の運転者は、航空機誘導員または交通規制員の指示に従わなければならない。

⑾ 緊急車両及び保安用車両が青色の閃光灯を点灯して接近してきた場合は、徐行もしくは一時停止して当該車両に進路を譲ること。

⑿ 航空機に向かっての後進は、車両外に人員を配置し、適切な距離を保って車両の誘導ができる場合のほか、これを行わないこと。

⒀ 原則として地上走行中の航空機の後方100m以内を走行してはならない。

⒁ 車両の駐車は、空港長が特に認めたものを除き、指定されたGSE置場の指定区域内で行うこと。

⒂ 車両は、スポット内において航空機のグランドハンドリング等に直接従事する場合を除き、スポット内を走行しないこと。

⒃ グランドハンドリングのため、航空機の直近で停止しなければならない場合は、エンジンを停止し（作業にエンジン動力を必要とする場合を除く）、完全にパーキング・ブレーキをかけ必要に応じ車輪止めを施すなど、車両が移動しないための万全の措置を講じること。

⒄ 正面またはこれに近い角度で接近する車両相互間にあっては、速度を落とし互いに進路を左に変えること。

⒅ 旅客の輸送を行う車両は、すべての航空機の横または後方で、かつ、適切な距離を保って停止して、旅客の乗降を行うこと。

⒆ 通行中の旅客の動線を横切らないこと。

⒇ 非自走車両をけん引する場合は、搭載物の状態及び連結部等の安全を確認し、必要に応じて監視員を同乗させなければならない。

(21) 車両は、空港長の定める交通規制に従うこと。

(22) トーバーレス・トラクターは、「12-6-1　ｉ．トーバーレス・トラクターの運用について」に定める運用に従うこと。

(23) その他、**別添1**「東京国際空港制限区域図（車両通路図）」の注意事項を遵守するとともに、車両は航空機の正常な運航を阻害するおそれのある行為を行わないこと。

12.（低視程時における車両運転）霧、降雪等による低視程時において制限区域で車両を運転する際は、航空機と車両の安全を確保するため、運転者は次の事項について留意すること。

(1) 制限区域への車両の立入りを必要最小限とすること。

(2) 通常時よりも減速して走行すること。

(3) 車両運転中における外部監視を強化すること。

(4) 航空機走行区域、エプロン誘導路及びスポット誘導経路（以下「航空機走行区域等」という。）へ立入る場合は航空機の動向に特に注意し、管制塔と常時通信を維持し、作業時間、場所及び車両の走行経路について通報すること。ただし、サービスレーンを走行する場合は除く。

(5) 日中帯にあっても、前照灯を点灯すること。なお、点灯は下向きに行うこと。

(6) 視界を常時良好に保つため、車両の窓の汚れを除去すること。

(7) 必要に応じ、「東京国際空港制限区域図（車両通路図）」を携行し、現在地を常に把握するように努めること。

13. 車両の制限速度

制限区域内における車両の最高速度は次のとおりとする。ただし、緊急車両及び航空保安業務に従事する車両であって、本来の業務遂行のためやむを得ない場合はこの限りでない。

(1) 場周道路を走行する場合（指定徐行区間を除く）…………………… 40km/h 以下

(2) 場周道路以外の通路を走行する場合 ……………………………… 30km/h 以下

(3) 航空機の周辺 30m 以内（車両通路走行中を除く）…………………… 15km/h 以下

(4) 航空機に向かって走行する場合で 5m 以内に接近した時 ………… 10km/h 以下

(5) けん引車（非自走車両をけん引する車両を含む）ただし、トーバーレス・トラクター及び高速トーイング・トラクターを除く ……………………………………… 15km/h 以下

(6) ベルト・ローダ、フォーク・リフト及びトランス・ポータ等 …… 15km/h 以下

(7) 航空機をけん引する場合（トーバーレス航空機けん引車を除く）… 10km/h 以下

(8) トーバーレス・トラクター

①けん引時 ………………………………………………………………… 10km/h 以下

②単独、または 30km/h 以下けん引走行可能経路走行時 ………… 30km/h 以下

(9) 高速トーイング・トラクター（コンテナ牽引車）

①キャブオーバ型の高速トーイング・トラクターが単独走行する場合 30km/h 以下

②制動灯及び制動装置付きのトレーラーをけん引（最高 4 台）する場合（直線部に限る）……………………………………………………………………………… 30km/h 以下

③車両通路のコーナー部や勾配のある車両通路 ………………… 15 km/h 以下

（以下、余白）

［車両の制限速度］

非自走車両をけん引中の車両の速度はエアサイド連絡橋及び GSE 地下通路の下り勾配部においては 10km/h 以下とする。

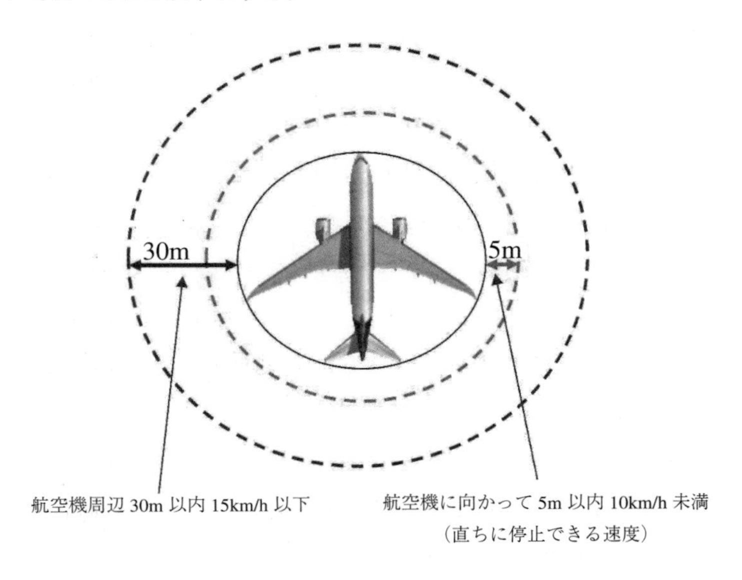

14. 車両の高さ制限

下記⑴～⑷の車両通路を通行する車両は、示された各々の高さ以下でなければ、通行してはならない。ただし、空港長が認めた場合はこの限りではない。

⑴　PBB 下部…3.8m

⑵　ターミナルビル下…3.8m

　ただし、第２旅客ターミナルビル本館南ピア接続部下は 3.6m

⑶　GSE 地下通路…3.8m

⑷　内際トンネルおよびマリントンネル…3.8m

15. 車両使用承認条件

制限区域内における車両使用承認にあたっては、航空機の運航の安全を阻害するおそれがないと認められる必要最小限度の台数とし、かつ、次に掲げる条件を満たすものでなければならない。ただし、空港長が特に承認した場合はこの限りでない。

⑴　登録車両にあっては、道路運送車両法に基づく有効な自動車検査証の交付を受けていること。

⑵　未登録自走車両にあっては、「制限区域内未登録車両の性能検査基準」により、道路運送車両法に基づき地方運輸局長が指定した「指定自動車整備事業者」の検査を受け、これに合格していること。

⑶　未登録非自走車両にあっては、「制限区域内未登録車両の性能検査基準」に準じて、道路運

送車両法に基づき地方運輸局長が認証した「自動車分解整備事業者」の点検を受け、良好と認められていること。

(4) 4輪以上の車両であり、車種は貨物、乗合または業務用特殊車のいずれかであることを原則とする。

(5) 車両の保管場所が確保されていること。ただし、制限区域外にあっては自ら確保し、制限区域内にあっては航空管制運航情報官と調整したうえで確保すること。

(6) 車体は、航空機から容易に識別できる鮮明な色彩（緊急車両は赤色または黄緑色、緊急車両以外の航空保安業務等に従事する車両にあっては黄色）で塗装され、かつ、所属社名等が明瞭に標示されていること。なお、車両用標識旗を交付されている場合を除く。

(7) 自走車両は信号用具及び車輪止めを備えつけていること。また、最高速度が30km/hとされている車両については、速度警報装置を備えつけていること。
なお、航空機の地上作業に直接従事する車両においては、上記に加え消火器を備え付けていること。

(8) ディーゼル車は、排気管から出る火の粉防止装置（スパークアレスター）を備え付けていること。（平成10年規制以降の自動車排出ガス規制に適合している車両または排気管から火の粉が出ないことについて当該車両の自動車製造業者等が証明している車両を除く。）

(9) 業務上やむを得ず航空機走行区域等に立入ることが必要な車両については、原則として管制塔と連絡可能な無線機器を搭載しているほか、緊急車両及び保安用車両は青色閃光灯、その他の車両にあっては黄色閃光灯を装備していること。

(10) 航空機をけん引する車両については、黄色閃光灯を装備し、けん引中はこれを点灯すること。
また、トーバーレス・トラクターについては、黄色閃光灯を2灯装備し、車両前面に赤と黒等の明瞭な縞塗装を施すこと。

(11) カート等、被けん引車両は夜間の追突防止の徹底を図るために、反射器または反射テープを備えつけること。

(12) 自走車両は、常に運転者の速度制限の意識を喚起するための速度表示ステッカーを運転者の見易い位置に貼付すること。

12-6　空港内ランプ、誘導路などの標示、標識

（「東京国際空港制限区域内車両安全運転教本」より）
資料提供：車輌安全推進協議会

12-6-1　車両の走行

次に掲げる場所においては、空港長が安全上特に定める通行の方法に従って走行しなければならない（**別添 -1、別添 -2** 参照）。

a．追い越しまたは追い抜きの方法

(1)　標示

①中央線及び側線を白の実線とし、その中間に白の破線を設け、片側 2 車線の計 4 車線の部分が設けられている。

②片側 1 車線の部分は中央に白の破線または実線が設けられている。

(2)　追い抜き、追い越しの遵守事項

①片側 2 車線通行

通常走行は中央線寄りの車線とし、追い越しまたは追い抜きが可能な場合は、左側車線を追い越しまたは追い抜きするものとする。この場合、先行車左側路面上の白の破線が確認できる場合に限って、追い越しまたは追い抜きができるものとする。

②片側 1 車線通行

通常走行は車両通路の左側中央線寄りを通行すること。他の車両を追い越す場合は、中央線が白の破線であること、及び進路に余裕があることを確認するとともに、先行車の動向及び側溝のグレーチングの状況に充分注意して、車両の左側を追い越さなければならない。

③場周道路の通行

安全が確保できる場合は、対向車線に出て追い越しができるものとする。

(3)　追い越し禁止の場所

①片側 1 車線の場合で、中央線が白の実線により標示されている部分は追い越し禁止とする。

②交差点付近で側線が二重線の部分、サービスレーン及び誘導路横断通路の部分は追い越し禁止とする。

(4)　その他

側線が設けられている部分は、やむを得ない場合を除き側線をはみ出してはならない。

b．サービスレーンの走行について

(1)　標示

①サービスレーン標示

②停止線標示

③前方優先標示

(2)　走行条件

走行する場合は、次の条件を守るとともに安全確保に努めること。

①常時、航空機の走行が最優先である。

②停止線標示の手前で必ず一時停止を行い、航空機が進行していないことを確認（前後左右）した後に横断すること。

③自力走行中の航空機が100m以内に近づいている場合及び航空機の後方100m以内を走行する場合は横断してはならない。

④悪視程においては、サービスレーンを極力使用しないこと。

⑤横断する場合は、標示内を速やかに走行しなければならない。

c．誘導路横断通路の走行について

(1)　標示

①誘導路横断部の中心に白の破線で誘導路横断通路標示。

②誘導路付近（航空機の走行に影響を与えない位置）に白線で誘導路横断待機区域標示及び前方優先標示。

(2)　場所

誘導路横断通路は、次のとおり北側及び南側に各1ヵ所設定する。

①誘導路K、J－スポット1番東側とユーティリティ・センター（建造物）前GSE通路の間

②誘導路H、G－スポット401番西側とスポット314番の間。

(3)　走行条件

誘導路横断通路は、航空機の誘導路として運用される部分を横切るため、横断する場合には、次の条件を守るとともに最大限の注意を払い安全確保に努めること。

①誘導路横断通路を横断する車両は、立入前に予め誘導路横断待機区域内でハザードを点灯（当該区域内のみ）し、後続車の走行に配慮した位置に停止して管制塔と無線連絡を行い、横断の指示を受けること。

②誘導路横断待機区域内から誘導路に進入するときは、周囲の状況等（後続車等）に十分注意して走行し、離脱等は管制塔にその旨通報する。

③G、Hの誘導路横断通路を走行できる車両は、指定された車両（高さ制限3.8mを超える車両）のみとする。ただし、航空機牽引車は深夜早朝帯に限り走行可能とする。

④車両は、誘導路横断通路標示に沿って左側を走行する。

⑤横断する場合は、誘導路横断通路標示等に従い速やかに走行しなければならない。

⑥誘導路横断通路付近のGSE通路側の車両は、誘導路横断車両を最優先すること。

⑦誘導路横断待機区域内で待機している車両がある場合、他の車両は、安全を確認の上、追越しすることができる。

d．エアサイド連絡橋の走行について

西側貨物地区と東側貨物地区を結ぶ連絡用通路（エアサイド連絡橋）の走行等について、次のとおり定める。

⑴　標示

片側2車線走行とし（1車線の幅は3.5m）白の実線による中央線、側線及び白の破線による走行車線標示とする。

⑵　走行条件

①最高速度が15km/h以下に制限されている車両は、2車線のうち右側を走行すること。

②最高速度が15km/h以上で走行できる車両が、他の車両を追い越す場合は、左側の追い越し車線を走行することができる。

③第30条に定める車両の最高速度に関わらず、非自走車両をけん引中の車両の最高速度は、10km/h以下とする。

④第28条に定める、けん引できる非自走車両の台数に関わらず、非自走車両の内パレット・ドーリー（パレット・トレーラー）のけん引台数は、2台を超えてはならない。

⑤非自走車両をけん引中の車両相互間の車間距離は、20m以上確保すること。

⑥車両重量が50tを超える車両は通行禁止とする。このため、当該車両は迂回経路をとるものとする。

e．ＧＳＥ地下通路の走行について

西側地区と東側地区を結ぶ誘導路J-2、J-3の地下に、航空機とGSE車両の平面交差を避ける目的でGSE地下通路が設けられている。

⑴　標示

①「高さ制限」標識

②「トンネル内ライト点灯」標識

③カーブ部の下り車線に停止線標示

④カーブ部にカーブミラーを設置

⑤片側1車線で黄色の実線による中央線標示（カーブ部は二重線で標示されている）

⑵　走行条件

①高さ制限は第31条の規定によるものとする。

②GSE 地下通路は、追い越し及び追い抜き禁止とする。

③車幅 3 メートルを超える車両は、停止線で一旦停止し、対向車に十分注意して走行すること。

④トンネル内はライトを点灯する。

⑤第 30 条に定める車両の最高速度に関わらず非自走車両をけん引中の車両の最高速度は、下り勾配部において 10km/h とする。

⑥勾配部において、非自走車両をけん引中の車両相互間の車間距離は 20 メートル以上確保すること。

⑦第 28 条に定める、けん引できる非自走車両の台数にかかわらず、非自走車両の内パレット・ドーリー（パレット・トレーラー）のけん引台数は、2 台を超えてはならない。

⑧歩行及び連絡用自転車の走行を禁止する。

f．スポット１番から４番後方のプッシュバック・レーン付近の走行について

⑴　標示

①スポット 1 番後方に停止線標示

②スポット 4 番後方に停止線標示

⑵　走行条件

①原則として、スポット 1 番から 4 番後方の車両通路を走行する車両は、ターミナル前の PBB 下（制限高 3.8m 以下）を走行できないものに限る。

②プッシュバック・レーン上に航空機がある場合は、航空機のブラストを避けるため、停止線標示で停止し、航空機が H 誘導路に離脱するまで待機すること。

③車両は、航空機の走行を常に優先させ、航空機誘導員、または交通規制員の指示に従うこと。

g．スポット 69 番～ 73 番後方のプッシュバック・レーン付近の車両走行について

H 誘導路を走行する航空機の動線を考慮して、スポット 69 番から 73 番の後方にプッシュバック・レーンが設置され、安全確保のためスポット 69 番～ 73 番後方のプッシュバック・レーン付近の車両通路の走行方法を次のとおり定める

⑴　標示

①スポット 69 番後方に停止線標示、前方優先標示およびサービスレーン標示

②スポット 73 番後方に停止線標示、前方優先標示およびサービスレーン標示

⑵　走行条件

①原則として、スポット 69 番から 73 番後方の車両通路を走行する車両は、ターミナル前の PBB 下（制限高 3.8m 以下）を走行できないものに限る。

②プッシュバック・レーン上に航空機がある場合は、航空機のブラストを避けるため、停止線標

示手前で停止し、航空機がH誘導路に離脱するまで待機すること。

③車両は、航空機の走行を常に優先させ、航空機誘導員又は交通規制員の指示に従うこと。

h．カテゴリーⅡ ILS制限区域への立入

カテゴリーⅡ ILS制限区域に立入る場合は、下記の方法により行うこととする。

(1)　制限区域において作業を行う場合は、管制保安部航空管制技術官システム統制室に連絡し承認を得た後行うこと。

(2)　カテゴリーⅡ運用時、制限区域に含まれる場通道路を走行する場合は、SSP表示板手前で一旦停止後、速やかに通過すること。

ｉ．トーバーレス・トラクターの運用について

トーバーレス・トラクターの運用を次のとおり定める。

(1)　呼出呼称

呼称名称の後にスピーディーの語を付し通報すること。

(2)　制限速度

1）航空機けん引時

10km/h以下

ただし、航空機走行区域等において、前方を十分に監視し、動力装置を制御すること又は制動装置を軽度に使用することにより、速やかに且つ安全に停止することができる場合は、30km/h以下。

2）単独走行時

30km/h以下

(3)　その他

トーバーレス・トラクターの特性を十分把握し、走行時の安全確保に努めること。

ｊ．ＧＳＥ橋梁の走行について

国際線エプロン地区の北側エプロン地区と南側エプロン地区を結ぶ連絡用通路（GSE橋梁）の走行等について次のとおり定める。

(1)　標示

片側1車線とし、白の実線による中央線表示とする。

(2)　場所

東京国際空港制限区域図（**別添1**）のとおりとする。

(3)　走行条件

①当該橋梁は追い越し禁止とする。

②第 30 条に定める車両の最高速度に関わらず、非自走車両をけん引中の車両の最高速度は、10km/h 以下とする。

③第 28 条に定める、けん引できる非自走車両の台数に関わらず、非自走車両の内パレット・ドーリー（パレット・トレーラー）のけん引台数は、2 台を超えてはならない。

④非自走車両をけん引中の車両は、前方を走行している車両との車間距離を 20m 以上確保すること。

12-6-2　エプロン内の安全標示　（**別添 3**：「エプロン内安全のためのマーキング定義」参照）

スポットでのグランドハンドリング作業の安全確保のため、次の種類の標示を設定する。全ての車両及び機材等はこの標示に従って運用しなければならない。

（以下、余白）

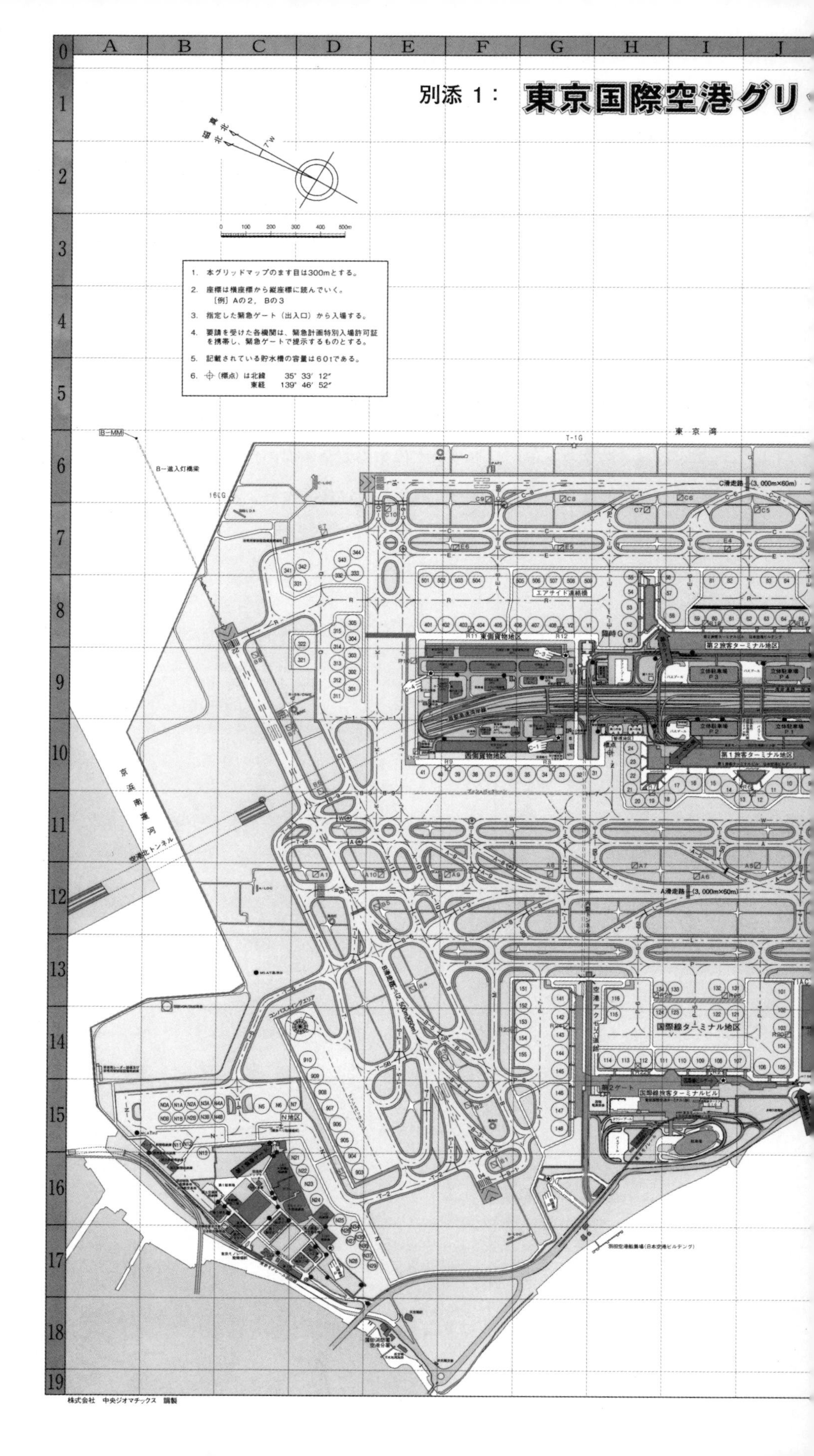
別添 1： 東京国際空港グリ
1. 本グリッドマップのます目は300mとする。
2. 座標は横座標から縦座標に読んでいく。
［例］Aの２，Bの３
3. 指定した緊急ゲート（出入口）から入場する。
4. 要請を受けた各機関は、緊急計画特別入場許可証を携帯し、緊急ゲートで提示するものとする。
5. 記載されている貯水槽の容量は６０tである。
6. ⊕（標点）は北緯 35° 33′ 12″
東経 139° 46′ 52″
0 100 200 300 400 500m
東京湾
C滑走路（3,000m×60m）
A滑走路（3,000m×60m）
第２旅客ターミナル地区
第１旅客ターミナル地区
国際線ターミナル地区
国際線旅客ターミナルビル
東側貨物地区
西側貨物地区
エアサイド連絡橋
京浜南運河
N地区
B-MM
B-進入灯橋梁
T-1G
コンパスswingエリア
株式会社 中央ジオマチックス 調製

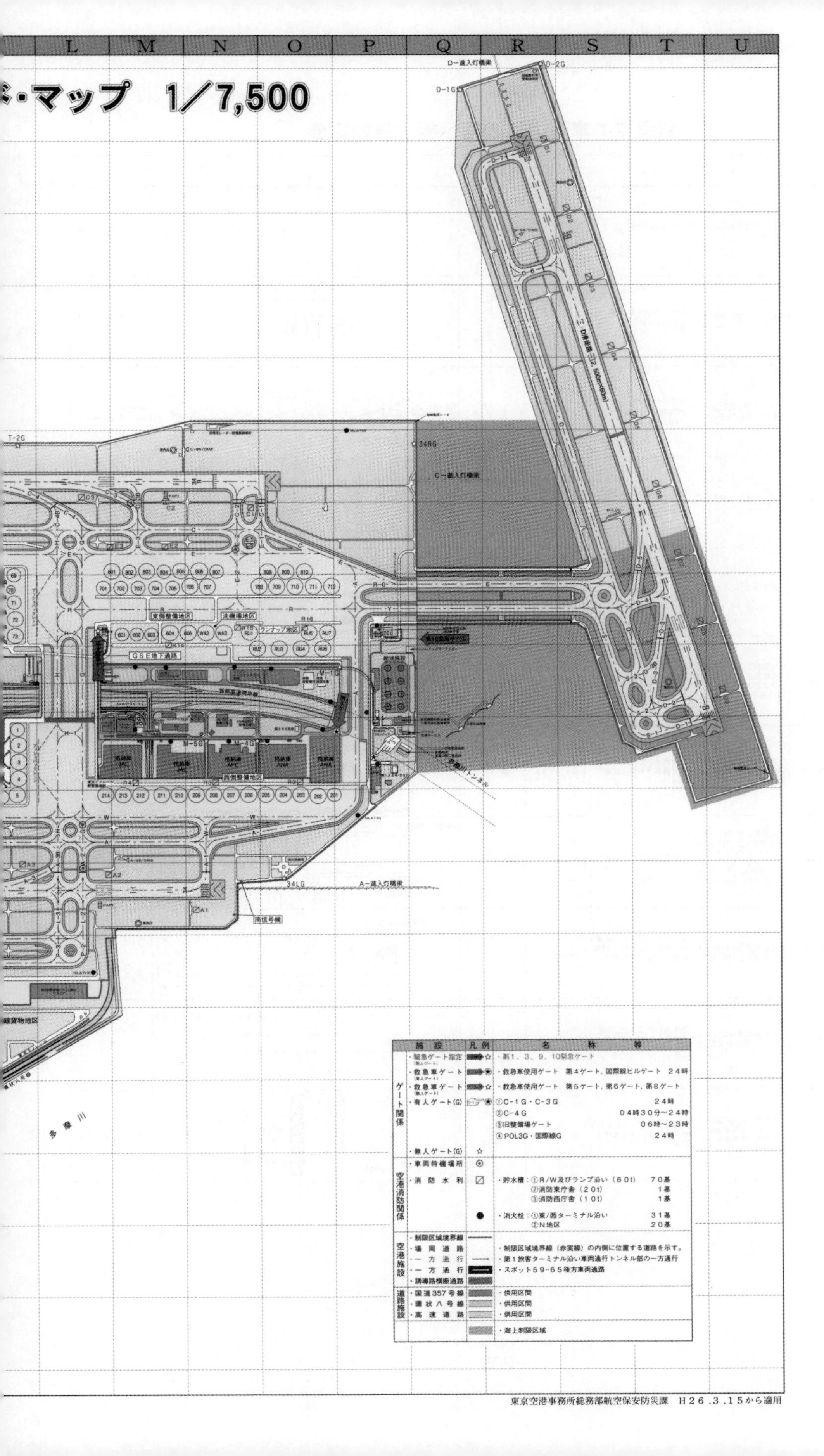
L M N O P Q R S T U
ミ・マップ　1/7,500
D−進入灯橋梁
D-2G
D-1G
D滑走路 2,500m×60m
T-2G
34RG
C−進入灯橋梁
東側整備場地区
格納庫地区
ランナップ地区
GSE地下通路
首都高速湾岸線
給油施設
M-1G
M-5G
M-4G
格納庫 JAL
格納庫 JAL
格納庫 AFC
格納庫 ANA
格納庫 ANA
西側整備場地区
多摩川トンネル
34LG
A−進入灯橋梁
線貨物地区
多摩川
施設
凡例
名称等
ゲート関係
・緊急ゲート指定（無人ゲート）
・第1、3、9、10緊急ゲート
・救急車ゲート（有人ゲート）
・救急車使用ゲート　第4ゲート、国際線ビルゲート　24時
・救急車ゲート（無人ゲート）
・救急車使用ゲート　第5ゲート、第6ゲート、第8ゲート
・有人ゲート(G)
①C-1G・C-3G　24時
②C-4G　04時30分~24時
③旧整備場ゲート　06時~23時
④POL3G・国際線G　24時
・無人ゲート(G)
空港消防関係
・車両待機場所
・消防水利
・貯水槽：①R/W及びランプ沿い（60t）　70基
②消防東庁舎（20t）　1基
③消防西庁舎（10t）　1基
・消火栓：①東/西ターミナル沿い　31基
②N地区　20基
空港施設
・制限区域境界線
・場周道路
・制限区域境界線（赤実線）の内側に位置する道路を示す。
・一方通行
・第1旅客ターミナル沿い車両通行トンネル部の一方通行
・一方通行
・スポット59-65後方車両通路
・誘導路横断通路
道路施設
・国道357号線
・供用区間
・環状八号線
・供用区間
・高速道路
・供用区間
・海上制限区域
東京空港事務所総務部航空保安防災課　H26.3.15から適用

別添 2：車両通路の指示標示等の定義

種別	No.	種類	定義	設定方針	標示の様式					備考
					色	最小幅 cm	長さ cm	隙間 cm	記号	
指示標示	1	中央線標示	車両通路の中央線であることを示す。	車両通路の中央に設定する。	白	15	300	300	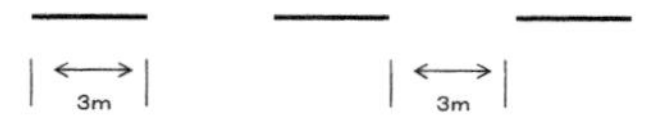 3m　3m	総理府・建設省令適用
指示標示	2	停止線標示	車両が停止する場合の位置であることを示す。	車両通路の交差部等、停止が必要となる場所に設定する。	白	45 文字は 20	500	−	 5m STOP　2m 1m	総理府・建設省令を参照
指示標示	3	進行方向標示	車両が通行することができる方向であることを示す。	車両が進行することができる方向を示す必要がある地点に設定する。	白	15	500	−	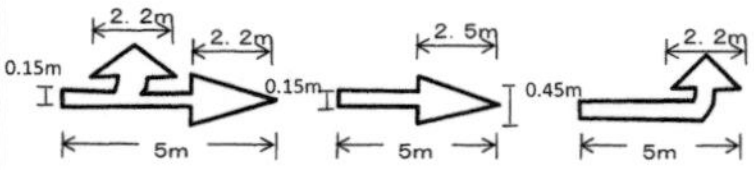 2.2m　2.2m　2.5m　2.2m 0.15m　0.15m　0.45m 5m　5m　5m	総理府・建設省令適用（寸法は変更する）
指示標示	4	横断歩道あり標示	前方に横断歩道があることを示す。	前方に横断歩道があることを、予め示す必要がある地点に設定する。	白	45	300		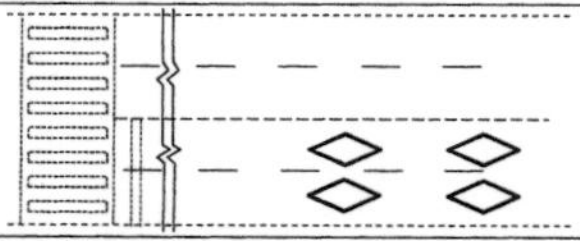	総理府・建設省令適用（寸法は変更する）
指示標示	5	横断歩道標示	横断歩道であることを示す。	横断歩道が必要な場所に設定する。	白				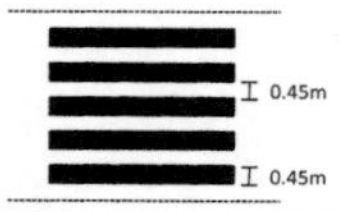 0.45m 0.45m	総理府・建設省令適用
指示標示	6	前方優先標示	当該通路と交差する前方に航空機のための誘導路及びエプロン誘導路があることを示す。	原則として誘導路との交差部の手前に設定する。	白		一辺 200cm		 誘導路　STOP　車両通路	○総理府・建設省令の「前方優先道路」を参照
指示標示	7	サービスレーン標示	誘導路（エプロン誘導路）を横断する車両通路であることを示す。	誘導路との交差部に前方優先標示手前から設定する。	白	15	100	−	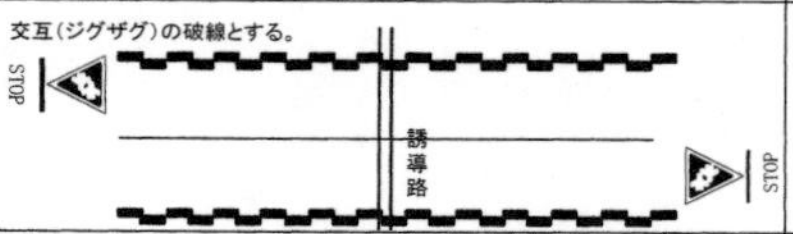 交互（ジグザグ）の破線とする。 STOP　誘導路　STOP	
指示標示	8	車両通路交差部標示	車両通路の交差部であることを示す。（車両交差部が分かりやすいようにする目的で設定する。） なお、当該部分も下記10項と同様に車両の追い越しを禁止する。	車両通路の中央に設定する。	白／赤	15	連続	− ※	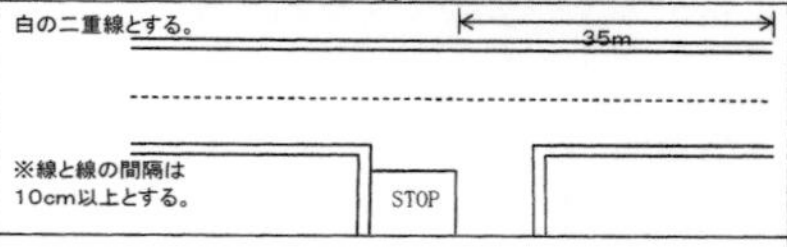 白の二重線とする。　35m ※線と線の間隔は10cm以上とする。　STOP	
指示標示	9	誘導路横断待機区域標示	車両が誘導路を横断する場合の待機位置を示す。	安全並びに速やかに誘導路を横断するために、誘導路横断通路付近に設定する。	白	15	連続		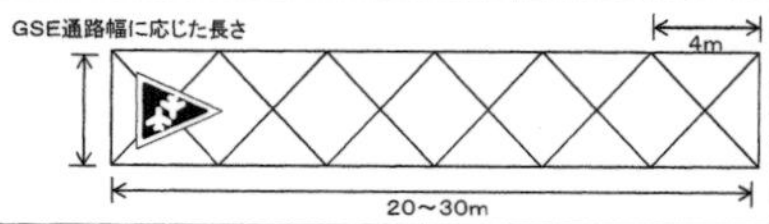 GSE通路幅に応じた長さ　4m 20～30m	
標規制表示	10	左側部分はみ出し走行禁止標示	左側部分にはみ出して走行することを禁止することを示す。	左側部分にはみ出して通行することを禁止する車両通路の区間又は場所に設定する。	白	15	連続	−	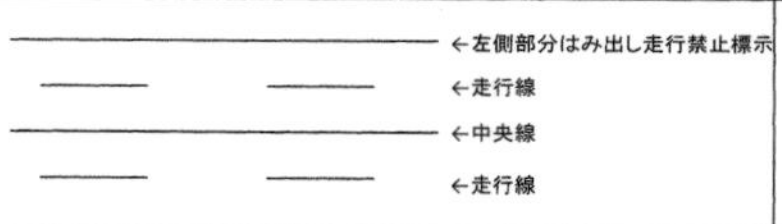 ←左側部分はみ出し走行禁止標示 ←走行線 ←中央線 ←走行線	
標規制表示	11	ゼブラゾーン	ゼブラマーキングを施してある部分では原則として車両の走行、停車を禁止することを示す。	誘導路中心線からの距離が55m以内にある車両通路等に設定する。	白				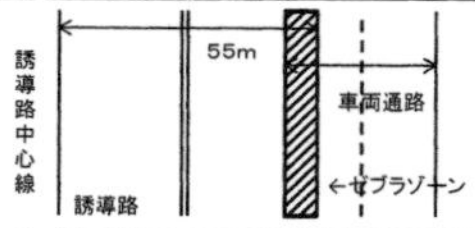 誘導路中心線　55m　車両通路 誘導路　←ゼブラゾーン	コードF航空機対応

〔メモ〕

別添 3：エプロン内安全のためのマーキング定義

No.	種類	定義	設定方針	マーキングの様式					備考
				色	最小幅 cm	長さ cm	隙間 cm	記号	
1	機材制限区域 Equipment Restraint Area （ERA）	スポットに航空機が出入りする際には、いかなる車両や機材の進入も禁止する区域で、機材待機区域の内側に設定される。	当該スポットを使用する最大の航空機の型式を基本として、機体から最低7．5m離して設定した境界線（機材制限区域標示）の内側を機材制限区域とする。 ただし、翼端部については、大型機及び中型機は3．75m、小型機は2．25m以上離して境界線を設定する。	明るい赤	15	連続	−		航空機給油取扱所の区画マーキングを兼ねるものとする。
			複数の航空機が同時に使用するスポットで、複数機の使用と単独で使用する場合を区別するために設定。	明るい赤	15	100	50		
		ただし、大型機及び中型機用スポットで必要な場合には、高さが2．5m以下の車両や機材については、上記で設定した境界線の内側に設定される制限付きの境界線をもって、スポットに航空機が出入りする際に進入を禁止するものとする。	大型機及び中型機については、翼端部から0．75m以上離した制限付きの境界線を設定できるものとする。	明るい赤	15	100	50	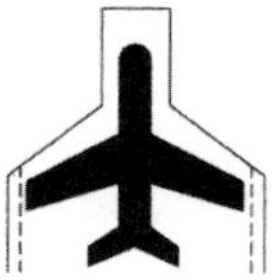	
2	機材待機区域 Equipment Staging Area （ESA）	当該スポットのハンドリング作業に従事する車両や機材の待機場所として使用する区域で、機材制限区域の外側に設定される。 この区域は、機材置場として承認された車両を除き、航空機のスポット・インの30分前から使用できるが、当該スポットでの作業が完了し次第、すみやかに退去すること。	当該スポットを使用する最大の航空機の型式を基本として、機体から最低7．5m離して機材待機区域を設定する。	白	15	100	50		
		（高さ制限のある機材待機区域） 当該スポットのハンドリング作業に従事する高さが2．5m以下の車両や機材の待機場所として使用できる区域で、機材待機区域の外側に設定される この区域は、航空機のスポット・インの30分前から使用できるが、当該スポットでの作業が完了ししだい、すみやかに退去すること。	設定が可能な場合に、大型機及び中型機については、機材制限区域の境界線と翼端部から0．75m以上離した制限付き境界線の間に2．5mの高さ制限を付して、機材待機区域（原則として、幅3mとする）を設定できるものとする。	白	15	100	50		
3	GSE置場 Equipment Parking Area （EPA）	GSEのうち、特にグランドハンドリングに使用する頻度が多い車両や機材を留置するための区域で、機材待機区域の外側の支障のない場所に設定される。	留置しようとする車両や機材に応じて、必要㎡を算出し、他の車両の走行経路、車両通路、ハイドラント施設、付近の交通密度等を総合的に勘案の上、安全確保上支障がないと判断される場合に設定する。	白	10	連続又はカギ印	−	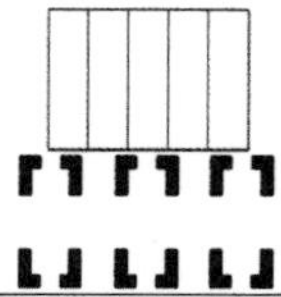	当局から許可された後、使用者が標示の施工を行うものとする。
4	PBB稼働区域マーキング	1．車両や機材の駐車を全面的に禁止する区域で、PBBの作動範囲及びスポット内に設定される。	PBBの作動範囲及び隣接するスポットの影響範囲を勘案して設定する。	赤	10	連続	−		
5	駐車禁止区域 No Parking Area （NPA）	2．車両や機材の駐車を全面的に禁止する区域で、ハイドランドピット及びアースターミナル等の回りに設定される。	ハイドラントピット及びアースターミナル等の周囲に設定する。	10 白（ハイドランドピット） 青（エアコンピット） 赤（電力ピット、給油アースリング、貯水槽） 黄（避雷アースリング）		連続	−	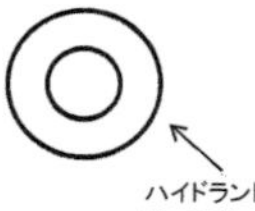 ハイドランド又はアースターミナル	施設管理者が標示の施工を行うものとする。
6	PBB待機位置 PBB Stand-by Position	PBBの待機位置を示すために設定される。	PBBの待機位置を割り出し、PBBの車輪位置に設定する。	白	10	連続	−		

No.	種類	定義	設定方針	マーキングの様式					備考
				色	最小幅 cm	長さ cm	隙間 cm	記号	
7	プッシュバックライン	必要な場合には、プッシュバック作業を行うトーイングトラクターのための支援マーキングとして、航空機の主輪の軌跡に合うように設定される。	当該スポットを使用する最大の航空機が必要とするRの正円弧で設定するものとし、誘導路等と接合する手前3mまでの標示とする。	白	20	20	50	プッシュバックラインはドット標示 切離しポイントは三角形標示 プッシュバック限界ポイントは四角形標示 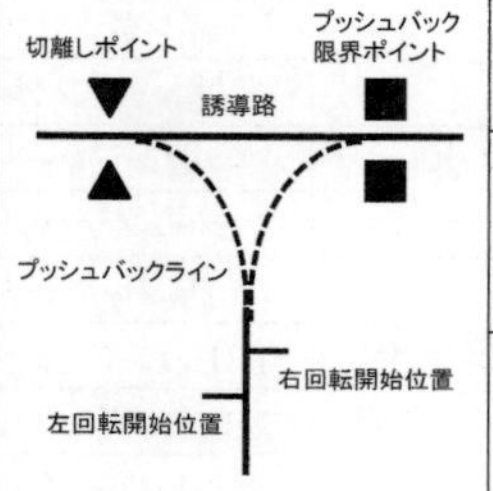 切離しポイント プッシュバック限界ポイント 誘導路 プッシュバックライン 右回転開始位置 左回転開始位置	
	切り離しポイント	物理的理由等により、プッシュバック完了後の最適な切離しポイントが要求される場合に設定される。	物理的理由等から求められる最適な機体の位置から、切離しポイントを割り出し設定するものとする。	黄	50	50	—		
	プッシュバック限界ポイント	物理的理由等により、プッシュバック限界を設定する場合に設けられる。	物理的理由等から求められる最適な機体の位置から、プッシュバック限界ポイントを割り出し設定する者とする。	黄	50	50	-		
	回転開始位置	プッシュバック作業時の支援マーキングとして、左右への方向転換開始位置の目安として設定される。	スポットの最大運用機種の方向転換開始位置の目安として設定する。	白	15	50	-		
8	エプロン境界線 Apron boundary Line (ABL)	エプロン誘導路とランプ地区を明確に分ける境界線として設定される。横断通路を横断する場合を除き、特に許可を得た車両以外は、この境界線の内側へ進入してはならない。	エプロン誘導路の中心線から原則として当該誘導路を走行する最大機種の翼端から15m以上離して、境界線を設定するものとする。	明るい赤	30	連続	-	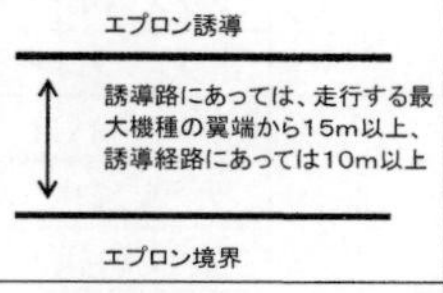 エプロン誘導 誘導路にあっては、走行する最大機種の翼端から15m以上、誘導経路にあっては10m以上 エプロン境界	
9	スポット番号	誘導路からスポットへの航空機導入線入口のスポット番号標示とは別に航空機のハンドリング作業を行う地上作業者に当該スポット番号を確認させるために設定する。	各スポットの航空機ノーズギア停止位置マーキング付近に設定する。	黄	10	一文字の大きさ50	—	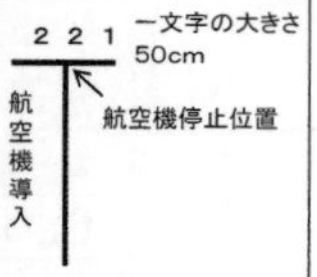 2 2 1　一文字の大きさ50cm 航空機停止位置 航空機導入	
10	ナイトステイエリア Night Stay Area(NSA)	夜間早朝時間帯における航空機の駐機場所として設定する。このエリアに航空機が駐機している場合、エプロン境界線の適用は、ナイトステイエリアを含んだエリアに変更する。	境界線はエプロン境界線と同様とし、34番から40番スポット後方に設定する。	赤	30	連続	—	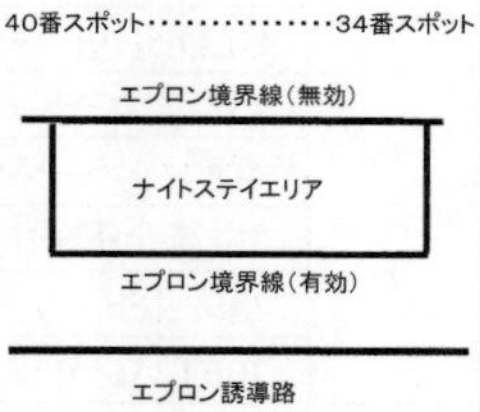 40番スポット・・・・・・・・・・・・・・34番スポット エプロン境界線（無効） ナイトステイエリア エプロン境界線（有効） エプロン誘導路	

12-7　GSE略称一覧

『航空輸送機器材ハンドブック』（社）日本機械工業連合会発行より

(1) ハンドリング用車両・その他のハンドリング機材

区分	GSE名称	GSEコード	推奨略称	JAL-系列	ANA-系列
牽引車	航空機牽引車	H0101	AT	C	T
	トーバーレス・トラクター	H0102	AT	C	TL
	トーイング・トラクター	H0103	TT	TT	TT
	高速トーイング・トラクター	H0104	TT	KT	−
ステップ車	パッセンジャー・ステップ	H0201	PS	PS、PT	PT
	クルー・ステップ	H0202	CS	CS	C
ローダ・トランスポータ	ハイリフト・ローダ	H0301	HL	HL	HL
	1BEDメインデッキ・ローダ	H0302	MD	MD	MDL
	2BEDメインデッキ・ローダ	H0303	MD	MD、ML	MDL
	ベルト・ローダー	H0304	BL	BL	BL
	トランスポータ	H0305	TP	TP	TR
	トランス・ローダー	H0306	TL	TL	TR
バス類	ランプ・バス	H0401	RB	−	BU
	大型ランプ・バス	H0402	RB	−	BU
	旅客輸送バス	H0403	PB	IP	MB
	リフト式バス	H0404	LB	PBL	MB、PBL
	送迎バス	H0405	TB	B、MB	MB
トラック・トレーラ	カーゴ・トラック	H0501	CT	CT	CT
	ULD輸送トラック	H0502	UT	KV	UT
	ULD輸送トレーラ・ヘッド	H0503	TH	KH	−
	ULD輸送トレーラ	H0504	TU	KS	−
カート・ドーリ類	バルク・カート	H0601	BC	BC、C	BC、BD
	電動バゲージ・カート	H0602	EB	EB	−
	コンテナ・ドーリー	H0603	CD	CD、B	CD
	パレット・ドーリー	H0604	PD	PD、P	PD
	20FTパレット・ドーリー	H0605	PL	PD、D	PD
その他	マーシャリング車	H9901	MV	MZ	MC
	テールスタンション	H9902	TS	TS	TS
	ダミーシップ	H9903	DS	−	DS
	手荷物検査車	H9904	XR	XR	TY
共通	ハンドリング用連絡車	H0001	VN	ZC、VT	PC、TY、VN、VB
	ハンドリング用大型連絡車	H0002	VL	−	VB
	ハンドリング用フォークリフト	H0003	FL	F、FL、FT	FL
	ハンドリング用照明車	H0004	LV	LT、LV	F

(2) 輸送用車両／機材

区分	GSE名称	GSEコード	推奨略称	JAL-系列	ANA-系列
トラック・トレーラ	トラック	T0101	TK	−	−
	クレーン付トラック	T0102	CR	−	TC
	トレーラ・ヘッド	T0103	TH	−	−
	トレーラ	T0104	TL	−	−

(3) サプライ車両／機材

区分	GSE名称	GSEコード	推奨略称	JAL-系列	ANA-系列
電源車	交流電源車	S0101	GP	GP、GPU	G、GP
	直流電源車	S0102	GP	−	G
	交直両用電源車	S0103	GP	G	−
	AC-DC変換装置	S0104	GP	E	−
空気供給車／機材	エアスタータ	S0201	AS	N	S
	大型エアスタータ	S0202	AS	N	S
	冷暖房車	S0203	AC	AC、ACU、G	CHC
	大型冷暖房車	S0204	AC	AC、ACU、G	−
	冷房車	S0205	AC	−	−
	暖房車	S0206	AC	G	−
	空気コンプレッサ車	S0207	HP	−	P
給水・汚水／機材	給水車	S0301	PW	W、WT	WS、PW
	汚水車	S0302	LT	L、LT	LS
	排水車	S0303	DT	−	DW
客室関連	キャビン・サービス・カー	S0401	CE	CS、HT	CS
	客室清掃車	S0402	CC	−	CL
	フードローダー	S0403	FD	TF	FD
	トラッシュ・カー	S0404	TC	TC	DB
その他	サプライ用バキューム車	S9905	VV	−	−
共通	サプライ用連絡車	S0001	VN	ZC、VT	PC、TY、VN、VB
	サプライ用大型連絡車	S0002	VL	−	−

(4) 給油関連車両／機材

区分	GSE名称	GSEコード	推奨略称
給油車	サービサ	F0101	HS
	フューエラー	F0102	FU
メタノール・水補給車	メタミックス車	F0201	MM
	エンジン・ウォータ車	F0202	EW
その他	給油関連用消防車	F9906	FT
	給油関連用バキューム車	F9907	VV
共通	給油関連用連絡車	F0001	VN
	給油関連用大型連絡車	F0002	VL
	給油関連用クレーン付トラック	F0005	CR

(5) 保守・整備関連車両／機材

区分	GSE名称	GSEコード	推奨略称	JAL-系列	ANA-系列
牽引車	整備用トーイング・トラクタ	M0101	TT	C	T
整備作業車／機材	シザース式整備作業車	M0201	SM	S	L
	ブーム式整備作業車	M0202	BM	S	H
	給油脂車	M0203	LU	S	LB
	廃油車・廃水車	M0204	HC	－	－
	燃料抜取り車	M0205	DF	S	－
	ホイール・ブレーキ交換車	M0206	WB	S	WB
	ブレーキ・クーリング車	M0207	BR	S	－
	客室座席交換車	M0208	SC	HTR	L
	高所客室座席交換車	M0209	SC	QC	－
	熔接作業車	M0210	WV	S	－
	整備工作車	M0211	MR	D	DP
エンジン整備車／機材	エンジン整備作業車	M0301	EM	－	－
	高所エンジン整備作業台車	M0302	EM	－	EMB
	ボアスコープ車	M0303	BS	D	－
除雪関連車／機材	除雪車	M0401	SN	S	H
	融雪液用温水器	M0402	SH	S	FH
	融雪液用タンク車	M0403	ST	S	－
機体水洗車／機材	機体洗浄作業車	M0501	CV	CM	CL
	シザース式機体洗浄作業車	M0502	LC	CL	CL
	ブーム式機体洗浄作業車	M0503	CM	CM	SM
	洗剤スプレー車	M0504	CP	CP	－
	機体洗浄車輸送トレーラ	M0505	CN	N	－
	塩害処理車	M0506	SV	－	ST
	機体水洗用清掃車	M0507	VV	RC	－
カート・ドーリ類	整備用器材運搬カート	M0601	MC	AJC etc	NC、CW etc
	チルティング・ドーリ	M0602	TG	－	－
	エンジン・ドーリ	M0603	ED	TJT	ED
	エンジン・ランナップ・ドーリ	M0604	ED	－	－
	プロペラ・ドーリ	M0605	PR	－	PD
	スラスト・リバーサ・ドーリ	M0606	TD	－	TD
	APUドーリ	M0607	AD	－	AD
	整備用パレット・ドーリ	M0608	PD		
その他	クレーン車	M9908	MA	－	U
	ロードバンク	M9909	LC	LB	－
共通	整備用連絡車	M0001	VN	D、ZC、VT	PC、TY、VN、VB
	整備用大型連絡車	M0002	VL	B	－
	整備用フォークリフト	M0003	FL	F、FL、FT	FL
	整備用照明車	M0004	LV	L、LT、LV	F、SL、SD

(6) 空港維持関連車両／機材

区分	GSE名称	GSEコード	推奨略称
管理関連	誘導車	K0101	FM
	警備車	K0102	GV
消防関連	消防車／梯子車	K0201	FT
	化学消防車	K0202	FT
	水タンク消防車	K0203	FT
	救急車両	K0204	RA
	指令車	K0205	CA
	医療品運搬用車両	K0206	MT
	医療品運搬用トレーラ	K0207	MU
空港保守関連	草刈関連車	K0301	ME
	コンクリート・ミキサ車	K0302	CX
	パワーショベル・カ	K0303	PC
	ローラ車	K0304	RC
	シザース式保守作業車	K0305	SA
	ブーム式保守作業車	K0306	SB
	トラック／ダンプ車	K0307	DA
	空港維持用クレーン付トラック	K0308	CR
除雪関連	プラウ式除雪車	K0401	SR
	バケット式除雪車	K0402	SR
	ロータリー式除雪車	K0403	SR
	スノー・スイーパ車	K0404	SS
	尿素散布車	K0405	AM
	サーブ車	K0406	SB
清掃関連	清掃車	K0501	FC
	散水車	K0502	WS
その他	塵芥車	K9911	GT
	廃油運搬車・収集車	K9913	HU
	消毒車	K9914	DV
	集配車	K9915	DC
共通	空港維持用連絡車	K0001	VN
	空港維持用大型連絡車	K0002	VL

(7) 共通（大区分をまたがって使用されるもの）

区分	GSE名称	GSEコード	推奨略称
共通	連絡車	A0001	VN
	大型連絡車	A0002	VL
	フォークリフト	A0003	FL
	照明車	A0004	LV

12-8　危険物輸送

航空機に危険物を搭載して輸送する場合、または旅客および乗務員等が運航中に手荷物として航空機内に持ち込むことができる危険物の種類と量について、具体的に取り扱いを示す。

航空機による輸送は、その特殊性より、すべての面で安全性が重視されるため、法的規制が大変厳しく、細部にわたり定められている。そこで航空会社では、この法や規則にのっとり細かく規定を定め、より確実に危険物輸送ができるようにと、航空機の安全運航を図っている。

平成5年4月に国際民間航空機関（ICAO）の「危険物の安全輸送のための技術指針（TI）」が改訂された。これに伴い、国土交通省航空局（JCAB）から通達が発せられ、危険物輸送に係わる教育訓練の実施が法的に義務付けられた。そこで各航空会社は国土交通省に対して、各年度の危険物教育訓練計画の承認申請、そして前年度の教育訓練の実施実績の報告を行うこととなった。

一言で危険物といっても膨大な量の物件があり、「航空危険物輸送」に係わるすべてのスタッフの知識、意識、スキルの向上を図るため、安全運航の確保を目的として、航空会社は、2年に1回行われる危険物輸送法規の改正にあわせ、社内教育用テキストを改訂し、社員に教育を行っている。

（注）詳細についてはIATA危険物規則書（毎年発行）を参照。

<table>
<tr><th>ICAO
分類・
区分</th><th colspan="2">分類・区分</th><th>IATA
コード</th><th>分類・区分
ラベル</th><th>主な品目</th><th>事故時の注意事項</th></tr>
<tr><td>1</td><td colspan="2">火薬類</td><td>RGX
RXS
など</td><td>1.4</td><td>発煙筒、花火、導火線、爆発リベット、クラッカー、弾薬など
（区分1.4Sのみ旅客機に積載可能）</td><td>火気・高温（直射日光）を避ける。
衝撃（落下·転倒等）・摩擦を避ける。
責任者の指示の下、可燃物を遠ざける。</td></tr>
<tr><td>2.1</td><td rowspan="3">高圧ガス</td><td>引火性ガス</td><td>RFG</td><td>FLAMMABLE GAS</td><td>小型燃料ガスボンベ、カセットコンロ用ガス、喫煙用ガスライター、ライター用補充ガス、引火性エアゾールなど</td><td rowspan="2">火気・高温（直射日光）を避ける。
ガスの吸引および接触を避ける。
風通しを良くして、風上に留まり近づかない。</td></tr>
<tr><td>2.2</td><td>その他のガス
(非引火性ガス)
(非毒性ガス)</td><td>RNG
RCL</td><td>NON-FLAMMABLE GAS</td><td>消火器、圧縮酸素、液体窒素、液体アンモニア、非引火性エアゾール、冷凍用ガス類、ダイビング用ボンベなど深冷液化ガス</td></tr>
<tr><td>2.3</td><td>毒性ガス</td><td>RPG</td><td>TOXIC GAS</td><td>一酸化炭素、酸化エチレン、液体アンモニアなど（貨物専用機にのみ積載可能）</td><td>風通しを良くして、風上に留まり近づかない、目つ近づかせない。</td></tr>
</table>

3	引火性液体		RFL		ガソリン、ペイント類、印刷インク、香料、灯油、アルコール、接着剤、オイルライター/ライター用燃料、アルコール度の高い酒類など	火気・高温（直射日光）を避ける。 ガスの吸引および接触を避ける。 風通しを良くして、風上に留まり近づかない。 責任者の指示の下、可燃物を遠ざける。
4.1	可燃性物質類	可燃性物質	RFS		マッチ、セルロイド、金属粉末、リン、硫黄など	火気・高温（直射日光）を避ける。ガスの吸引および接触を避ける。 衝撃（落下･転倒等）・摩擦を避ける。 責任者の指示の下、可燃物を遠ざける。 自然発火することがあるので、常時監視を怠らない。
4.2		自然発火性物質	RSC		炭、活性炭、硫化ナトリウム、金属触媒など	火気・高温（直射日光）を避ける。 責任者の指示の下、可燃物を遠ざける。 自然発火することがあるので、常時監視を怠らない。
4.3		水反応 可燃性物質	RFW		カルシウム、炭化カルシウム、粉末マグネシウム合金、バリウム、アルカリ土類金属合金など	注水、火気・高温（直射日光）を避ける。 責任者の指示の下、可燃物を遠ざける。 自然発火することがあるので、常時監視を怠らない。
5.1	酸化性物質類	酸化性物質	ROX		化学酸素発生装置、過酸化水素水、塩素酸塩類、硝酸アンモニウム肥料、漂白剤など（化学酸素発生装置は貨物専用機のみ積載可能）	火気・高温（直射日光）を避ける。 責任者の指示の下、可燃物を遠ざける。
5.2		有機過酸化物	ROP		メチルエチルケトンパーオキサイドなど	
6.1	毒物類	毒物	RPB		殺虫剤、農薬、消毒剤、染料、水銀化合物、医薬品など	風向きに注意し、蒸気・粉末の吸引を避ける。 責任者の指示の下、他の物件（特に生鮮食品）を遠ざける。
6.2		病気を移しやすい物質	RIS		バクテリア、ヴィールス、医薬用廃棄物など	責任者の指示の下、人・貨物を遠ざけ、立入制限区域を設定し専門家の指示を待つ。

7	放射性物質	[国内] L型輸送物 [国際] 微量放射性輸送物	RRE	[国内用] * [国際用] **	空容器、機器に内蔵されたものなど、放射能量が極めて少ないもの 輸送物表面の最大線量当量率：5μ Sv/h以下	絶対に触わらない、近づかない。 責任者の指示の下、立入制限区域を設定し専門家の指示を待つ。 放射性物質のそばにいる時間を極力短くする。 万が一、放射性物質に触れてしまった場合は、中性洗剤もしくは真水で洗浄する。 万が一、衣類等が放射性物質に触れてしまった場合は、衣類を脱いでポリエチレンの袋等に入れて隔離する。
		第I類	RRW		種々の放射性同位元素 輸送物表面の最大線量当量率：5μ Sv/h以下 輸送指数：0	
		第II類	RRY		種々の放射性同位元素 輸送物表面の最大線量当量率：5μ Sv/hを超え、500μ Sv/h以下 輸送指数：0を超え、1.0以下のもの	
		第III類			種々の放射性同位元素 輸送物表面の最大線量当量率：500μ Sv/hを超え2mSv/h以下 輸送指数：1.0を超え、10.0以下のもの	
8	腐食性物質		RCM		液体バッテリー、水銀、硫酸、塩酸、酢酸、水酸化ナトリウム、水酸化カリウム、ガリウムなど	責任者の指示の下、人・貨物を遠ざける。
9	その他の有害物件		RMD RSB ICE		RMD：消費者向け物品、内燃機関（エンジン）、車両など RSB：ポリメリックビーズ ICE：ドライアイス	各々の危険性に対応した処置をとる。 責任者の指示の下、人・貨物を遠ざける。
			RLI RLM		RLI：リチウムイオン電池 RLM：リチウム金属電池	
			MAG		磁性物質	
	微量危険物		REQ	マーク	各分類･区分に属する危険物で、一梱包あたりの内容量が微量でありIATA危険物規則書の微量危険物の用件を満たすもの	各内容物の分類に対応した処置をとる。 責任者の指示の下、人・貨物を遠ざける。

	少量危険物	-	マーク	各分類･区分に属する危険物で、一梱包あたりの内容量が少量でありIATA危険物規則書の少量危険物の用件を満たすもの	各内容物の分類に対応した処置をとる。 責任者の指示の下、人・貨物を遠ざける。
9	**その他の有害物件**	RMD	マーク	水の環境に有害となる物質又は混合物	責任者の指示の下、人・貨物を遠ざける。
取扱いラベル	**貨物機専用**	CAO		貨物専用機にのみ積載可能 （旅客機には積載禁止）	
	深冷液化ガス専用	RCL		窒素ガス、アルゴンなど深冷液化ガスを含む輸送物には、RNGラベルに加えて使用する	
	天地無用	-		液体を収納した組合わせ容器等に使用する （相対する2側面）	
	熱源からの隔離	-		自己反応性を有する区分4.1の自己反応性物質および区分5.2の有機過酸化物を含む輸送物には、RFSラベル・ROPラベルに加えて使用する	
	リチウム電池	RBI EBI ELI RBM EBM ELM	マーク	リチウムイオン電池、リチウム金属電池を含む輸送物で、適用されるSectionに使用する	

危険品ラベル

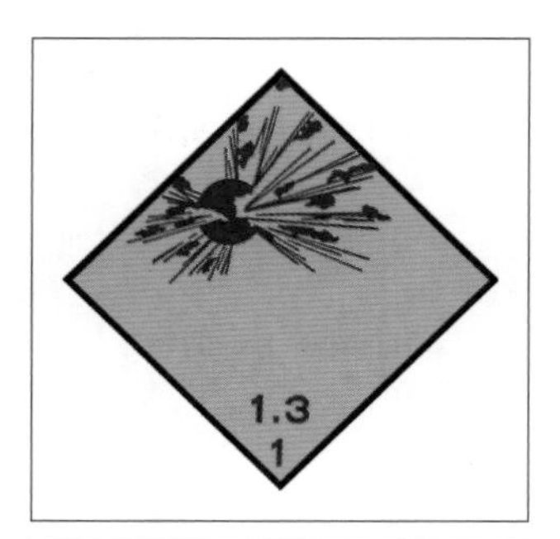
1.3
1

1.4
1

FLAMMABLE GAS
2

NON-FLAMMABLE
GAS
2

TOXIC GAS
2

FLAMMABLE LIQUID
3

FLAMMABLE SOLID
4

SPONTANEOUSLY COMBUSTIBLE
4

DANGEROUS WHEN WET
4

OXIDIZER
5.1

ORGANIC PEROXIDES
5.2

TOXIC
6

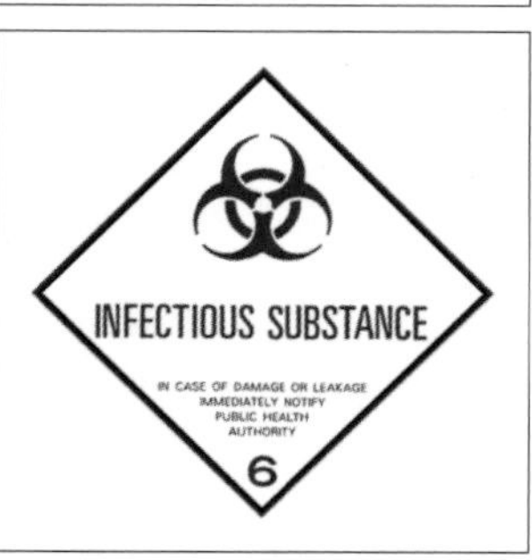
INFECTIOUS SUBSTANCE
IN CASE OF DAMAGE OR LEAKAGE
IMMEDIATELY NOTIFY
PUBLIC HEALTH
AUTHORITY
6

L 型 輸 送 物
Radioactive Material,Excepted Package
この輸送物は、放射性物質を収納したL型輸送物であり、
適切な国際及び国内の該当法令に完全に適合しているものです。
This package contains radioactive material, excepted package and is in all respects in compliance with the applicable international and national governmental regulations.
UN
JALCARGO /L型ラベル
TS-DG330 (JAN/2007)

Radioactive Material,Excepted Package
This package contains radioactive material, excepted package and is in all respects in compliance with the applicable international and national governmental regulations.
UN
The information for this package need not appear on the Notification to Captain (NOTOC)

RADIOACTIVE I
CONTENTS
ACTIVITY
BECQUERELS
7

RADIOACTIVE II
CONTENTS
ACTIVITY
BECQUERELS
TRANSPORT INDEX
7

RADIOACTIVE III
CONTENTS
ACTIVITY
BECQUERELS
TRANSPORT INDEX
7

CORROSIVE
8

9

9

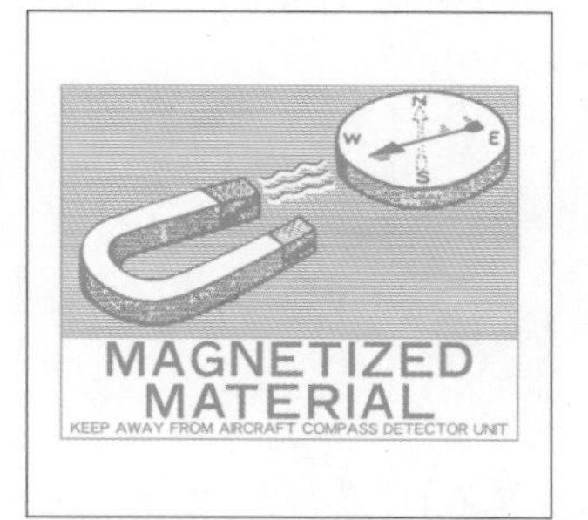
MAGNETIZED
MATERIAL
KEEP AWAY FROM AIRCRAFT COMPASS DETECTOR UNIT

(Class or Division)
(Name of Shipper or Consignee)

Y

CARGO AIRCRAFT
ONLY
FORBIDDEN IN PASSENGER AIRCRAFT

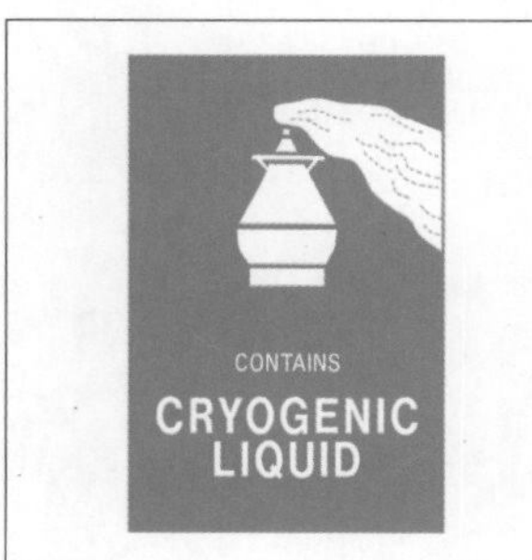
CONTAINS
CRYOGENIC
LIQUID

JALCARGO

keep away from heat

索　引

A

G

I

N

P

S

T

U

ア

イ

ウ

エ

オ

カ

キ

ク

ケ

コ

サ

ネ

ノ

ハ

ヒ

フ

ヘ

ホ

マ

ム

メ

ヤ

ユ

ヨ

ラ

レ

ロ

参 考 資 料

1.『航空輸送機器材ハンドブック』 社団法人日本機械工業連合会発行

2.『Ground Support Equipment ハンドブック』 東京空港事務所発行

3.『夢を GSE に乗せて 40 年』 株式会社 JAL グランドサービス

4.『JGS 作業手順書』 株式会社 JAL グランドサービス

5. 旧『AGS 作業教本』 株式会社 JAL グランドサービス

6.『JGS QC 基礎コース教本』 株式会社 JAL グランドサービス

7.『東京国際空港制限区域内車両安全運転教本』 車両安全推進協議会編集発行

8.『ANA CARGO Dimension Guide』 全日本空輸株式会社

9 "AIRPORT HANDLING MANUAL" 17 th Edition. Effective 1 April 1997 International Air Transport Association.

10. 月刊『航空技術』 社団法人日本航空技術協会発行

11. 旧「TAS 作業手順書」株式会社 JAL グランドサービス

12. 旧「TAS LOP」株式会社 JAL グランドサービス

執筆・資料提供：
株式会社 JAL グランドサービス
ANA エアポートサービス株式会社
朝日航洋株式会社
中日本航空株式会社
日本空港動力株式会社
三愛石油株式会社
國際航空給油株式会社

資料提供：
日本航空株式会社
全日本空輸株式会社

本書の記載内容についての御質問やお問合せは、日本航空技術協会　教育出版部までＥメールでお問い合わせ下さい。

2000 年 3 月 15 日　第 1 版第 1 刷発行
2005 年 3 月 31 日　第 2 版第 1 刷発行
2007 年 3 月 31 日　第 2 版第 3 刷発行
2009 年 3 月 31 日　第 2 版第 4 刷発行
2010 年 3 月 31 日　第 3 版第 1 刷発行
2014 年 3 月 31 日　第 4 版第 1 刷発行
2018 年 3 月 31 日　第 5 版第 1 刷発行
2020 年 3 月 31 日　第 5 版第 2 刷発行
2020 年 5 月 11 日　第 5 版第 3 刷発行
2021 年 2 月 26 日　第 5 版第 4 刷発行
2023 年 3 月 1 日　第 6 版第 1 刷発行

航空機の
グランドハンドリング

©編　者　公益社団法人　日本航空技術協会
発行所　公益社団法人　日本航空技術協会
〒 144-0041　東京都大田区羽田空港 1 - 6 - 6
URL　https://www.jaea.or.jp
E-mail　books@jaea.or.jp

印刷所　株式会社　丸井工文社

ISBN978-4-909612-30-4